入門 PySpark

PythonとJupyterで活用するSpark 2エコシステム

Tomasz Drabas 著
Denny Lee

Sky株式会社 玉川 竜司 訳

オライリー・ジャパン

本書で使用するシステム名、製品名は、それぞれ各社の商標、または登録商標です。
なお、本文中では、™、®、©マークは省略しています。

Learning PySpark

Build data-intensive applications locally and deploy at scale using the combined powers of Python and Spark 2.0

Tomasz Drabas

Denny Lee

BIRMINGHAM - MUMBAI

© Packt Publishing 2017. First published in the English language under the title "Learning PySpark" (9781786463708).
Japanese language edition published by O'Reilly Japan, Inc., © 2017.

本書は、株式会社オライリー・ジャパンが Packt Publishing Ltd. との許諾に基づき翻訳したものです。日本語版についての権利は、株式会社オライリー・ジャパンが保有します。

日本語版の内容について、株式会社オライリー・ジャパンは最大限の努力をもって正確を期していますが、本書の内容に基づく運用結果について責任を負いかねますので、ご了承ください。

序文

　PySparkの冒険を始めるにあたり、本書を選んでくださってありがとうございます。読者の皆様も、私と同じように興奮なさっていることと思います。

　Denny Leeが私にこの新しい書籍のことを語ってくれたとき、私はとてもうれしく思いました。Apache Sparkがこれほど素晴らしいプラットフォームになっている最も重要な理由の一つは、Java/Scala/JVMの世界とPython(そして最近ではRも)の世界をどちらもサポートしていることにあります。

　Sparkに関するこれまでの書籍の多くは、こういったコアの言語すべてに焦点を当てているか、主にJVM言語に焦点を当てているかのどちらかでした。だからこそ、経験豊かなSparkの教育者によってPySpark専門に書かれた書籍が登場したことで、PySparkに輝く機会が与えられたことが素晴らしいのです。こういったさまざまな世界がいずれもサポートされることで、私たちはデータサイエンティストやデータエンジニアとしてこれまで以上に効率的に働きながら、お互いのコミュニティが持つ最高の考え方を学び合うことができるのです。

　本書の初期のバージョンをレビューする機会をいただけたのは光栄なことであり、それによってこのプロジェクトに対する私の興奮は高まるばかりでした。私は、いくつかのカンファレンスやミートアップで本書の著者たちとともに出席し、さまざまな聴衆(初心者から長年の経験者まで)に対して彼らがSparkの世界における新しい概念を紹介するのを見ました。そして彼らは、自分たちの経験を本書にまとめ上げるという素晴らしい仕事を成し遂げました。著者たちの経験は、本書で取り上げられているそれぞれの話題に対する彼らの探究からもたらされたものすべてを通じて輝きを放っています。単にPySparkを紹介することにとどまらず、本書ではGraphFramesやTensorFramesなど、コミュニティから登場したパッケージにも紙面が割かれています。

　私は、使用するツールを決める上でしばしば見過ごされる要素の一つにコミュニティがあると考えています。Pythonには素晴らしいコミュニティがあり、読者の皆様がPython Sparkコミュニティに加わってくださるのを、私は楽しみに待っています。さあ、冒険を楽しんでください。Denny LeeとTomek Drabasが一緒にいてくれるのですから、何も心配はいりません。Sparkユーザーの多様なコミュニティがあることで、万人にとって有益な優れたツールが生み出されることを私は心から信じています。カンファレンス、ミートアップ、あるいはメーリングリストですぐに皆さんにお会いできることを

願っています(^^)。

Holden Karau

P.S.

　私はDennyにビールの借りがあります。もしも皆さんが彼にBud Lightライム（もしくはライム－アーリタ）を私に代わっておごってくださるなら、大変ありがたいです（もっとも彼は私ほどには喜ばないかもしれませんが）。

訳者まえがき

　Learning PySparkの全訳をお送りします。

　Sparkはすっかり分散処理のフレームワークとして定着した感がありますが、一方で訳者としては2つの懸念を感じていました。1つはSpark 2.xで登場した多彩な新機能やライブラリを紹介する日本語の情報がなかったこと、そしてもう1つはSpark 1.xのころにPySparkは遅い、という評価がかなり定着してしまっていたことです。

　Spark 2.xは1.xの頃とは大きく変化しており、PySparkも（使い方に注意は必要なものの）ScalaやJavaからSparkを使う場合と同様のパフォーマンスを発揮できるようになりました。

　そしていずれも中核にあるのはDataFrame APIです。本書ではDataFrameベースのさまざまなSparkのライブラリが紹介されています。それぞれの紹介自体は短いですが、PythonとSparkを組み合わせてどのように使うことができるのか、大きく把握するのに役立つことと思います。それぞれのトピックには英語の情報へのリンクが数多く紹介されていますが、本書で大まかなイメージをつかんでいただければ、英語で書かれた詳細な情報へも取り組みやすくなると思います。本格的にSparkのようなフレームワークに取り組むなら英語の情報を見ることは避けて通れませんが、本書がそのためのガイドブックの役割を果たしてくれれば、訳者としては大変うれしいです。

　Sparkのいいところの一つにローカル環境でも十分に動くことがあります。本書の**付録A**では、ローカルでのSpark + Python + Jupyter環境の構築方法がまとめられています。すでにPythonを使っているデータサイエンティスト／データエンジニアの皆様がSparkを使いはじめてみるにはぴったりでしょう。ぜひ、手元に環境を作って実際にコードを動かしながら読み進めていただければと思います。また、本格的にPySparkを使うなら、クラウドの環境がとても便利です。**付録B**にはクラウド環境の紹介がありますので、そちらも参考にしてください。

　本書の訳出にあたっては、『Sparkによる実践データ解析』（オライリー・ジャパン）の監訳者の石川有さん、日本マイクロソフト株式会社の佐藤直生さんにご協力をいただきました。石川有さんには機械学習に関する章である**5章**と**6章**をレビューしていただきました。佐藤直生さんには**付録B**のMicrosoft Azure HDInsightのセクションをレビューしていただきました。ありがとうございました。

　PythonとSparkの利用はまだまだこれから広がっていくと思います。本書が、みなさんにとって

PySparkに取り組むきっかけになれば何よりです。それでは、まずは**付録A**を見て手元にPySpark環境を立ち上げて、本編をお楽しみください。

2017年11月
玉川竜司

はじめに

　2013年の時点では、全世界で4.4ゼタバイトのデータが生み出されていると推定されていました。すなわち、440万テラバイトです！ 2020年までには、私たちは（人類全体として）その10倍のデータを生み出すものと考えられています。文字通り1秒ごとに大きくなっていくデータと、その様子を把握したいという要求が高まっていることを踏まえ、2004年にGoogleの社員であるJeffrey DeanとSanjay Ghemawatは先駆的な論文となった**MapReduce: Simplified Data Processing on Large Clusters**を発表しました。それ以来、その概念を活用する技術はきわめて急速に発展し、まずはApache Hadoopが最も広く使われるようになりました。最終的には、HadoopはPig、Hive、Mahoutといった抽象化レイヤーを含むHadoopエコシステムを作り出しました。これらはすべて、シンプルなmapとreduceという概念を活用するものです。

　しかしながら、日々ペタバイトに及ぶデータを処理することができるとはいえ、MapReduceはきわめて制約の強いプログラミングフレームワークです。また、ほとんどのタスクにおいてディスクの読み書きが必要になります。こうした欠点を理解したMatei Zahariaは、2009年に博士号の研究の一部としてSparkに取り組み始めました。Sparkが最初にリリースされたのは2012年です。SparkもまたMapReduceという概念を基礎としてはいるものの、データの処理方法やタスクの編成方法が高度化されていることから、Hadoopに比べると速度は100倍にもなりました（メモリ内での演算において）。

　本書では、Pythonを使って最新のApache Sparkを紹介しておきます。構造化及び非構造化データの読み取り、PySparkで利用できる基本的なデータ型、機械学習モデルの構築、グラフの操作、ストリーミングデータの読み取り、クラウドへのモデルのデプロイなどの方法を見ていきましょう。それぞれの章では異なる問題を取り上げています。本書を読み終われば、本書では紹介しきれなかった他の問題も十分解決できるだけの知識が身についていることでしょう。

本書の内容

　1章 Sparkを理解する では、Sparkの世界を紹介するとともに、Sparkの技術とジョブ構成の考え方の概要を見ていきます。

2章 耐障害性分散データセット では、PySparkで利用できるスキーマレスの基本的なデータ構造であるRDDを取り上げます。

3章 DataFrame は、ScalaとPythonとのギャップを橋渡しするデータ構造の全体像を、効率性という観点から詳細に見ていきます。

4章 データのモデリングの準備 では、Spark環境でのデータのクリーンアップと変換のプロセスを紹介します。

5章 MLLib では、RDDを基盤として動作する機械学習ライブラリであるMLを紹介し、特に有用な機械学習のモデルを見ていきます。

6章 MLパッケージ では、現在主流となっている機械学習ライブラリであるMLを取り上げ、現時点で利用できるすべてのモデルの概要を紹介します。

7章 GraphFrames では、グラフの問題の解決を容易にしてくれる新しい枠組みであるGraphFramesを見ていきます。

8章 TensorFrames では、SparkとTensorFlowによるディープラーニングの世界とを橋渡しするTensorFramesを紹介します。

9章 Blazeによるポリグロットパーシステンス では、SparkとBlazeを組み合わせることで、さまざまなソースからのデータの抽象化がさらに容易になることを見ていきます。

10章 Structured Streaming では、PySparkで利用できるストリーミングのツールの概要を見ていきます。

11章 Sparkアプリケーションのパッケージ化 では、コードをモジュール化し、コマンドラインインターフェイスを通じてSparkで実行するために投入するためのステップを紹介していきます。

以下の2つの付録は、Apache Sparkの実行環境の構築に関する情報です。

付録A Apache Sparkのインストール では、ローカルのPCにSparkをインストールし、PySparkとJupyter notebookから利用できるようにする方法を紹介します。

付録B 無料で利用できるクラウド上のSpark では、無料で利用できるクラウド上のSpark環境として、Databricks Community EditionとMicrosoft Azure HDInsightを紹介します。

本書を読み進めるために必要なもの

本書を読み進めるためには、パーソナルコンピュータが必要です（WindowsマシンでもMacやLinuxマシンでもかまいません）。Apache Sparkを動作させるためには、Java7以降が必要であり、バージョン2.6あるいは3.4以降のPythonの動作環境が設定できなければなりません。本書ではhttps://www.continuum.io/downloadsからダウンロードできるバージョン3.6のAnaconda Pythonのディストリビューションを使います。

本書ではさまざまなPythonのモジュールを使用しますが、それらはAnacondaでインストールされます。また、GraphFramesやTensorFramesも使いますが、それらはSparkの起動時に動的にロードできます。これらは、インターネットへの接続があればロードできます。これらのモジュールの中に、ま

本書の対象読者

本書は、ビッグデータの世界で最も急速に成長しているテクノロジーであるApache Sparkを学びたい人すべてを対象に書かれています。本書で取り上げているサンプルや高度の話題の中には、データサイエンスの分野で高度な実践をしている方々にとっても、新鮮で興味深いものがあるでしょう。

表記方法

本書では、さまざまな情報を区別するためのさまざまなスタイルを目にすることになります。以下に、そういったスタイルの例と、その意味を示します。

文章中のコードやデータベースのテーブル名、フォルダ名、ファイル名、ファイルの拡張子、パス名、ダミーのURL、ユーザーからの入力、Twitterのハンドルは、次のように書かれます。

「moveByOffset()メソッドは、マウスをWebページ上の現在のポジションから他のポジションへ移動させるために使われます」。

コードブロックは、次のようになります。

```
data = sc.parallelize(
    [('Amber', 22), ('Alfred', 23), ('Skye',4), ('Albert', 12),
     ('Amber', 9)])
```

コードブロック中の特定の部分に注目してほしい場合、その行や部分は、太字になっています。

```
rdd1 = sc.parallelize([('a', 1), ('b', 4), ('c',10)])
rdd2 = sc.parallelize([('a', 4), ('a', 1), ('b', '6'), ('d', 15)])
rdd3 = rdd1.leftOuterJoin(rdd2)
```

コマンドラインでの入出力にも、同じフォントを使います。

```
java -version
```

新しい言葉や**重要な用語**は、太字になっています。メニューやダイアログボックスなど、画面上に表示されている文字列は、以下のように表記されます。

次へのボタンをクリックすると、次の画面に移動します。

警告や重要な注意書きは、このようなアイコンと一緒に書かれます。

ティップスやちょっとした技は、このようなアイコンと一緒に書かれます。

サンプルコードのダウンロード

本書のサンプルコードは、GitHub（https://github.com/drabastomek/learningPySpark）からダウンロードできます。またhttps://www.packtpub.com/books/content/support/26565にアクセスして登録すれば利用可能です。

お問い合わせ

本書に関する意見、質問等は、オライリー・ジャパンまでお寄せください。

　　株式会社オライリー・ジャパン
　　電子メール　japan@oreilly.co.jp

この本のWebページには、正誤表やコード例などの追加情報を掲載しています。

　　http://www.oreilly.co.jp/books/9784873118185（和書）
　　https://www.packtpub.com/big-data-and-business-intelligence/learning-pyspark（原書）
　　https://github.com/PacktPublishing/Learning-PySpark

オライリーに関するその他の情報については、次のオライリーのWebサイトを参照してください。

　　http://www.oreilly.co.jp　　https://www.oreilly.com/

謝辞

　Tomaz Drabas より。私の家族である Rachel、Skye、Albert に感謝します。あなた方は私の人生における愛であり、私はあなた方と過ごす毎日を大切に思っています！常に私のそばにいてくれて、私のキャリアのゴールを高みへと押し上げるように励ましてくれていることに感謝します。また、私の家族や義理の両親に対し、(たいていは) いろいろ我慢してくれていることにも感謝します。

　他にもこの数年の間、私に影響を与えてくださった方がたくさんおられます。すべての皆さんに感謝の言葉を綴ればもう一冊の本ができてしまうでしょう。どの方々のことを言っているのか、皆さんは良くおわかりのことと思います。心の底からの感謝を皆さんに捧げます！

　しかしながら、Czesia Wieruszewska がおられなければ私は博士号を取得することはできなかったでしょう。Czeiu—dziękuję za Twoją pomoc bez której nie rozpocząłbym mojej podróży po Antypodach. Krzys Krzysztoszek とともに、常に私を信じていてくれてありがとうございました！

　Denny Lee より。私の素晴らしい配偶者である Hua-Ping、そして素敵な娘である Isabella と Samantha に感謝したいと思います。私が地に足を付けながらも星に手を伸ばすことができているのはあなた方がいればこそです！

目 次

序文 ……………………………………………………………………………………… v
訳者まえがき …………………………………………………………………………… vii
はじめに ………………………………………………………………………………… ix

1章　Sparkを理解する ……………………………………………………… 1
 1.1 Apache Sparkとは ………………………………………………………… 1
 1.2 SparkのジョブとAPI ……………………………………………………… 3
  1.2.1 実行のプロセス …………………………………………………… 3
  1.2.2 耐障害性分散データセット（RDD） …………………………… 4
  1.2.3 DataFrame ………………………………………………………… 5
  1.2.4 Dataset …………………………………………………………… 6
  1.2.5 Catalyst Optimizer ……………………………………………… 6
  1.2.6 Project Tungsten ………………………………………………… 7
 1.3 Spark 2.0のアーキテクチャ ……………………………………………… 8
  1.3.1 DatasetとDataFrameの統合 …………………………………… 9
  1.3.2 SparkSession …………………………………………………… 10
  1.3.3 Tungstenフェーズ2 …………………………………………… 11
  1.3.4 Structured Streaming ………………………………………… 13
  1.3.5 継続的アプリケーション ……………………………………… 14
 1.4 まとめ ……………………………………………………………………… 15

2章　耐障害性分散データセット ……………………………………………… 17
 2.1 RDDの内部動作 …………………………………………………………… 17

2.2 RDDの生成 18
2.2.1 スキーマ 19
2.2.2 ファイルからの読み込み 20
2.2.3 ラムダ式 20
2.3 グローバルとローカルのスコープ 22
2.4 変換 23
2.4.1 .map(...)変換 24
2.4.2 .filter(...)変換 25
2.4.3 .flatMap(...)変換 25
2.4.4 .distinct(...)変換 25
2.4.5 .sample(...)変換 26
2.4.6 .leftOuterJoin(...)変換 27
2.4.7 .repartition(...)変換 28
2.5 アクション 28
2.5.1 .take(...)メソッド 28
2.5.2 .collect(...)メソッド 29
2.5.3 .reduce(...)メソッド 29
2.5.4 .count(...)メソッド 30
2.5.5 .saveAsTextFile(...)メソッド 30
2.5.6 .foreach(...)メソッド 31
2.6 まとめ 31

3章 DataFrame 33
3.1 PythonからRDDへの通信 34
3.2 Catalystオプティマイザ再び 35
3.3 DataFrameによるPySparkの高速化 36
3.4 DataFrameの生成 38
3.4.1 JSONデータの生成 38
3.4.2 DataFrameの生成 39
3.4.3 一時テーブルの生成 39
3.5 シンプルなDataFrameのクエリ 42
3.5.1 DataFrame APIでのクエリ 42
3.5.2 SQLでのクエリ 42
3.6 RDDとのやりとり 44
3.6.1 リフレクションによるスキーマの推定 44
3.6.2 プログラムからのスキーマの指定 45

目次

- 3.7　DataFrame APIでのクエリの実行　　46
  - 3.7.1　行数　　46
  - 3.7.2　フィルタ文の実行　　46
- 3.8　SQLでのクエリ　　47
  - 3.8.1　行数　　47
  - 3.8.2　where節でのフィルタの実行　　48
- 3.9　DataFrameのシナリオ―定刻フライトのパフォーマンス　　49
  - 3.9.1　ソースデータセットの準備　　50
  - 3.9.2　フライトパフォーマンスと空港の結合　　50
  - 3.9.3　フライトパフォーマンスデータの可視化　　51
- 3.10　Spark Dataset API　　53
- 3.11　まとめ　　54

4章　データのモデリングの準備　　55

- 4.1　重複、計測値の欠落、外れ値のチェック　　56
  - 4.1.1　重複　　56
  - 4.1.2　計測値の欠落　　59
  - 4.1.3　外れ値　　64
- 4.2　データに馴染む　　66
  - 4.2.1　記述統計　　67
  - 4.2.2　相関　　69
- 4.3　可視化　　70
  - 4.3.1　ヒストグラム　　71
  - 4.3.2　特徴間の関係　　75
- 4.4　まとめ　　76

5章　MLlib　　77

- 5.1　MLlibパッケージの概要　　77
- 5.2　データのロードと変換　　78
- 5.3　データを知る　　82
  - 5.3.1　記述統計　　82
  - 5.3.2　相関　　84
  - 5.3.3　統計的検定　　85
- 5.4　最終のデータセットの生成　　87
  - 5.4.1　LabeledPointsのRDDの生成　　87
  - 5.4.2　トレーニングおよびテストデータの切り出し　　88

- 5.5 幼児の生存率の予測 88
  - 5.5.1 MLlibでのロジスティック回帰 88
  - 5.5.2 最も予測可能な特徴のみを選択する 90
  - 5.5.3 MLlibでのランダムフォレスト 90
- 5.6 まとめ 92

6章　MLパッケージ　93

- 6.1 MLパッケージの概要 93
  - 6.1.1 Transformer 94
  - 6.1.2 Estimator 97
  - 6.1.3 パイプライン 100
- 6.2 MLによる乳幼児の生存確率の予測 100
  - 6.2.1 データのロード 100
  - 6.2.2 transformerの生成 101
  - 6.2.3 estimatorの生成 102
  - 6.2.4 パイプラインの生成 102
  - 6.2.5 モデルのフィッティング 103
  - 6.2.6 モデルのパフォーマンス評価 104
  - 6.2.7 モデルのセーブ 105
- 6.3 パラメータのハイパーチューニング 106
  - 6.3.1 グリッドサーチ 106
  - 6.3.2 トレーニングおよび検証データの切り分け 109
- 6.4 PySpark MLのその他の特徴 110
  - 6.4.1 特徴抽出 111
  - 6.4.2 クラシフィケーション 116
  - 6.4.3 クラスタリング 118
  - 6.4.4 回帰 121
- 6.5 まとめ 123

7章　GraphFrames　125

- 7.1 GraphFramesの紹介 128
- 7.2 GraphFramesのインストール 128
  - 7.2.1 ライブラリの作成 129
- 7.3 flightsデータセットの準備 132
- 7.4 グラフの構築 134

	7.5	シンプルなクエリの実行 ···	135
		7.5.1 空港とフライト数の計算 ··	135
		7.5.2 データセット中での最大のディレイを求める ···	136
		7.5.3 遅延したフライトおよびオンタイム／繰り上げフライト数の計算 ·········	136
		7.5.4 シアトル発で最も大きくディレイしそうなフライトは？ ······················	136
		7.5.5 シアトル発で最も大きくディレイしそうなフライト先の州は？ ·············	137
	7.6	頂点の次数 ···	138
	7.7	最も経由が多い空港の計算 ··	140
	7.8	モチーフ ···	141
	7.9	PageRankによる空港ランキングの計算 ··	143
	7.10	最も人気のあるノンストップフライトの計算 ··	144
	7.11	幅優先検索の利用 ···	145
	7.12	D3によるフライトの可視化 ··	147
	7.13	まとめ ···	149

8章　TensorFrames　151

	8.1	ディープラーニングとは何か ··	151
		8.1.1 ニューラルネットワークとディープラーニングの必要性 ······················	155
		8.1.2 特徴エンジニアリングとは何か？ ··	157
		8.1.3 データとアルゴリズムの架け橋 ··	158
	8.2	TensorFlowとは何か ···	160
		8.2.1 pipのインストール ··	162
		8.2.2 TensorFlowのインストール ···	163
		8.2.3 定数による行列の乗算 ··	163
		8.2.4 プレースホルダを使った行列の乗算 ··	165
		8.2.5 議論 ···	167
	8.3	TensorFrames ··	168
	8.4	TensorFramesのクイックスタート ··	169
		8.4.1 設定とセットアップ ···	170
		8.4.2 TensorFlowによる既存の列への定数の追加 ··	171
		8.4.3 ブロック単位のreduce処理の例 ···	173
		8.4.4 ベクトルからなるDataFrameの構築 ···	173
		8.4.5 DataFrameの分析 ··	174
		8.4.6 全ベクトルの要素別の合計値および最小値の計算 ···································	175
	8.5	まとめ ···	176

9章　Blazeによるポリグロットパーシステンス　177

- 9.1　Blazeのインストール　178
- 9.2　ポリグロットパーシステンス　178
- 9.3　データの抽象化　180
  - 9.3.1　NumPy配列の利用　180
  - 9.3.2　pandasのDataFrameの利用　182
  - 9.3.3　ファイルの利用　183
  - 9.3.4　データベースの利用　185
- 9.4　データの処理　188
  - 9.4.1　列へのアクセス　188
  - 9.4.2　シンボリック変換　189
  - 9.4.3　列の操作　190
  - 9.4.4　データの集計　192
  - 9.4.5　結合　194
- 9.5　まとめ　196

10章　Structured Streaming　197

- 10.1　Spark Streamingとは何か？　197
- 10.2　Spark Streamingの必要性　200
- 10.3　Spark Streamingアプリケーションのデータフロー　201
- 10.4　DStreamを使ったシンプルなストリーミングアプリケーション　202
- 10.5　グローバル集計の簡単な例　207
- 10.6　Structured Streaming　212
- 10.7　まとめ　215

11章　Sparkアプリケーションのパッケージ化　217

- 11.1　spark-submitコマンド　217
  - 11.1.1　コマンドラインパラメータ　218
- 11.2　プログラムによるアプリケーションのデプロイ　221
  - 11.2.1　SparkSessionの設定　221
  - 11.2.2　SparkSessionの生成　222
  - 11.2.3　コードのモジュール化　222
  - 11.2.4　ジョブの投入　226
  - 11.2.5　実行のモニタリング　228
- 11.3　Databricksのジョブ　230
- 11.4　まとめ　233

付録A　Apache Sparkのインストール　235

- A.1　動作要件　235
- A.2　JavaとPythonがインストールされていることの確認　236
- A.3　Javaのインストール　237
- A.4　Pythonのインストール　238
- A.5　PATHの確認と更新　238
- A.6　LinuxおよびMacでのPATHの変更　239
- A.7　WindowsでのPATHの変更　240
- A.8　Sparkのインストール　242
- A.9　MacおよびLinux　242
  - A.9.1　ソースコードのダウンロードと展開　243
  - A.9.2　パッケージのインストール　244
  - A.9.3　Mavenのインストール　244
  - A.9.4　sbtでのインストール　246
  - A.9.5　インストールの確認　246
  - A.9.6　環境の移動　247
  - A.9.7　最初の実行　248
- A.10　Windows　248
  - A.10.1　アーカイブのダウンロードと展開　248
- A.11　PySparkでのJupyter　251
  - A.11.1　Jupyterのインストール　251
  - A.11.2　環境のセットアップ　251
  - A.11.3　MacおよびLinuxの場合　251
  - A.11.4　Windows　252
  - A.11.5　Jupyterの起動　252
  - A.11.6　PySparkでのHelloWorld　253
- A.12　クラウドへのインストール　254
- A.13　まとめ　255

付録B　無料で利用できるクラウド上のSpark　257

- B.1　Databricks Community Edition　257
  - B.1.1　ノートブックとダッシュボード　258
  - B.1.2　接続　260
  - B.1.3　ジョブとワークフロー　260
  - B.1.4　クラスタの管理　260
  - B.1.5　エンタープライズセキュリティ　262

- B.1.6 Databricksの無料サービス ... 262
- B.1.7 サービスへのサインアップ ... 262
- B.1.8 Databricksの統合ワークスペースでの作業 ... 264
- B.1.9 DatabricksガイドのGetting Started with Apache Spark ... 267
- B.1.10 次のステップ ... 274

B.2 Microsoft Azure HDInsightの利用 ... 275
- B.2.1 Azure HDInsightの無料サービス ... 275
- B.2.2 サービスへのサインアップ ... 275
- B.2.3 Microsoft Azureポータル ... 278
- B.2.4 Azure HDInsight Sparkクラスタのセットアップ ... 279
- B.2.5 Sparkのコードの実行 ... 284
- B.2.6 データの管理 ... 285
- B.2.7 セッションの設定 ... 286
- B.2.8 コードの実行 ... 289
- B.2.9 Yarnでのジョブの実行モニタリング ... 292

B.3 まとめ ... 294

参考文献 ... 295
索引 ... 297

1章
Sparkを理解する

Apache Sparkは、もともとMatei ZahariaがUCバークレー在籍中に博士号論文の一部として開発した強力なオープンソースの処理エンジンです。Sparkの最初のバージョンは2012年にリリースされ、2013年にはZahariaはDatabricksを共同創業し、そのCTOとなりました。彼はMITからスタンフォードに移り、教授にもなっています。同時に、SparkのコードベースはApache Software Foundationに寄贈され、その主力プロジェクトとなりました。

Apache Sparkは高速で使いやすいフレームワークであり、半構造化データ、構造化データ、ストリーミングデータ、そして機械学習やデータサイエンスなど、広範囲にわたる複雑なデータの問題の解決に利用できます。また、Apache Sparkにはコントリビューターとして世界中の570以上の地域にわたる250以上の組織と300,000人を超えるSparkミートアップのコミュニティメンバーから1,000人以上が参加しており、Sparkのコミュニティはビッグデータにおける最大のオープンソースコミュニティの一つにもなりました。

本章は、Apache Sparkを理解するための入門編です。SparkのジョブやAPIの背景にある概念を解説し、Spark 2.0のアーキテクチャを紹介し、Spark 2.0の特徴を見ていきます。

本章で取り上げる話題は次のとおりです。

- Apache Sparkとは？
- SparkのジョブとAPI
- 耐障害性データセット（RDD）、DataFrame、Dataset
- CatalystオプティマイザとプロジェクトTungsten
- Spark 2.0のアーキテクチャ

1.1　Apache Sparkとは

Apache Sparkは、オープンソースの強力な分散クエリおよびデータ処理エンジンです。Sparkは、MapReduceの柔軟性と拡張性を提供しながら、速度が大きく向上しています。Apache Hadoopとの比較

では、データがメモリ内にある場合で最大100倍、ディスクにアクセスする場合でも10倍に達するのです。

　Apache Sparkを使えば、データの読み取り、変換、集計とともに、洗練された統計モデルのトレーニングやデプロイを容易に行えます。Spark APIは、Java、Scala、Python、R、SQLから利用できます。Apache Sparkは、アプリケーションの構築やライブラリのパッケージ化を行い、それらをクラスタ上にデプロイしたり、ノートブック（たとえばJupyterやSpark-Notebook、Databricks notebooks、Apache Zeppelinなど）を通じて**素早く**分析を行ったりできます。

　Apache Sparkには、Pythonのpandas、Rのdata.framesやdata.tablesを使ったことのあるデータアナリストやデータサイエンティスト、研究者には馴染みやすいライブラリが数多くあります。ただし注意しなければならないのは、SparkのDataFrameはpandasやdata.frames / data.tablesのユーザーにとって**馴染みやすい**はずではありますが、違いがないというわけではないので期待しすぎは禁物だということです。どちらかといえばSQLをバックグラウンドに持つユーザーであれば、データをSQLで処理することもできます。Apache Sparkには、機械学習のMLLibやML、グラフ処理のGraphXやGraphFrames、Spark Streaming（DStreamやStructured Streaming）といった実装とチューニング済みのアルゴリズム、統計モデル、フレームワークもあります。

　Apache SparkはノートPC上でローカルに実行することも簡単ですが、ローカルクラスタあるいはクラウドにスタンドアローンモードで、あるいはYARNやApache Mesos上にデプロイすることも容易です。Apache Sparkが読み書きできるデータソースは、HDFS、Apache Cassandra、Apache HBase、S3など（これらですべてではありません）多岐にわたります。

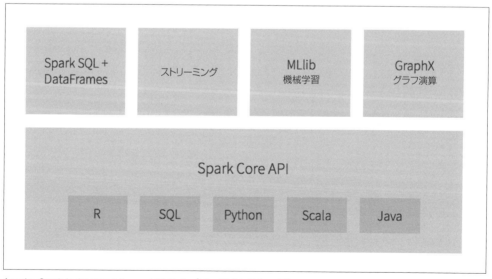

Apache Spark is the smartphone of BigData（http://bit.ly/1QsgaNj）

詳細についてはApache Spark is the Smartphone of Big Data（http://bit.ly/1QsgaNj）を参照してください。

1.2　SparkのジョブとAPI

このセクションでは、Apache SparkのジョブとAPIの概要を紹介します。これは、Spark 2.0のアーキテクチャに関するこれ以降の章に必要となる基盤です。

1.2.1　実行のプロセス

あらゆるSparkのアプリケーションは、**マスター**ノード上の1つのドライバプロセス（これは複数のジョブを持つことができます）から立ち上げられ、数多くの**ワーカー**ノード上に分散配置されたエグゼキュータプロセス（これは複数のタスクを持ちます）に指示を送ります。次の図はその様子です。

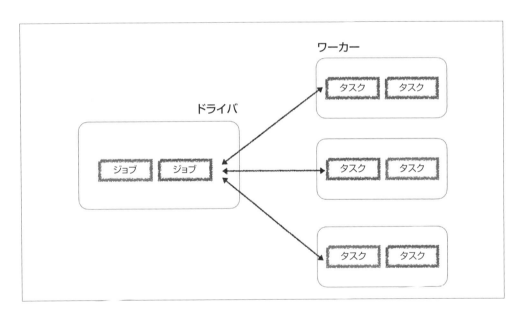

ドライバプロセスは、ジョブに対して生成されたグラフに基づき、エグゼキュータノードに指示されるタスクプロセスの数と構成を決定します。ワーカーノードは、さまざまな大量のジョブのタスクを実行するかもしれないことに注意してください

Sparkのジョブには、有行非循環グラフ（Direct Acyclic Graph = DAG）として構成されたオブジェクトの依存関係の連鎖が関連づけられます。次の図はその様子で、これはSpark UIが生成した図です。このグラフを踏まえて、Sparkはそれらのタスクのスケジューリング（たとえば必要なタスクやワーカー数の決定など）や実行を最適化します。

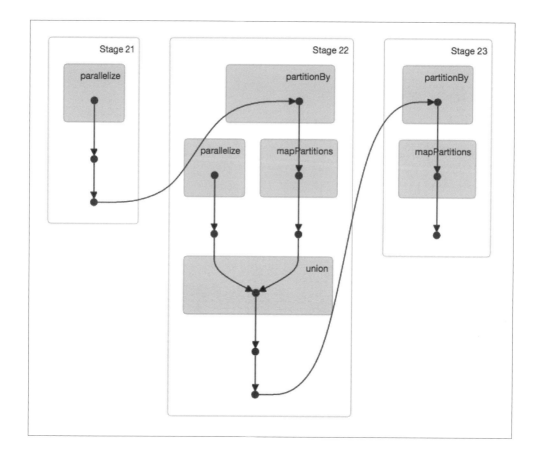

 DAGスケジューラの詳細についてはhttp://bit.ly/29WTiK8を参照してください。

1.2.2　耐障害性分散データセット（RDD）

　Apache Sparkは、耐障害性分散データセット（Resilient Distributed Datasets = RDD）と呼ばれるイミュータブルなJava仮想マシン（JVM）のオブジェクトの分散コレクションを中心として構成されています。本書ではPythonを使っていくので、PythonのデータがこのJVMオブジェクトの中に保存されるということを覚えておいてください。このことについては、RDDやDataFrameに関するこれ以降の章でさらに詳しく述べていきます。これらのオブジェクトを使うことで、いかなるジョブにおいても高速に演算処理を実行できます。RDDはメモリを有効に利用して計算、キャッシュ、保存されます。この仕組みのおかげで、Apache Hadoopのような他の旧来の分散フレームワークに比べて何桁も演算処

理が高速になっているのです。

　同時に、RDDは大まかな変換の機能（map(...)、reduce(...)、filter(...)など）を持っており、さまざまな計算を行う際のHadoopプラットフォームの柔軟性と拡張性を保っています。RDDはデータへの変換の適用と記録を並列に行うので、速度も耐障害性も向上しています。変換を登録しておくことで、RDDはデータリネージを提供できます。これは、グラフ中のそれぞれの中間ステップを表す系統木という形になっています。これは、実質的にデータの損失からRDDを保護しています。RDDの一部のパーティションが失われても、単純にレプリケーションに依存するのではなく、そのパーティションを再生成できるだけの情報が保たれているのです。

データリネージについてさらに詳しく知りたい場合はhttp://ibm.co/2ao9B1t.を調べてみてください。

　RDDには、**変換**（これは新しいRDDへのポインタを返します）と**アクション**（これは演算処理を行い、値をドライバに返します）という2つの並列操作があります。これらについては、このあとの章で詳しく取り上げます。

変換とアクションの最新のリストについては、The Spark Programming Guide（http://spark.apache.org/docs/latest/programming-guide.html#rdd-operations）を参照してください。

　RDDの変換操作は、**遅延**処理です。これは、変換の結果がすぐには計算されないという意味であり、変換処理はアクションが実行されて結果をドライバに返さなければならなくなったときに行われます。この遅延実行によって、クエリはパフォーマンス面できめ細かくチューニングされることになります。この最適化は、Apache SparkのDAGSchedulerで始まります。これはステージ指向のスケジューラで、先ほどのスクリーンショットに見られるとおり、**ステージ**を使って変換を行います。RDDの**変換**と**アクション**を分けることによって、DAGSchedulerはデータの**シャッフル**（最もリソース消費の激しいタスク）の回避などを含むクエリの最適化を行えるのです。

　DAGSchedulerと最適化（特に狭い依存性と広い依存性について）に関する詳しい情報は、"High Performance Spark"（オライリー http://shop.oreilly.com/product/0636920046967.do?cmp=af-strata-books-videos-product_cj_9781491943137_%25zp）の5章の**Effective Transformations**にある**Narrow vs. Wide Transformations**のセクションを参照してください。

1.2.3　DataFrame

　RDDと同様に、DataFrameもクラスタ内でノード間にわたって分散配置されたイミュータブルなデータのコレクションです。ただしRDDとは異なり、DataFrameのデータは名前付きの列として構成

されています。

 Pythonのpandas や R の data.frames に慣れているなら、SparkのDataFrameも同じような概念です。

　DataFrameは、大規模なデータセットの処理をさらに容易にするために設計されました。開発者は、DataFrameを使うことでデータの構造を定め、高レベルの抽象化が行えるようになります。この点では、DataFrameはリレーショナルデータベースの世界におけるテーブルに似ています。DataFrameは、分散データを操作するためのドメイン固有言語のAPIを提供し、専門的なデータエンジニアのみならず、これまで以上に多くの人々がSparkを使えるようにしてくれます。

　DataFrameの主な利点の一つは、Sparkのエンジンがまず論理実行プランを構築し、その後にコストオプティマイザによって決定された物理プランに基づいて生成されたコードを実行することです。RDDを使う場合、PythonはJavaやScalaに比べて大きく速度が劣ることがありますが、DataFrameが登場したことによってすべての言語でパフォーマンスが等しくなりました。

1.2.4　Dataset

　Spark 1.6で導入されたSpark Datasetが目標としているのは、頑健なSpark SQLの実行エンジンのパフォーマンスと利点を提供しながら、ドメインオブジェクトに対する変換を容易に表現できるようにすることです。残念ながら、本書の執筆時点ではDatasetはScalaもしくはJavaからしか使えません。DatasetがPySparkで利用できるようになれば、将来本書の改訂時には取り上げます。

1.2.5　Catalyst Optimizer

　Spark SQLは、Apache Sparkのコンポーネントの中でも最も技術的に複雑なものの一つであり、SQLクエリとDataFrame APIのどちらの動作も支えています。Spark SQLの中核にあるのがCatalyst Optimizerです。このオプティマイザは関数型プログラミングの構成要素を基盤としており、2つの目的を念頭に置いて設計されました。その一つは新しい最適化の手法や機能をSpark SQLに追加しやすくすること、そしてもう一つは外部の開発者がこのオプティマイザを拡張できるようにすること（たとえばデータソースに固有のルールを追加することや、新しいデータ型をサポートするといったこと）です。

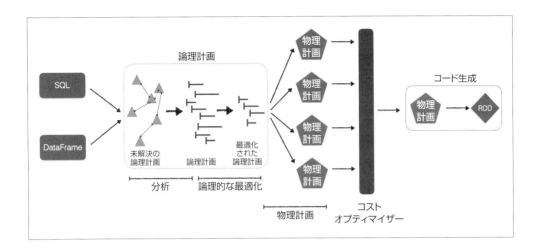

 さらに詳しい情報については、Deep Dive into Spark SQL's Catalyst Optimizer (http://bit.ly/27Il7Dk) やApache Spark DataFrames: Simple and Fast Analysis of Structured Data (http://bit.ly/29QbcOV) を参照してください。

1.2.6 Project Tungsten

　Tungstenは、Apache Sparkの実行エンジンの包括的なプロジェクトのコードネームです。このプロジェクトが焦点としているのは、Sparkのアルゴリズムを改善し、メモリやCPUの利用効率を高め、現代的なハードウェアのパフォーマンスを限界近くまで使い切ることです。

　このプロジェクトが特に重要視していることは、次のとおりです。

- メモリを直接管理することによって、JVMのオブジェクトモデルとガベージコレクションのオーバーヘッドをなくすこと。
- メモリ階層を活用するアルゴリズムとデータ構造の設計。
- 実行時にコードを生成することによって、アプリケーションが現代的なコンパイラやCPUのための最適化を活用できるようにすること。
- 仮想関数のディスパッチをなくすことによって、複数のCPUの呼び出しを減らすこと。
- 低レベルのプログラミング（たとえばデータを直接CPUのレジスタにロードするといったような）を利用し、メモリアクセスを高速化したり、Sparkのエンジンが単純なループを効率的にコンパイルして実行できるよう最適化を行ったりすること。

さらに詳しい情報については、次を参照してください。

Project Tungsten: Bringing Apache Spark Closer to Bare Metal（https://databricks.com/blog/2015/04/28/project-tungsten-bringing-spark-closer-to-bare-metal.html）

Deep Dive into Project Tungsten: Bringing Spark Closer to Bare Metal［SSE 2015のビデオとスライド］（https://spark-summit.org/2015/events/deep-dive-into-project-tungsten-bringing-spark-closer-to-bare-metal/）

Apache Spark as a Compiler: Joining a Billion Rows per Second on a Laptop（https://databricks.com/blog/2016/05/23/apache-spark-as-a-compiler-joining-a-billion-rows-per-second-on-a-laptop.html）

1.3　Spark 2.0のアーキテクチャ

Apache Spark 2.0の登場は、Sparkというプラットフォームのこの2年間にわたる開発からの重要な学びに基づく、Apache Sparkプロジェクトの最新のメジャーリリースです。

Apache Spark 2.0: Faster, Easier, and Smarter（http://bit.ly/2ap7qd5）

　Apache Spark 2.0のリリースに関する3つの重なり合うテーマは、パフォーマンスの向上（Tungsten Phase 2によります）、Structured Streamingの導入、そしてDatasetとDataFrameの統合を取り巻くものです。Datasetは今のところScalaとJavaでしか利用できませんが、これもSpark 2.0の一部なので、このあと取り上げていきます。

Apache Spark 2.0に関するさらに詳しい情報は、主要なSparkコミッターによる次のプレゼンテーションを参照してください。

Reynold Xin's Apache Spark 2.0 : Faster, Easier, and Smarterウェビナー（http://bit.ly/2ap7qd5）

Michael Armbrust's Structuring Spark : DataFrames, Datasets, and Streaming（http://bit.ly/2ap7qd5）

Tathagata Das' A Deep Dive into Spark Streaming（http://bit.ly/2aHt1w0）

Joseph Bradley's Apache Spark MLlib 2.0 Preview: Data Science and Production（http://bit.ly/2aHrOVN）

1.3.1　DatasetとDataFrameの統合

前セクションでは、Datasetは（現時点では）ScalaとJavaでしか利用できないと述べました。とはいえ、Spark 2.0の方向性の理解に役立つことから、Datasetについても次に説明します。

Datasetは、2015年にApache Spark 1.6リリースの一部として登場しました。Datasetが目標としていたのは、型安全なプログラミングインターフェイスを提供することでした。これによって、開発者は半構造化データ（たとえばJSONやキー–バリューのペアなど）をコンパイル時点での型安全性の下で扱えるようになりました（すなわちプロダクションアプリケーションを実行前にエラーチェックできるようになったのです）。PythonでDataset APIが実装されていない理由の一部は、Pythonが型安全な言語ではないためです。

同じように重要なこととして、Dataset APIには`sum()`、`avg()`、`join()`、`group()`といった高レベルのドメイン固有言語の操作が含まれています。この特徴が意味しているのは、これまでのSpark RDDの柔軟性を保ちながらコードの表現力や読み書きのしやすさが高まるということです。DataFrameと同じく、Datasetも式やデータフィールドをクエリプランナーに渡し、Tungstenの高速なインメモリエンコーディングを利用することによって、SparkのCatalyst Optimizerの利点を活かせます。

Spark APIの歴史を表した次の図は、RDDからDataFrame、そしてDatasetへの進歩を示しています。

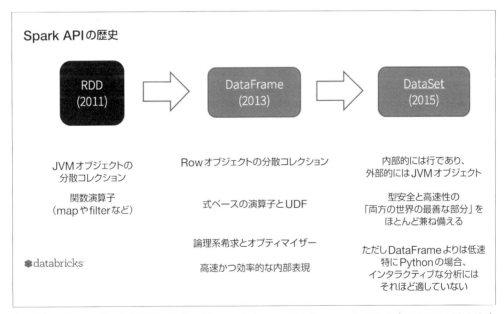

ウェビナー：Apache Spark 1.5: What is the difference between a DataFrame and a RDD?（http://bit.ly/29JPJSA）

DataFrameとDataset APIとの統合は、潜在的に後方互換性を損なう変更を生じさせる可能性があります。これは、Apache Spark 2.0がメジャーリリースになった主な理由の一つです（これに対し、

1.xのマイナーリリースでは互換性を損なう変更は最小限に抑えられます）。次の図からわかるとおり、DataFrameとDatasetはどちらもApache Spark 2.0の一部として登場した新しいDataset APIに属しています。

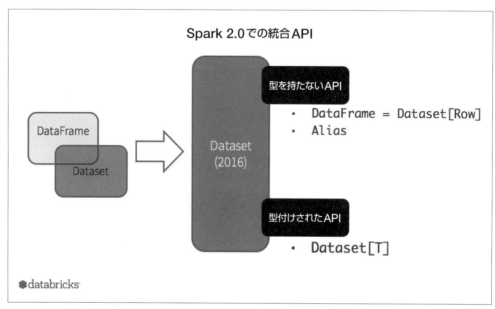

A Tale of Three Apache Spark APIs: RDDs, DataFrames, and Datasets（http://bit.ly/2accSNA）

　すでに述べたとおり、Dataset APIは型安全なオブジェクト指向プログラミングインターフェイスを提供します。Datasetは式やデータフィールドをクエリプランナーに渡し、Tungstenの高速なインメモリエンコーディングを利用することによって、Catalyst Optimizerの利点を活かせます。しかし現在、DataFrameとDatasetはApache Spark 2.0の一部として統合されたので、DataFrameはDataset Untyped APIのエイリアスになっています。さらに正確には次のとおりです。

```
DataFrame = Dataset[Row]
```

1.3.2　SparkSession

　これまでには、さまざまなSparkのクエリをSpark context、SQL context、Hive contextなどの設定に対して実行するために、`SparkConf`、`SparkContext`、`SQLContext`、`HiveContext`などを使う必要がありました。`SparkSession`は、基本的にこれらをすべて組み合わせた上に`StreamingContext`を含んでいます。

　たとえば

```
df = sqlContext.read \
```

```
        .format('json').load('py/test/sql/people.json')
```

と書く代わりに、今では

```
df = spark.read.format('json').load('py/test/sql/people.json')
```

あるいは

```
df = spark.read.json('py/test/sql/people.json')
```

と書くことができます。現在では、`SparkSession`がデータの読み取り、メタデータの処理、セッションの設定、クラスタのリソース管理のためのエントリーポイントなのです。

1.3.3 Tungstenフェーズ2

Tungstenフェーズ2が開始されたころのコンピュータのハードウェアを見渡してみれば、RAM、ディスク、(ある程度までは)ネットワークインターフェイスの**パフォーマンスあたりの価格**は改善されているものの、CPUにおける**パフォーマンスあたりの価格**の進歩はそれほどではないというのが基本的な様相でした。ハードウェアのメーカーはソケットあたりのコア数を増やすこと(すなわち並列化によるパフォーマンスの改善)はできましたが、実際のコアのスピードが大きく改善されることはありませんでした。

Project Tungstenは2015年に登場し、パフォーマンスの改善に焦点を当ててSparkのエンジンに大きな変化をもたらしました。こういった改善の最初のフェーズは、次の点にフォーカスしていました。

- **メモリ管理とバイナリ処理** アプリケーションが受け持つ範囲を広げてメモリを明示的に管理するようにし、JVMのオブジェクトモデルとガベージコレクションのオーバーヘッドをなくすこと。
- **キャッシュを意識した演算処理** メモリの階層を活用するようなアルゴリズムおよびデータ構造。
- **コード生成** コード生成によって現代的なコンパイラやCPUを利用する。

次の図は、更新されたCatalystエンジンの図で、Datasetが含まれています。図の右(コストモデルの右)からは、階層のRDDを生成するために選択された物理プランに対して**コード生成**が適用されていることがわかります。

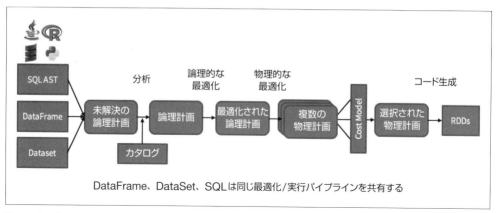

Structuring Spark: DataFrames, Datasets, and Streaming（http://bit.ly/2cJ508x）

　Tungstenフェーズ2の一部として、**ステージを統合した上での**コード生成が推進されています。これは、Sparkのエンジンが単に特定のジョブやタスクに対してではなくSparkのステージ全体に対してコンパイル時にバイトコードを生成するようになるというものです。これらの改善を巡る主要な要素を次に示します。

- **仮想関数のディスパッチの排除**　これによって、複数のCPU呼び出しを減らすことができます。ディスパッチが数十億回にも達する場合、これはパフォーマンスに大きく影響します。
- **中間データをメモリよりもCPUレジスタに保持する**　Tungstenフェーズ2では、中間的なデータをCPUレジスタに持つようになります。データをメモリからではなくCPUレジスタから取得すれば、何桁ものCPUサイクルを削減できます。
- **ループの展開とSIMD**　Apache Sparkのエンジンは、現代的なコンパイラやCPUが効率的にシンプルなforループをコンパイルして実行できることを活用します（これは複雑な関数呼び出しのグラフが最適化しにくいのと対照的です）。

Project Tungstenに関するさらに詳細な情報については、次を参照してください。

- Apache Spark Key Terms, Explained（https://databricks.com/blog/2016/06/22/apache-spark-key-terms-explained.html）
- Apache Spark as a Compiler: Joining a Billion Rows per Second on a Laptop（https://databricks.com/blog/2016/05/23/apache-spark-as-a-compiler-joining-a-billion-rows-per-second-on-a-laptop.html）
- Project Tungsten: Bringing Apache Spark Closer to Bare Metal（https://databricks.com/blog/2015/04/28/project-tungsten-bringing-spark-closer-to-bare-metal.html）

1.3.4 Structured Streaming

2016年のSpark Summit EastでReynold Xinは次のように引用しました。

「ストリーミング分析を行う最もシンプルな方法は、ストリーミングにこだわらないことだ」

これは、Structured Streamingを構築する上での基盤になっています。ストリーミングは強力ですが、重要な問題の一つとして構築とメンテナンスが難しいということがあります。Uber、Netflix、Pinterestといった企業はSpark Streamingをプロダクション環境で動作させていますが、同時にそのシステムの可用性を高く保つために専門のチームを持っています。

Spark Streamingの高レベルでの概要については、Spark Streaming: What Is It and Who's Using It?（http://bit.ly/1Qb10f6）を参照してください。

すでに述べたとおり、Spark Streamingの運用にあたってはイベントの遅延、最終的なデータソースへの出力の欠落、障害時の状態の回復、読み書きの分散処理など、問題になり得ることがたくさんあります（これがすべてというわけでもありません）。

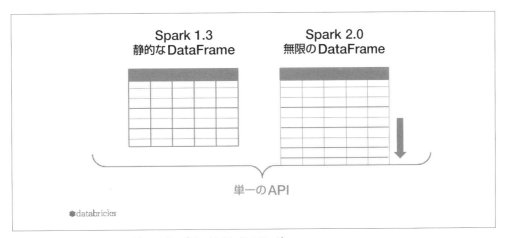
A Deep Dive into Structured Streaming（http://bit.ly/2aHt1w0）

そうしたことから、Spark Streamingをシンプルなものにするため、現在Apache Spark 2.0リリースではバッチ処理とストリーミング処理を共に行う単一のAPIがあるだけになりました。さらに簡潔なのは高レベルのストリーミングAPIで、今ではApache SparkのSQLエンジン上に構築されています。このAPIはDataset/DataFrameで使われているのと同じクエリを実行し、パフォーマンスや最適化のメリットをすべて享受しながら、イベントの時間、ウィンドウ処理、セッション、ソース、シンクといった

機能も持っています。

1.3.5　継続的アプリケーション

これらすべてをまとめると、Apache Spark 2.0はDataFrameとDatasetを統合したのみならず、ストリーミング、インタラクティブ、バッチといった種類のクエリも統合しました。これはたとえば、多くのシナリオのさまざまなレイテンシの条件の下でデータをストリームに集約し、それを従来のJDBC/ODBC経由で提供し、クエリを実行時に変化させ、機械学習のモデルの構築と適用を行うような、まったく新しいユースケースへの扉を開くものです。

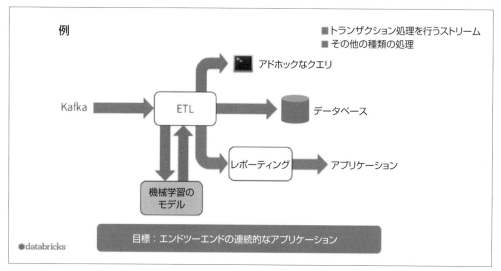

Apache Spark Key Terms, Explained（https://databricks.com/blog/2016/06/22/apache-spark-key-terms-explained.html）

これらをまとめることで、エンドツーエンドの**継続的アプリケーション**を構築できるようになりました。そういったアプリケーションでは、同じクエリをバッチ処理と同じくリアルタイムデータにも発行でき、ETLの実行やレポートの生成、そしてストリーム中の特定データの更新や追跡が行えるのです。

　継続的アプリケーションに関する詳しい情報については、Matei Zahariaのブログポスト Continuous Applications: Evolving Streaming in Apache Spark 2.0 - A foundation for end-to-end real-time applications（http://bit.ly/2aJaSOr）を参照してください。

1.4 まとめ

本章では、Apache Sparkとは何かを振り返り、SparkのジョブとAPIを簡単に紹介しました。耐障害性分散データセット（RDD）、DataFrame、Datasetについても紹介しました。RDDやDataFrameについては、今後の章でさらに詳しく見ていきます。また、Spark SQLのエンジンのCatalyst OptimizerやProject Tungstenによって、DataFrameが高速にクエリを実行できることについても述べました。最後に、Tungstenフェーズ2、Structured Streaming、DataFrameとDatasetの統合を含む、高いレベルから見たSpark 2.0のアーキテクチャの概要を紹介しました。

次章では、Sparkの基盤をなすデータ構造の一つである耐障害性分散データセット（RDD）を取り上げます。変換やアクションによってスキーマレスのデータ構造であるRDDを生成したり変更したりする方法を紹介することで、PySparkの旅を始めることにしましょう。

ただしその前に、「付録A Apache Sparkのインストール」を読んで、Sparkを（まだインストールしていなければ）ローカルマシンにインストールしておいてください。

2章
耐障害性分散データセット

耐障害性分散データセット（Resilient Distributed Dataset = RDD）は、JVMのイミュータブルなオブジェクトの分散コレクションであり、演算処理を高速に行えます。そしてRDDは、Apache Sparkを支えるバックボーンです。

その名が示すとおり、RDDは分散配置されています。RDDは何らかのキーに基づいてチャンクに分割され、エグゼキュータノードに分散配置されます。そうすることによって、RDDに対する演算処理は非常に高速に処理できるようになります。また、「1章 Sparkを理解する」ですでに述べたとおり、RDDはそれぞれのチャンクに対して適用されたすべての変換を追跡（記録）することによって、処理を高速化するとともに、何か問題が生じて一部のデータが失われた場合にフォールバックを行います。すなわち、そういった場合には失われたデータを再計算できるのです。このデータリネージは、データの損失に対する防衛線の一つでもあり、データのレプリケーションを補完するものです。

本章で取り上げる話題は次のとおりです。

- RDDの内部動作
- RDDの生成
- グローバルスコープとローカルスコープ
- 変換
- アクション

2.1　RDDの内部動作

RDDの処理は並列に行われます。これは、Sparkを使うことの最大の利点です。それぞれの変換は並列に行われるので、速度が大幅に向上することになります。

データセットの変換は遅延処理されます。これはすなわち、変換が実行されるのはデータセットに対してアクションが呼ばれた時点になるということです。このため、Sparkは実行を最適化しやすくなります。たとえば、データセットの様子をつかむために分析の際によく行われる次の手順を考えてみま

しょう。

1. ある列中に現れるそれぞれの値の登場回数をカウントする
2. Aで始まる値だけを選択する
3. その結果を画面に表示させる

この手順は単純なように思えますが、Aで始まるアイテムだけを対象とするのであれば、他のすべてのアイテムについてカウントするのは無駄なことです。したがって、上のような手順を実行する代わりに、SparkにAで始まるアイテムだけをカウントさせ、結果を画面に表示させることができるでしょう。

それではこの例をコードに落とし込んでみましょう。まず、Sparkに対してAの値を.map(lambda v: (v, 1))というメソッドを使ってmapし、続いて'A'で始めるレコードだけを選択します（これには.filter(lambda val: val.startswith('A'))を使います）。.reduceByKey(operator.add)を呼べば、このデータセットに対してreduceを行い、キーごとに登場回数を**加算**（この例ではカウント）します。データセットに対するこれらのステップは、すべて**変換**になります。

次に、.collect()を呼んでこれらのステップを実行させます。これはデータセットに対する**アクション**であり、最終的にデータセット中の異なる要素のカウントを行うことになります。実際には、このアクションは変換の順序を反転させ、mapの前にデータのフィルタリングを行うので、reducerに渡されるデータセットは小さくなります。

上のコマンドがまだわからなくても心配はいりません。本章ではこのあと、それらを詳しく説明します。

2.2　RDDの生成

PySparkでRDDを生成する方法は2つあります。コレクション（何らかの要素からなるlistやarray）を.parallelize(...)するか、

```
data = sc.parallelize(
    [('Amber', 22), ('Alfred', 23), ('Skye',4), ('Albert', 12),
     ('Amber', 9)])
```

あるいはローカルもしくは外部のどこかにあるファイル（もしくは複数のファイル）を参照するかです。

```
data_from_file = sc.textFile(
        '/Users/drabast/Documents/PySpark_Data/VS14MORT.txt.gz',
        4)
```

筆者は、MortalityデータセットのVS14MORT.txtというファイルftp://ftp.cdc.gov/pub/Health_Statistics/NCHS/Datasets/DVS/mortality/mort2014us.zipをダウンロードしました（アクセスしたのは2016年7月31日です）。このレコードのスキーマはhttp://www.cdc.gov/nchs/data/dvs/Record_Layout_2014.pdfでドキュメント化されています。このデータセットを選んだのは、レコード構成が本章で後ほどデータ変換でのUDFの使い方を説明するのに役立つためです。アクセスしやすいように、同じファイルをhttp://tomdrabas.com/data/VS14MORT.txt.gzにも置いてあります。

`sc.textFile(..., n)`の最後のパラメータは、このデータセットが分割されるパーティション数を指定しています。

大まかなルールとしては、データセットはクラスタ内でノードごとに2つから4つのパーティションに分割すると良いでしょう。

Sparkは、数多くのファイルシステムから読み取りを行えます。中でもNTFS、FAT、macOSの拡張ファイルシステム（HFS+）のようなローカルファイルシステム、あるいはHDFS、S3、Cassandraのような分散ファイルシステムが利用可能です。

データセットがどこで読み書きされているのか、十分注意してください。パスには特殊なキャラクタの [ ] を含めることはできません。これは、Amazon S3やMicrosoft Azure Data Storageに保存する際のパスにも当てはまります。

データのフォーマットも、テキスト、parquet、JSON、Hiveのテーブルといった複数のフォーマットがサポートされており、リレーショナルデータベースからJDBCドライバを使ってデータを読み取ることができます。Sparkは圧縮されたデータセット（たとえば先ほどの例のようにGzip圧縮されたもの）を自動的に扱えることを覚えておいてください。

データの読み取り方によって、データを保持するオブジェクトの表現は多少異なってきます。ファイルから読み取られたデータは`MapPartitionsRDD`になりますが、コレクションを`.paralellize(...)`した場合は`ParallelCollectionRDD`になります。

2.2.1 スキーマ

RDDは**スキーマレス**なデータ構造です（次章で取り上げるDataFrameはこの点で異なっています）。したがって、SparkでRDDを使う場合に次のコードのようにデータセットを並列化してもまったく問題ありません。

```
data_heterogenous = sc.parallelize([
    ('Ferrari', 'fast'),
```

```
    {'Porsche': 100000},
    ['Spain','visited', 4504]
]).collect()
```

つまり、tuple、dict、listなどほとんどあらゆるものを混在させることが可能であり、そうしてもSparkにとっては問題になりません。

データセットを.collect()すれば（すなわちドライバへデータを戻すアクションを実行すれば）、Pythonで普通に行っているのと同じやり方でオブジェクト内のデータにアクセスできます。

```
data_heterogenous[1]['Porsche']
```

結果は次のようになります。

```
100000
```

.collect()メソッドは、RDD内のすべての要素をリストとしてシリアライズし、ドライバに返します。

.collect()を使う際の注意事項については、本章でこのあとさらに詳しく説明します。

2.2.2 ファイルからの読み込み

テキストファイルからの読み取りを行うと、ファイルの各行がRDDの要素になります。

data_from_file.take(1)コマンドを実行すると、次のように出力されるでしょう（なにやら読み取れない内容ですが）。

```
Out[7]: ['                    1
    2101   M1087 432311   4M4                   2014U7CN
    I64 238 070    24 0111I64
    01 I64
    01   11                                     100 601']
```

これをもっと読みやすくするために、各行が要素の値になっているリストを作成しましょう。

2.2.3 ラムダ式

この例では、暗号じみた見かけのdata_from_fileレコードから有益な情報を取り出します。

次のメソッドの詳細については、本書のGitHubリポジトリを参照してください。スペースの関係上、紙面ではメソッド全体ではなく一部だけを、中でも正規表現のパターンを生成している部分を紹介します。コードはhttps://github.com/drabastomek/learningPySpark/tree/master/Chapter02/LearningPySpark_Chapter02.ipynbにあります。

まず、次のコードを使ってメソッドを定義しましょう。このコードは、先ほどの読めなかった行をパースして利用できるものにします。

```
def extractInformation(row):
    import re
    import numpy as np
    selected_indices = [
        2,4,5,6,7,9,10,11,12,13,14,15,16,17,18,
        ...
        77,78,79,81,82,83,84,85,87,89
    ]
    record_split = re\
        .compile(
            r'([\s]{19})([0-9]{1})([\s]{40})
            ...
            ([\s]{33})([0-9\s]{3})([0-9\s]{1})([0-9\s]{1})')
    try:
        rs = np.array(record_split.split(row))[selected_indices]
    except:
        rs = np.array(['-99'] * len(selected_indices))
    return rs
```

ここでは注意が必要です。純粋なPythonのメソッドを定義すると、Sparkが連続的にPythonとJVMとの間で切り替えをし続けなければならなくなることから、アプリケーションの速度が低下することがあります。可能な限りSparkの組み込み関数を使うようにしてください。

次に、必要なモジュールをインポートします。reモジュールはレコードのパースに正規表現を使うために必要になります。NumPyは、複数の要素を一度に選択しやすくするために使います。

最後に、指定された情報を抽出し、行をパースするためにRegexオブジェクトを生成します。

ここでは正規表現そのものは詳しく説明しません。正規表現に関しては『詳説 正規表現 第3版』、『正規表現クックブック』（オライリー・ジャパン）などを参照してください。

レコードがパースできれば、そのリストをNumPyの配列に変換して返すようにします。もしそれが失敗したなら、デフォルト値の-99のリストを返し、パースがうまく行かなかったことがわかるようにします。

形式がおかしいレコードは、.flatMap(...)を使って暗黙のうちにフィルタリングし、-99ではなく空のリストを返させることもできます。この方法の詳細についてはhttp://stackoverflow.com/questions/34090624/remove-elements-from-spark-rddを参照してください。

これで、extractInformation(...)を使ってデータセットを分割して変換できます。.map(...)にはメソッドのシグニチャーだけを渡していることに注意してください。.map(...)メソッドは各パーティションでRDDの要素を1つずつextractInformation(...)メソッドに**渡**していきます。

```
data_from_file_conv = data_from_file.map(extractInformation)
```

data_from_file_conv.take(1)を実行すれば、次のような結果が得られます（一部省略してあります）。

```
Out[4]: [array(['1', ' ', '2', '1', '01', 'M', '1', '087', ' ', '43', '23', '1
1',
        ' ', '4', 'M', '4', '2014', 'U', '7', 'C', 'N', ' ', ' ', 'I64
',
        '238', '070', ' ', '24', '01', '11I64 ', ' ', '
',
        ' ', ' ', ' ', ' ', ' ', '
',
        ' ', ' ', ' ', ' ', ' ', '
',
        ' ', ' ', ' ', ' ', ' ', ', '01',
        'I64 ', ' ', ' ', ' ', ' ', ' ',
        ' ', ' ', ' ', ' ', ' ', '01', ' ',
',
        ' ', '1', '1', '100', '6'],
       dtype='<U40')]
```

2.3　グローバルとローカルのスコープ

　これからPySparkを使っていこうとしているユーザーが慣れなければいけないことの一つは、Sparkが本来的に並列性を持っているということです。熟練のPythonユーザーであっても、PySparkでスクリプトを実行するにあたっては考え方を少しシフトさせる必要があります。

　Sparkの動作モードには、ローカルモードとクラスタモードがあります。Sparkをローカルモードで実行する場合は、これまでPythonで実行している場合と同じコードでもかまわないかもしれません。構文上の変化が生じやすいのは、何よりデータとコードが独立したワーカープロセス間でコピーされるようなひねりが加わる場合に他なりません。

　とはいえ、同じコードをクラスタに不注意にデプロイすれば、頭をかきむしり続けるようなことになり

かねません。この場合、Sparkがクラスタ上でどのようにコードを実行するのかを理解する必要があります。

クラスタモードでは、ジョブが投入されて実行されるとき、そのジョブはドライバノード（もしくはマスターノード）に送られます。ドライバノードはそのジョブのDAG（「1章 Sparkを理解する」参照）を生成し、それぞれのタスクを実行するエグゼキュータ（あるいはワーカー）ノードを決定します。

そしてドライバは、ワーカーに対してそれぞれのタスクを実行し、処理が終われば結果をドライバに返すように指示します。ただしその前に、ドライバはそれぞれのタスクのクロージャを準備します。クロージャはドライバ上にあるメソッドや変数の集合で、ワーカーがRDDに対してタスクを実行するためのものです。

この変数とメソッドの集合は、エグゼキュータの動作環境の中では本来的に**静的**なものです。すなわち、それぞれのエグゼキュータがドライバから受け取るのはこの変数とメソッドの**コピー**であり、仮にタスクの実行時にエグゼキュータがこれらの変数を書き換えたり、メソッドを上書きしたりしても、それが他のエグゼキュータのコピーやドライバの変数やメソッドに影響することはありません。このために挙動が予想外のものになったり、しばしばきわめて追跡が難しい実行時のバグが生じたりすることになります。

次のPySparkのドキュメンテーションにはさらに多くの実際的な例があるので、調べてみてください（http://spark.apache.org/docs/latest/programming-guide.html#local-vs-cluster-modes）。

2.4 変換

変換は、データセットを変形します。これには、マッピング、フィルタリング、結合、データセット中の値の変換が含まれます。このセクションでは、RDDに対して行える変換のいくつかを紹介しましょう。

紙面の都合上、ここでは特に頻繁に使われる変換とアクションのみを紹介します。利用できるすべてのメソッドを調べるには、RDDに関するPySparkのドキュメンテーションを参照することをお勧めします（http://spark.apache.org/docs/latest/api/python/pyspark.html#pyspark.RDD）。

RDDはスキーマレスなので、このセクションでは生成されたデータセットのスキーマを開発者が知っているものとします。パースされたデータセット中で情報がどの位置に割り当てられているかを覚えていない場合は、GitHub上のChapter 03の`extractInformation(...)`メソッドの定義を参照してみてください。

2.4.1 .map(...)変換

最も使うことになる変換は.map(...)でしょう。このメソッドは、RDDの各要素に作用します。data_from_file_convデータセットの場合、これは各行に対して変換が適用されると考えることができます。

この例では、死亡した年を数値に変換して新しいデータセットが生成されます。

```
data_2014 = data_from_file_conv.map(lambda row: int(row[16]))
```

data_2014.take(10)を実行すれば、次の結果が得られるでしょう。

```
Out[11]: [2014, 2014, 2014, 2014, 2014, 2014, 2014, 2014, 2014, -99]
```

lambda式に慣れていなければ、次のリソースを参照してください (https://pythonconquerstheuniverse.wordpress.com/2011/08/29/lambda_tutorial/)

もちろんもっと多くの列を扱うこともできますが、それらはtuple、dict、listなどにまとめなければなりません。それでは、行の17番めの要素を含めて、.map(...)が期待通りに動作していることを確認してみましょう。

```
data_2014_2 = data_from_file_conv.map(
    lambda row: (row[16], int(row[16])):)
data_2014_2.take(5)
```

このコードからは、次の結果が得られます。

```
Out[12]: [('2014', 2014),
         ('2014', 2014),
         ('2014', 2014),
         ('2014', 2014),
         ('2014', 2014),
         ('2014', 2014),
         ('2014', 2014),
         ('2014', 2014),
         ('2014', 2014),
         ('-99', -99)]
```

2.4.2 .filter(...)変換

最も頻繁に利用されるもう一つの変換が.filter(...)メソッドです。これは、データセット中から指定した条件を満たす要素だけを選択するメソッドです。例として、data_from_file_convデータセットから2014年に事故死した人の数をカウントしてみましょう。

```
data_filtered = data_from_file_conv.filter(
    lambda row: row[16] == '2014' and row[21] == '0')
data_filtered.count()
```

使っているコンピュータの速度によっては、先ほどのコマンドの実行には少し時間がかかるかもしれません。筆者の場合、結果が返るまでに2分少々かかりました。

2.4.3 .flatMap(...)変換

.flatMap(...)メソッドは.map(...)に似た動作をしますが、リストではなくフラット化された結果を返します。次のコードを実行すると、

```
data_2014_flat = data_from_file_conv.flatMap(lambda row: (row[16], int(row[16]) + 1))
data_2014_flat.take(10)
```

次のような結果が返されます。

```
Out[14]: ['2014', 2015, '2014', 2015, '2014', 2015, '2014', 2015,
         '2014', 2015]
```

この結果を、先ほどdata_2014_2を生成したコマンドの結果と比較してみてください。また、すでに述べたように入力をパースする必要がある場合、形式が崩れているレコードをフィルタリングするために.flatMap(...)メソッドが使えることにも注意しておいてください。舞台裏では、.flatMap(...)メソッドは各行をリストとして扱い、単にレコードを**付け加えて**いるだけです。空のリストを渡せば、形式が崩れたレコードはドロップされます。

2.4.4 .distinct(...)変換

このメソッドは、指定された列中のユニークな値のリストを返します。これは、データセットの様子を把握したり、その内容を検証したりするのに非常に役立ちます。それでは、gender列が男女になっているかを確認しましょう。そうすれば、データセットを正しくパースできたかどうかが確認できます。次のコードを実行してみましょう

```
distinct_gender = data_from_file_conv.map(
    lambda row: row[5]).distinct()
distinct_gender.collect()
```

そうすると、次のように出力されるはずです。

```
Out[22]: ['-99', 'M', 'F']
```

最初に、性別だけを含んでいる列だけを取り出します。そして、.distinct()メソッドを使ってリスト中のユニークな値だけを取り出します。最後に、.collect()メソッドを使って返された値を画面に出力します。

これは負荷の高いメソッドであり、データをシャッフルすることになるので、本当に必要な場合にだけ慎重に使うようにしてください。

2.4.5 .sample(...)変換

.sample(...)メソッドは、データセットからランダムにサンプリングした結果を返します。最初のパラメータはサンプリングで置き換えを許すかどうかの指定で、2番めのパラメータは返すデータの比率、3番めのパラメータは疑似乱数生成器に渡すシードです。

```
fraction = 0.1
data_sample = data_from_file_conv.sample(False, fraction, 666)
```

この例では、オリジナルのデータセットから10%をランダムにサンプリングしています。確認のため、データセットのサイズを出力してみましょう。

```
print('Original dataset: {0}, sample: {1}'\
.format(data_from_file_conv.count(), data_sample.count()))
```

このコマンドの出力は次のようになります。

```
Original dataset: 2631171, sample: 263247
```

ここでは、RDDのすべてのレコード数をカウントする.count()アクションを使っています。

2.4.6 .leftOuterJoin(...)変換

.leftOuterJoin(...)は、SQLの世界の場合と同じく2つのRDDをどちらのデータセットにも表れる値に基づいて結合し、2つのRDDがマッチする場合に左側のRDDのレコードに右側のレコードを付け足して返します。

```
rdd1 = sc.parallelize([('a', 1), ('b', 4), ('c',10)])
rdd2 = sc.parallelize([('a', 4), ('a', 1), ('b', '6'), ('d', 15)])
rdd3 = rdd1.leftOuterJoin(rdd2)
```

rdd3で.collect(...)を実行すれば、次の結果が出力されるでしょう。

```
Out[52]: [('c', (10, None)), ('b', (4, '6')), ('a', (1, 4)), ('a', (1, 1))]
```

このメソッドもまた負荷の高いメソッドであり、データをシャッフルすることからパフォーマンスに大きく影響します。本当な場合にのみ慎重に使うようにしてください。

ここで返されているのは、RDDのrdd1のすべての要素と、RDDのrdd2でそれらに対応する値です。見て取れるとおり、'a'という値はrdd3では2回現れていますが、rdd2でも2回現れています。bという値はrdd1に一度だけ登場し、rdd2の'6'という値と結合されています。消えている値も2つあります。rdd1の'c'という値は、対応するキーがrdd2にないので、返されたタプルの中の値はNoneになっており、ここで行っているのは左外部結合なので、rdd2の値である'd'は正しく消え去っています。

.leftOuterJoin(...)ではなく.join(...)メソッドを使っていたなら、この2つのRDDの積集合に含まれる値である'a'と'b'だけが返されることになります。次のコードを実行してみてください。

```
rdd4 = rdd1.join(rdd2)
rdd4.collect()
```

出力は次のようになるでしょう。

```
Out[48]: [('b', (4, '6')), ('a', (1, 4)), ('a', (1, 1))]
```

.intersection(...)も便利なメソッドで、どちらのRDDでも等しいレコードを返してくれます。次のコードを実行してみてください。

```
rdd5 = rdd1.intersection(rdd2)
rdd5.collect()
```

結果は次のようになります。

```
Out[88]: [('a', 1)]
```

2.4.7 .repartition(...)変換

データセットのパーティション分割をやり直すと、データセットのパーティション数が変わります。この機能はデータをシャッフルするために負荷が高く、パフォーマンス面での影響が大きいので、本当に必要な場合にだけ慎重に使うようにしてください。

```
rdd1 = rdd1.repartition(4)
len(rdd1.glom().collect())
```

上のコードは、新しいパーティション数である4を出力します。

.collect()メソッドと異なり、.glom()メソッドは特定のパーティション中にあるデータセットのすべての要素のリストを要素とするリストを生成します。返されるメインのリスト持つ要素数は、パーティション数に等しくなります。

2.5 アクション

変換とは対照的に、アクションはデータセットに対してスケジューリングされたタスクを実行します。データに対する変換の設定が終われば、処理を実行できます。この処理には、変換が含まれないこともありますが（たとえばRDDに変換を行わずに.take(n)を実行すれば、単にそのRDDからnレコードが返されるだけです）、変換が設定されていればその連鎖全体が実行されます。

2.5.1 .take(...)メソッド

.take(...)メソッドは、間違いなく最も役立つ（そして.map(...)メソッドのように頻繁に使われる）メソッドです。.collect(...)がRDD全体を返すのに対し、このメソッドは単一のデータパーティションから先頭のn行を返すだけなので、こちらの方を優先して使うべきです。これは特に、扱っているデータセットが巨大な場合に重要になります。

```
data_first = data_from_file_conv.take(1)
```

ランダムに選択されたレコードがほしい場合は.takeSample(...)が使えます。このメソッドは3つの引数を取り、1つめはサンプリングの際に置き換えを許すか、2つめは返すレコード数、3つめは疑似

乱数生成器のシードです。

```
data_take_sampled = data_from_file_conv.takeSample(False, 1, 667)
```

2.5.2　.collect(...)メソッド

このメソッドは、RDDのすべての要素をドライバに返します。注意事項はすでに述べたとおりですので、ここでは繰り返しません。

2.5.3　.reduce(...)メソッド

.reduce(...)メソッドは、指定されたメソッドを使ってRDDの要素に対しreduceの処理を行います。これはたとえば、RDDの要素の合計値を求めるために使えます。

```
rdd1.map(lambda row: row[1]).reduce(lambda x, y: x + y)
```

これで合計値である15が返されます。

最初に.map(...)変換を使って作成したのは、rdd1のすべての値からなるリストです。そしてその結果を処理するのに.reduce(...)メソッドを使っています。reduce(...)メソッドは、各パーティションで合計を取るためのメソッド（ここではlambdaを使って表現されています）を実行し、最終的な集計が行われるドライバノードに合計を返しています。

ここでは注意が必要です。reduce(...)に渡す関数は結合性と可換性を持っていなければなりません。すなわち、演算の順序や要素の並び順が代わったとしても結果が変わらないような関数でなければならないのです。結合性の例は (5 + 2) + 3 = 5 + (2 + 3) であり、可換性の例は 5 + 2 + 3 = 3 + 2 + 5 です。したがって、reduce(...)に渡す関数には十分な注意が必要です。これらのルールを無視すれば、問題が起こるかもしれません（コードが実行できたとして）。たとえば、次のようなRDDがあったとしましょう（パーティションは1つだけです！）

```
data_reduce = sc.parallelize([1, 2, .5, .1, 5, .2], 1)
```

現時点での結果をその後の値で割るという方法でこのデータをreduceしていけば、結果は10になるでしょう。

```
works = data_reduce.reduce(lambda x, y: x / y)
```

しかし、このデータを3つのパーティションに割ってしまえば、結果は誤ったものになってしまいます。

```
data_reduce = sc.parallelize([1, 2, .5, .1, 5, .2], 3)
data_reduce.reduce(lambda x, y: x / y)
```

返される結果は0.004になります。

.reduceByKey(...)の動作は.reduce(...)メソッドに似ていますが、reduceの処理をキー単位で行うところが異なります。

```
data_key = sc.parallelize(
    [('a', 4),('b', 3),('c', 2),('a', 8),('d', 2),('b', 1),
     ('d', 3)],4)
data_key.reduceByKey(lambda x, y: x + y).collect()
```

このコードは次の結果を返します。

```
Out[122]: [('b', 4), ('c', 2), ('a', 12), ('d', 5)]
```

2.5.4　.count(...)メソッド

.count(...)メソッドは、RDD内の要素数をカウントします。

```
data_reduce.count()
```

このコードは、data_reduce RDDの要素数である6を返します。

.count(...)メソッドは、次のメソッドと同じ結果を返しますが、データセット全体がドライバに返さずに済むところが違います。

```
len(data_reduce.collect()) # 間違い？ こんなことはしないように！
```

データセットがキー－バリュー形式になっているなら、.countByKey()メソッドを使えばキーごとのカウントが得られます。次のコードを実行してみてください。

```
data_key.countByKey().items()
```

このコードは次の結果を出力するでしょう。

```
Out[132]: dict_items([('a', 2), ('b', 2), ('d', 2), ('c', 1)])
```

2.5.5　.saveAsTextFile(...)メソッド

その名が示すとおり、.saveAsTextFile(...)はRDDをテキストファイルに保存します。各パーティションがそれぞれ1つのファイルになります。

```
data_key.saveAsTextFile(
'/Users/drabast/Documents/PySpark_Data/data_key.txt')
```

保存されたファイルを読み戻すには、すべての行が文字列として扱われるようにパースしなおさなければなりません。

```
def parseInput(row):
    import re
    pattern = re.compile(r'\(\'([a-z])\', ([0-9])\)')
    row_split = pattern.split(row)
    return (row_split[1], int(row_split[2]))

data_key_reread = sc \
    .textFile(
        '/Users/drabast/Documents/PySpark_Data/data_key.txt') \
    .map(parseInput)
data_key_reread.collect()
```

読み込まれたキーのリストは、以前と一致しています。

```
Out[159]: [('a', 4), ('b', 3), ('c', 2), ('a', 8), ('d', 2), ('b', 1), ('d', 3)]
```

2.5.6 .foreach(...)メソッド

このメソッドは、同じ関数をRDDの各要素に適用していきます。.map(...)とは対照的に、指定された関数を各レコードに1つずつ適用していきます。これが役立つのは、PySparkでネイティブにサポートされていないデータベースに対してデータを保存したい場合です。

ここでは、このメソッドを使ってdata_key RDDに保存されているすべてのレコードを出力しています（出力先はCLIで、Jupyter notebookではありません）。

```
def f(x):
    print(x)

data_key.foreach(f)
```

これでCLIを見てみれば、すべてのレコードが出力されているはずです。注意が必要なのは、ほぼ実行するたびに順序が変わることです。

2.6　まとめ

RDDはSparkのバックボーンです。このスキーマレスなデータ構造は、Spark内で扱うことになる最も基本的なデータ構造なのです。

本章では、.parallelize(...)を使ってテキストファイルからRDDを生成する方法や、テキストファイルからデータを読み取ってRDDにする方法を紹介しました。また、非構造化データを処理するいくつかの方法も紹介しました。

Sparkでは変換は遅延処理されます。変換が実際に適用されるのは、アクションが呼ばれたときです。本章では、最もよく使われる変換やアクションを紹介しました。PySparkのドキュメンテーションには、もっと多くの変換やアクションが紹介されています（http://spark.apache.org/docs/latest/api/python/pyspark.html#pyspark.RDD）。

　ScalaとPythonのRDDの大きな違いの一つは速度です。Python RDDの処理は、Scalaでの同じ処理に比べてはるかに低速になることがあります。

　次章では、PySparkのアプリケーションをScalaで書かれたアプリケーションと**同等**のパフォーマンスにしてくれるデータ構造である、DataFrameを紹介していきます。

3章
DataFrame

　DataFrameは、名前付きの列で構成されたイミュータブルなデータの分散コレクションで、リレーショナルデータベースにおけるテーブルに似ています。DataFrameはApache Spark 1.0においてSchemaRDDという名前でexperimentalな機能として導入され、Apache Spark 1.3リリースでDataFrameという名前に変更されました。PythonのpandasのDataFrameやRのdata.frameに慣れているなら、構造化データを簡単に扱えるようにしてくれるという点でSparkのDataFrameも似た概念です。とはいえ異なっている点もあるので、期待しすぎは禁物です。

　データの分散コレクションに構造を持ち込むことによって、SparkのユーザーはSpark SQLを使って構造化データに対してクエリを実行したり、(ラムダ式ではなく)式のメソッドを使ったりすることができるようになります。本章では、コードサンプルの中でどちらの方法も使っていきます。データを構造化することで、Apache Sparkのエンジン、中でもCatalyst OptimizerはSparkのクエリのパフォーマンスを大きく改善できます。以前のSparkのAPI(すなわちRDD API)では、JavaのVMとPy4Jの間の通信時に生ずるオーバーヘッドのため、Pythonで実行するクエリはかなり低速になることがありました。

以前のバージョンのSpark(すなわちSpark 1.x)でDataFrameを扱い慣れていたなら、Spark 2.0では`SQLContext`の代わりに`SparkSession`が使われていることに気づいたでしょう。`HiveContext`、`SQLContext`、`StreamingContext`、`SparkContext`といったSparkのさまざまなコンテキストは、SparkSessionにまとめられました。これによって、データの読み取り、メタデータの扱い、設定、クラスタのリソース管理などのエントリポイントがこのセッション1つだけになりました。詳しい情報については、**How to use SparkSession in Apache Spark 2.0**(http://bit.ly/2br0Fr1)を参照してください。

本章で学ぶ内容は次のとおりです。

- PythonからRDDへの通信
- SparkのCatalyst Optimizerの簡単な振り返り

- DataFrameによるPySparkの高速化
- DataFrameの生成
- シンプルなDataFrameのクエリ
- RDDとのやりとり
- DataFrame APIでのクエリ
- Spark SQLでのクエリ
- DataFrameを使った定刻フライトのパフォーマンス分析

3.1 PythonからRDDへの通信

　PySparkのプログラムがRDDを使って動作する場合、ジョブの実行に際して潜在的に大きなオーバーヘッドが生ずる可能性があります。次の図に示すとおり、PySparkのドライバでは`SparkContext`が`Py4J`を使ってJVMを起動します。この時には`JavaSparkContext`が使われます。RDDに対する変換は、まずJavaの`PythonRDD`オブジェクトに対してマッピングされます。

　これらのタスクがSparkのワーカー（群）に送信されると、ワーカーはPythonの`subprocess`を起動し、**コードとデータを**パイプで送信してPythonで処理させます。

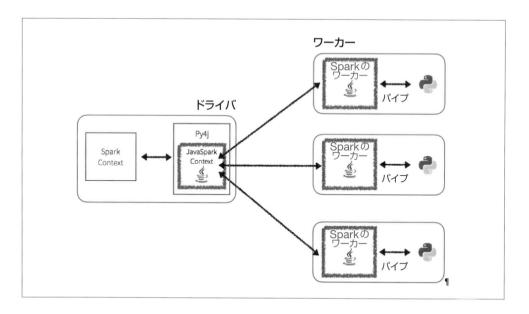

　こうしてPySparkは複数のワーカー上の複数のPythonのサブプロセスにデータ処理を分配しますが、見てわかるとおりPythonとJVMとの間では大量のコンテキストスイッチと通信のオーバーヘッドが生じます。

PySparkのパフォーマンスに関する素晴らしい資料として、Holden KarauのImproving PySpark Performance: Spark performance beyond the JVM（http://bit.ly/2bx89bn）があります。

3.2　Catalystオプティマイザ再び

「1章 Sparkを理解する」で述べたとおり、Spark SQLが非常に高速な主な理由の1つはCatalyst Optimizerです。データベースの背景知識を持っている方であれば、次の図はリレーショナルデータベース管理システム（RDBMS）の論理／物理プランナーおよびコストモデル／コストベースの最適化によく似ていることがわかるでしょう。

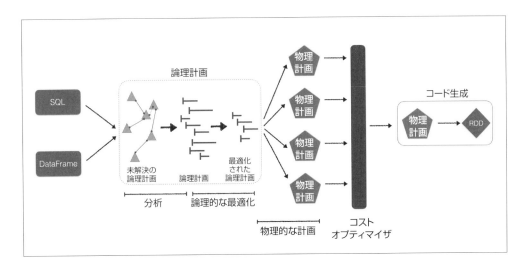

これが大きな意味を持つのは、SparkエンジンのCatalyst Optimizerはクエリをそのまま処理するのではなく、論理計画をコンパイルして最適化し、生成された中で最も効率的な物理計画を選択するコストオプティマイザを持っているからです。

これまでの章で述べたとおり、Spark SQLエンジンはルールベースのオプティマイザとコストベースのオプティマイザをどちらも持っています。これらのオプティマイザには述語プッシュダウンや列プルーニングの機能もあります（持っている機能がこれですべてというわけでもありません）。Apache Spark 2.2をターゲットとする総合的なチケットとして[SPARK-16026] Cost-based Optimizer Frameworkがhttps://issues.apache.org/jira/browse/SPARK-16026としてJIRAに登録されており、これはbroadcast join selectionよりも先進的なコストベースオプティマイザフレームワークを実装しようとするものです。さらに詳しい情報についてはDesign Specification of Spark Cost-Based Optimization（http://bit.ly/2li1t4T）を参照してください。

Project Tungstenの一部では、データの各行を解釈するのではなく、バイトコードを生成する（コード生成あるいはcodegenと呼ばれます）ことによってさらにパフォーマンスを向上させようとしています。Tungstenの詳細については「1章 Sparkを理解する」のProject Tungstenのセクションを参照してください。

すでに述べたとおり、このオプティマイザは関数型プログラミングの構成要素を基盤としており、2つの目標を念頭に置いて設計されています。1つは新しい最適化の手法や機能をSpark SQLに追加しやすくすること、もう1つは外部の開発者がオプティマイザを拡張できるようにする（たとえばデータソースに固有のルールの追加や新しいデータ型のサポートなど）ことです。

さらに詳しい情報については、Michael Armbrustの素晴らしいプレゼンテーションStructuring Spark: SQL DataFrames, Datasets, and Streaming（http://bit.ly/2cJ508x）を参照してください。Catalyst Optimizerを深く理解したいなら、Deep Dive into Spark SQL's Catalyst Optimizer（http://bit.ly/2bDVB1T）を参照してください。また、Project Tungstenに関する詳しい情報については、Project Tungsten: Bringing Apache Spark Closer to Bare Metal（http://bit.ly/2bQllKY）およびApache Spark as a Compiler: Joining a Billion Rows per Second on a Laptop（http://bit.ly/2bDWtnc）を参照してください。

3.3　DataFrameによるPySparkの高速化

DataFrameとCatalyst Optimizer（そしてProject Tungsten）が際立っているのは、最適化されていないRDDのクエリに比べてPySparkのクエリのパフォーマンスを向上させてくれることです。次の図にあるとおり、DataFrameが登場するまでRDDに対するPythonのクエリの速度はScalaの同じクエリに比べて半分以下になることもめずらしくありません。通常このクエリのパフォーマンスの低下は、PythonとJVM間でのコミュニケーションのオーバーヘッドによるものです。

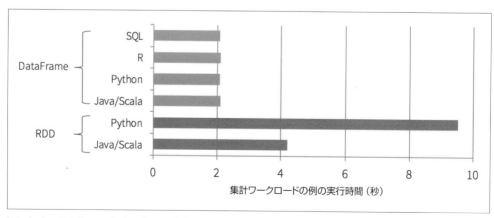

Introducing DataFrames in Apache-spark for Large Scale Data Science（http://bit.ly/2blDBl1）

DataFrameの登場は、Pythonでのパフォーマンスを大きく改善させたのみならず、Python、Scala、SQL、Rのパフォーマンスを同等にしたのです。

DataFrameでPySparkが大幅に高速になるとはいっても、例外があることは忘れないようにしてください。最もよくあるのはPythonのUDFを使う場合で、こうするとPythonとJVMとの間で通信のラウンドトリップが生じます。これはRDDで演算処理を行うのと同じような最悪のケースになりうるので、注意が必要です。

Catalyst OptimizerのコードベースはScalaで書かれていますが、PythonもSparkのパフォーマンス最適化の恩恵が受けられます。基本的には、PySparkでのDataFrameでクエリを大きく高速化してくれているコードは、Pythonで書かれた2,000行程度のラッパーに過ぎません。

まとめると、PythonのDataFrame、そしてSQL、ScalaのDataFrame、RのDataFrameは、すべてCatalyst Optimizerを活用できます（更新された次の図をご覧ください）。

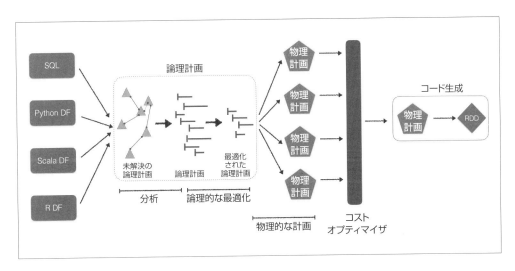

さらに詳しい情報については、BlogポストのIntroducing DataFrames in Apache Spark for Large Scale Data Science（http://bit.ly/2blDBl1）およびReynold XinのSpark Summit 2015でのプレゼンテーションFrom DataFrames to Tungsten: A Peek into Spark's Future（http://bit.ly/2bQN92T）を参照してください。

3.4 DataFrameの生成

通常、DataFrameはSparkSession（あるいはPySparkのシェルならspark）を使ってデータをインポートすることによって生成します

Spark 1.xでは、通常sqlContextを使わなければなりませんでした。

この先の章では、ローカルファイルシステム、Hadoop Distributed File System（HDFS）、あるいはその他のクラウドのストレージシステム（たとえばS3やWASBからデータをインポートする方法を述べていきます。本章では、Sparkの中で直接DataFrameのデータを生成する方法や、Databricks Community Editionで利用できるようになっているデータソースの活用方法に焦点を当てていきます。

DatabricksのCommunity Editionへのサインアップ方法については付録Bを参照してください。

まずはファイルシステムにアクセスする代わりに、データを生成してそこからDataFrameを作ってみましょう。ここではまずstringJSONRDD RDDを生成し、それをDataFrameに変換します。このコードは、JSON形式の水泳選手のデータ（ID、名前、年齢、目の色）からRDDを生成します。

3.4.1 JSONデータの生成

まず次のコードでstringJSONRDD RDDを生成します。

```
stringJSONRDD = sc.parallelize(("""
  { "id": "123",
"name": "Katie",
"age": 19,
"eyeColor": "brown"
  }""",
"""{
"id": "234",
"name": "Michael",
"age": 22,
"eyeColor": "green"
  }""",
"""{
"id": "345",
"name": "Simone",
"age": 23,
"eyeColor": "blue"
  }""")
)
```

これでRDDができたのでSparkSessionのread.jsonメソッド（すなわちspark.read.json(...)）を使ってDataFrameに変換しましょう。また.createOrReplaceTempViewメソッドを使って一時テーブルも作成します。

Spark 1.xでは、同じことをするメソッドは.registerTempTableですが、これはSpark 2.xでは非推奨とされました。

3.4.2 DataFrameの生成

DataFrameを生成するコードは次のとおりです。

```
swimmersJSON = spark.read.json(stringJSONRDD)
```

3.4.3 一時テーブルの生成

一時テーブルを生成するコードは次のとおりです。

```
swimmersJSON.createOrReplaceTempView("swimmersJSON")
```

これまでの章で述べたとおり、RDDの操作の多くは変換であり、アクションの処理が呼ばれるまでは実行されません。たとえば上のコードでは、sc.parallelizeは変換であり、spark.read.jsonによってRDDからDataFrameへの変換が行われる際に実行されます。注意が必要なのは、このコードのノートブックの画面（左下）では、spark.read.jsonの処理がある2番めのセルが実行されるまでSparkのジョブは実行されないということです。

これらの画面はDatabricks Community Editionから取ったものですが、すべてのコードとSparkのUIのスクリーンショットは、Apache Spark 2.xのどのバリエーションでも同じように実行／表示できます。

さらに理解をはっきりさせるために、次の図の右側に実行のDAGを示しました。

SparkのUIにおけるDAGの可視化をもっと理解するには、blogポストの**Understanding Your Apache Spark Application Through Visualization**(http://bit.ly/2cSemkv)がとても役立ちます。

次のスクリーンショットでは、Sparkジョブのparallelizeの処理がstringJSONRDDというRDDを生成している最初のセルから来ている一方、DataFrameを生成するにはmapとmapPartitionsの処理が必要になっていることがわかります。

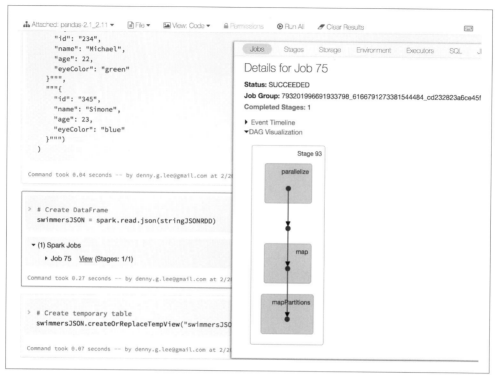

SparkのUIで可視化されたspark.read.json(stringJSONRDD)ジョブのDAG

次のスクリーンショットでは、`parallelize`という操作の**ステージ**が`stringJSONRDD`というRDDを生成している最初のセルに端を発しており、一方で`map`や`mapPartition`という操作がDataFrameの生成に必要な操作であることがわかります。

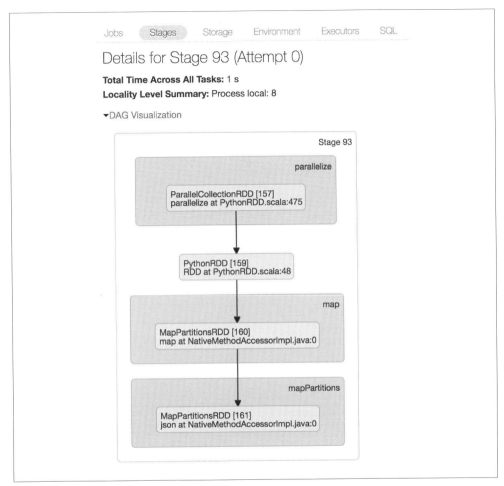

SparkのUIで可視化されたspark.read.json(stringJSONRDD)ジョブ内のステージ

　注意が必要なのは、parallelize、map、mapPartitionsがすべてRDDの**変換**だということです。DataFrameの操作にラップされてはいるものの、(この例では) spark.read.jsonはRDDの変換であるというだけではなく、RDDをDataFrameに変換する**アクション**でもあります。これは重要なことです。というのも、行っているのがDataFrameの**操作**であっても、その操作をデバッグする際にはそれがSparkのUI上では**RDDの操作**であることを覚えておく必要があるからです。

　一時テーブルを作成するということもDataFrameの変換であり、DataFrameのアクションが行われるまでは実行されないということにも注意してください(たとえば後に続くセクションで実行されることになるSQLのクエリもそうです)。

3章 DataFrame

DataFrameの変換とアクションは、一連の操作が遅延実行される（変換）という点においてRDDの変換やアクションに似ています。ただしRDDと比較するとDataFrameの操作はそれほど遅延されません。これは主にCatalyst Optimizerのためです。さらに詳しい情報については、Holden KarauとRachel Warrenの著書である"High Performance Spark"（オライリー）http://shop.oreilly.com/product/0636920046967.do?cmp=af-strata-books-videos-product_cj_9781491943137_%25zpを参照してください。

3.5 シンプルなDataFrameのクエリ

これでDataFrameのswimmersJSONを作成できたので、DataFrame APIやSQLクエリを実行してみることができます。まずはDataFrameのすべての行を表示するシンプルなクエリから始めましょう。

3.5.1 DataFrame APIでのクエリ

DataFrame APIですべての行を表示させるには、show(<n>) メソッドを使います。これは、先頭のn行をコンソールに表示させるメソッドです。

デフォルトではshow() メソッドは先頭の10行を表示します。

```
# DataFrame API
swimmersJSON.show()
```

これで次の出力が得られます。

```
▶ (2) Spark Jobs
+---+--------+---+-------+
|age|eyeColor| id|   name|
+---+--------+---+-------+
| 19|   brown|123|  Katie|
| 22|   green|234|Michael|
| 23|    blue|345| Simone|
+---+--------+---+-------+
Command took 0.22s
```

3.5.2 SQLでのクエリ

SQLを書く方が好みであれば、次のクエリを書くこともできます。

```
spark.sql("select * from swimmersJSON").collect()
```

これで次の出力が得られます。

```
▶ (1) Spark Jobs
Out[6]:
[Row(age=19, eyeColor=u'brown', id=u'123', name=u'Katie'),
 Row(age=22, eyeColor=u'green', id=u'234', name=u'Michael'),
 Row(age=23, eyeColor=u'blue', id=u'345', name=u'Simone')]
Command took 0.17s
```

ここでは.collect()メソッドを使っています。このメソッドは、すべてのレコードを**Row**オブジェクトのリストとして返します。collect()やshow()といったメソッドは、DataFrameに対してもSQLクエリに対しても使えることに注意してください。ただし.collect()はDataFrame中のすべて行を返すので、すべての行がエグゼキュータからドライバへ戻されることになります。したがって、.collect()を使う場合は対象のDataFrameが小さい場合に限ってください。そうでない場合はtake(<n>)やshow(<n>)を使えば、返される行数を<n>で限定できます。

Databricksのサービスを使っているのであれば、ノートブックのセルの中で%sqlコマンドを使って直接SQL文を実行できます。

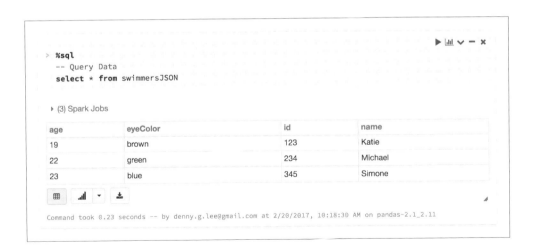

3.6 RDDとのやりとり

既存のRDDをDataFrame（あるいはDatasets[T]）に変換する方法は2つあります。1つはリフレクションを使ってスキーマを推測させる方法であり、もう1つはプログラムからスキーマを指定する方法です。前者の方法を使えば（作成するSparkのアプリケーションがスキーマを把握できているなら）コンパクトなコードを書くことができますが、後者の方法を使えば、列と列のデータ型が実行時にしかわからないような場合にもDataFrameを構築できるようになります。ここでいう**リフレクション**は、Pythonの`reflection`ではなく、**スキーマのリフレクション**を指していることに注意してください。

3.6.1 リフレクションによるスキーマの推定

これまでは、DataFrameを構築してクエリを実行する際に自動的にDataFrameのスキーマが定義されているということには触れませんでした。行のオブジェクトは、キー／値のペアのリストを`**kwargs`として行のクラスに渡すことによって構築されます。そしてSpark SQLがこの行のオブジェクトをDataFrameに変換することになりますが、その際にキーを列とし、値のデータをサンプリングしてデータ型を推定します。

`**kwargs`という要素を使うと、実行時にメソッドに対して可変長で複数のパラメータを渡すことができます。

コードに戻りましょう。スキーマを指定せずにDataFrameの`swimmersJSON`を生成したあと、`printSchema()`メソッドでスキーマの定義がわかります。

```
# スキーマを出力
swimmersJSON.printSchema()
```

これで次の出力が得られます。

```
root
 |-- age: long (nullable = true)
 |-- eyeColor: string (nullable = true)
 |-- id: string (nullable = true)
 |-- name: string (nullable = true)

Command took 0.07s
```

しかし、もしもこの例でidが実際にはstringではなくlongであることがわかっていて、スキーマを指定したい場合にはどうすれば良いのでしょうか？

3.6.2 プログラムからのスキーマの指定

それではこの例で、Spark SQLのデータ型（pyspark.sql.types）を取り入れ、多少の.csvデータを生成してスキーマをプログラムから指定してみましょう。

```
# データ型のインポート
from pyspark.sql.types import *

# カンマ区切りのデータの生成
stringCSVRDD = sc.parallelize([
(123, 'Katie', 19, 'brown'),
(234, 'Michael', 22, 'green'),
(345, 'Simone', 23, 'blue')
])
```

まずは次のschema変数にあるようにStructTypeとStructFieldを使ってスキーマを定義します。

```
# スキーマの指定
schema = StructType([
StructField("id", LongType(), True),
StructField("name", StringType(), True),
StructField("age", LongType(), True),
StructField("eyeColor", StringType(), True)
])
```

StructFieldクラスが次の内容からなることに注意してください。

- name: フィールドの名前
- dataType: フィールドのデータ型
- nullable: このフィールドの値がnullになり得るかを示す

最後に、作成したこのスキーマ（schema）をstringCSVRDD RDD（すなわち生成した.csvのデータ）に適用し、一時的なビューを作成してそれに対してSQLでクエリを実行できるようにします。

```
# RDDにスキーマを適用してDataFrameを生成する
swimmers = spark.createDataFrame(stringCSVRDD, schema)

# 生成されたDataFrameを使って一時的なビューを生成する
swimmers.createOrReplaceTempView("swimmers")
```

この例ではスキーマを細かくコントロールしているので、idがlongであることを指定できます（これに対し、前セクションではidは文字列になってしまっていました）。

```
swimmers.printSchema()
```

これで次の出力が得られます。

```
root
 |-- id: long (nullable = true)
 |-- name: string (nullable = true)
 |-- age: long (nullable = true)
 |-- eyeColor: string (nullable = true)

Command took 0.04s
```

スキーマは多くの場合（前セクションのように）推定でき、この例のように明示的にスキーマを指定する必要はありません。

3.7 DataFrame APIでのクエリの実行

前セクションで述べたように、DataFrame内のデータを見るための手始めとしては、`collect()`、`show()`、`take()`が利用できます（`show()`と`take()`では返される行数を制限できます）。

3.7.1 行数

DataFrame内の行数は`count()`メソッドで得られます。

```
swimmers.count()
```

これで次の出力が得られます。

```
Out[13]: 3
```

3.7.2 フィルタ文の実行

フィルタ文を実行するには`filter`節を使います。次のコードでは、`select`節で返される列も指定しています。

```
# age = 22のidとageを取得
swimmers.select("id", "age").filter("age = 22").show()

# 同じクエリの別の書き方
swimmers.select(swimmers.id, swimmers.age).filter(swimmers.age == 22).show()
```

このクエリの結果には、`age = 22`の場合の`id`と`age`列だけが選択されています。

```
     ▶ (2) Spark Jobs
+---+---+
| id|age|
+---+---+
|234| 22|
+---+---+

Command took 0.22s
```

眼の色がbという文字で始まるスイマーの名前だけを返してほしいなら、次のようにSQLに似た構文であるlikeが使えます。

```
# eyeColor like 'b%' でnameとeyeColorを取得
swimmers.select("name", "eyeColor").filter("eyeColor like 'b%'").
show()
```

出力は次のようになります。

```
     ▶ (2) Spark Jobs
+------+--------+
|  name|eyeColor|
+------+--------+
| Katie|   brown|
|Simone|    blue|
+------+--------+

Command took 0.22s
```

3.8　SQLでのクエリ

　同じクエリを、今度は同じDataFrameに対してSQLクエリで実行してみましょう。このDataFrameにSQLでアクセスできるのは、swimmersに対して.createOrReplaceTempViewを実行しておいたからです。

3.8.1　行数

次のコードで、DataFrame内の行数をSQLで取得できます。

```
spark.sql("select count(1) from swimmers").show()
```

出力は次のようになります。

```
▶ (1) Spark Jobs
+--------+
|count(1)|
+--------+
|       3|
+--------+

Command took 0.42s
```

3.8.2　where節でのフィルタの実行

SQLを使ってフィルタ文を実行するには、次のコードのようにwhere節を使います。

```
# age = 22のidとageをSQLで取得
spark.sql("select id, age from swimmers where age = 22").show()
```

このクエリの出力では、age = 22の場合のidとage列だけが選択されています。

```
▶ (2) Spark Jobs
+---+---+
| id|age|
+---+---+
|234| 22|
+---+---+

Command took 0.27s
```

DataFrame APIでのクエリと同じように、目の色が**b**で始まるスイマーの名前だけを返させたいのであれば、likeの構文も使えます。

```
spark.sql(
"select name, eyeColor from swimmers where eyeColor like 'b%'").show()
```

出力は次のようになります。

```
▶ (2) Spark Jobs
+------+--------+
|  name|eyeColor|
+------+--------+
| Katie|   brown|
|Simone|    blue|
+------+--------+

Command took 0.27s
```

さらに詳しい情報については、**Spark SQL, DataFrames, and Datasets Guide**（http://bit.ly/2cd1wyx）を参照してください。

Spark SQLやDataFrameを使う際に重要なことですが、CSV、JSON、あるいはその他のさまざまなデータフォーマットを簡単に扱うことができるとはいえ、Spark SQLでの分析的なクエリにとって最も一般的なファイルフォーマットは**Parquet**です。Parquetは列指向のフォーマットで、Spark以外にも多くのデータ処理システムでサポートされており、Spark SQLはParquetのファイルを読み書きする際に自動的に元々のデータのスキーマを保持してくれます。さらに詳しい最新の情報については**Spark SQL Programming Guide > Parquet Files**（http://spark.apache.org/docs/latest/sql-programming-guide.html#parquet-files）を参照してください。また、Parquetに関しては多くのパフォーマンス最適化の方法があります。その例として次のものがあります*。

Automatic Partition Discovery and Schema Migration for Parquet（https://databricks.com/blog/2015/03/24/spark-sql-graduates-from-alpha-in-spark-1-3.html）
How Apache Spark performs a fast count using the parquet metadata（https://github.com/dennylee/databricks/blob/master/misc/parquet-count-metadata-explanation.md）

3.9　DataFrameのシナリオ―定刻フライトのパフォーマンス

　DataFrameが扱えるクエリの種類を見ていくために、定刻フライトのパフォーマンス分析のユースケースを取り上げてみます。ここで分析するデータは**Airline On-Time Performance and Causes of Flight Delays: On-Time Data**（http://bit.ly/2ccJPPM）で、これに**Open Flights Airport, airline, and route data**（http://bit.ly/2ccK5hw）から取得した空港のデータセットを結合して、フライトの遅延に関連する変数の理解を深めるようにします。

このセクションではhttps://databricks.com/try-databricksから入手できるDatabricks Community Edition（Databricksの製品の無償版。サインアップの方法については付録Bを参照してください）を使います。コードの作成と結果の分析がしやすくなるように、Databricks製品に含まれている可視化の機能と取り込み済みのデータセットを使います。自分の環境でこのサンプルを実行したいなら、必要なデータセットは本書のGitHubのリポジトリhttps://github.com/drabastomek/learningPySpark/tree/master/Chapter03/flight-dataにあります。

---

* 訳注：現在は、PyArrow（https://arrow.apache.org/docs/python/）やfastparquet（https://github.com/dask/fastparquet）といったライブラリを使えば、純粋なPythonからもParquetファイルを読み書きできます。

3.9.1 ソースデータセットの準備

まずは、ソースとなる空港とフライトパフォーマンスのデータセットを処理しましょう。それぞれのファイルのパスを指定し、SparkSession を使ってインポートします。

```
# ファイルパスの設定
flightPerfFilePath = "/databricks-datasets/flights/departuredelays.csv"
airportsFilePath = "/databricks-datasets/flights/airport-codes-na.txt"

# 空港のデータセットの取得
airports = spark.read.csv(airportsFilePath, header='true',
inferSchema='true', sep='\t')airports.createOrReplaceTempView("airports")

# 出発の遅延のデータセットの取得
flightPerf = spark.read.csv(flightPerfFilePath, header='true')
flightPerf.createOrReplaceTempView("FlightPerformance")

# 出発の遅延のデータセットをキャッシュする
flightPerf.cache()
```

データのインポートに CSV リーダー (com.databricks.spark.csv) を使っており、任意の区切り文字を指定できることに注意してください（空港のデータはタブ区切りですが、フライトのパフォーマンスデータはカンマ区切りになっています）。最後に、フライトのデータセットをキャッシュして、これ以降のクエリを高速に実行できるようにします。

3.9.2 フライトパフォーマンスと空港の結合

DataFrame/SQLで非常によく行うことの1つに、2つのデータセットの結合があります。これはしばしば（パフォーマンスの観点から見て）負荷の大きい操作の1つでもあります。DataFrameには、こういった結合に対するさまざまなパフォーマンスの最適化の仕組みがデフォルトで組み込まれています。

```
# フライトの遅延時間の合計を都市と出発地のコードごとに集計する
# （ワシントン州に対して）

spark.sql("""
select a.City,
f.origin,
sum(f.delay) as Delays
from FlightPerformance f
join airports a
on a.IATA = f.origin
where a.State = 'WA'
group by a.City, f.origin
order by sum(f.delay) desc"""
).show()
```

この例では、ワシントン州の都市と出発地のコードごとに合計の遅延時間をクエリで取得しています。そのために、フライトのパフォーマンスデータを空港のデータと **International Air Transport Association（IATA）** コードで結合しなければなりません。このクエリの出力は次のようになります。

3.9 DataFrameのシナリオ—定刻フライトのパフォーマンス

```
▶ (2) Spark Jobs

+-------+------+--------+
|   City|origin|  Delays|
+-------+------+--------+
|Seattle|   SEA|159086.0|
|Spokane|   GEG| 12404.0|
|  Pasco|   PSC|   949.0|
+-------+------+--------+

Command took 3.93s
```

ノートブック（DatabricksやJupyter、Apache Zeppelinなど）を使えば、クエリの実行とその結果の可視化が容易になります。次の例で使っているのはDatabricks notebookです。このPythonのノートブックでは%sql関数を使ってノートブックのセル内でSQL文を実行できます。

```
%sql
-- 都市と出発地のコードごとにフライトの合計遅延時間（ワシントン州）
select a.City, f.origin, sum(f.delay) as Delays
  from FlightPerformance f
    join airports a
      on a.IATA = f.origin
where a.State = 'WA'
group by a.City, f.origin
order by sum(f.delay) desc
```

これは以前のクエリと同じですが、フォーマットのおかげで読みやすくなっています。このDatabricks notebookの例では、このデータをすぐにバーチャートとして可視化できます。

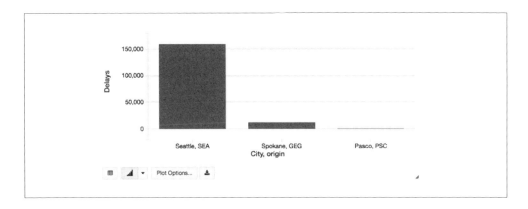

3.9.3　フライトパフォーマンスデータの可視化

データの可視化を続けましょう。ただし今度は、米国内の週ごとにブレークダウンします。

```
%sql
```

```
-- （米国の）州ごとのフライトの合計遅延時間
select a.State, sum(f.delay) as Delays
  from FlightPerformance f
    join airports a
      on a.IATA = f.origin
 where a.Country = 'USA'
 group by a.State
```

出力の棒グラフは次のようになります。

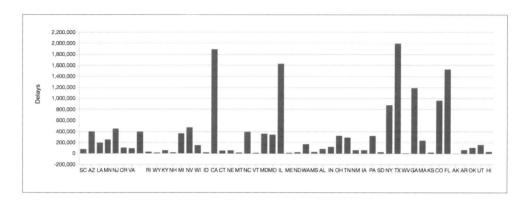

ただし、このデータは地図で見た方がいい感じになります。グラフの左下にある棒グラフのアイコンをクリックすれば、地図を含む組み込み済みの多くの選択肢が表示されます。

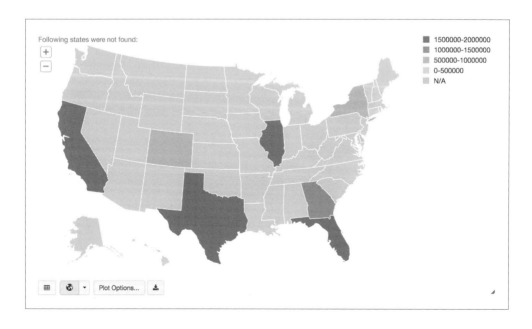

DataFrameの主なメリットの一つは、情報がテーブルのように構造化されていることです。したがって、使っているのがノートブックか、好みのBIツールかに関わらず、データを素早く可視化できるようになります。

pyspark.sql.DataFrameのメソッドの完全なリストはhttp://bit.ly/2bkUGnTにあります。
pyspark.sql.functionsの完全なリストはhttp://bit.ly/2bTAzLTにあります。

3.10 Spark Dataset API

SparkのDataFrameについて述べてきましたが、SparkのDataset APIについても少し振り返っておきましょう。SparkのDatasetはApache Spark1.6で導入されたもので、ドメインオブジェクトの変換を容易に表現できるようにするとともに、優れたパフォーマンスを発揮し、強力なSpark SQLエンジンを活用することを目標としたものです。Sparkのリリース2.0では（次の図にあるように）DataFrame APIはDataset APIにマージされ、すべてのライブラリに渡ってデータ処理の機能が統合されました。この統合化によって、開発者が学んだり覚えておかなければならなかったりする概念は減り、**型安全性**を持つDatasetという単一の高レベルAPIだけを扱えばよくなったのです。

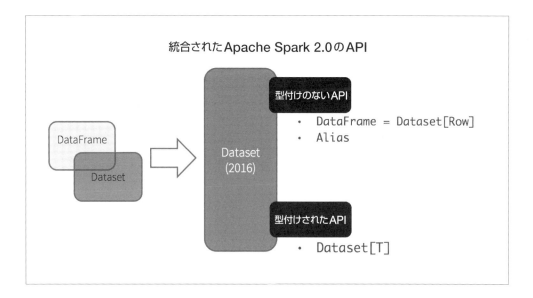

概念的には、SparkのDataFrameは**型付けされていない**JVMのオブジェクトのRowを要素とする、汎用的なオブジェクトのコレクションDataset[Row]の**別名**に過ぎません。これに対し、Datasetは**強い型付け**を持つScalaやJavaのJVMオブジェクトの集合であり、ケースクラスによって記述されます。

この点が特に重要なのは、型の強制によるメリットが生じないことから、PySparkではDataset APIが**サポートされない**ためです。ただし、PySparkでは利用できないDataset APIの中には、RDDへの変換やUDFの使用によって利用できるものもあります。詳しくは、JIRAの［SPARK-13233］: Python Dataset（http://bit.ly/2dbfoFT）を参照してください。

3.11 まとめ

　SparkのDataFrameを使うことによって、Pythonの開発者はこれまでよりもシンプルな抽象化レイヤを使えるようになり、しかも速度を大きく向上させられる可能性があります。もともとSparkでPythonが低速だった理由の一つは、PythonのサブプロセスとJVM間の通信レイヤでした。ScalaのDataFrameのラッパーが用意されたことによって、DataFrameを使えばPythonのユーザーはPythonのサブプロセス／JVM間のコミュニケーションのオーバーヘッドを回避できるようになりました。SparkのDataFrameは、本章で見てきたCatalyst OptimizerやProject Tungstenによって多くの部分でパフォーマンスが向上しています。本章では、SparkのDataFrameの扱い方や、DataFrameを使った定刻フライトのパフォーマンス分析についても見てきました。

　本章では、データを直接作成したり、既存のデータセットを使ったりすることによってDataFrameを生成しました。次章では、データを変換して理解する方法を述べていきます。

4章
データのモデリングの準備

信じられないかもしれませんが、それがどこから来たものであれ、データは汚れているものです。同僚からもらったデータでも、環境をモニタリングするテレメトリーシステムからのデータでも、Webからダウンロードしたデータでも、あるいはその他いかなるデータであってもです。データがクリーンな状態にあることを自分自身でテストして確認するまでは（クリーンな状態の意味はこのあとすぐに説明します）、データを信じたり、モデル化のためにデータを使ったりするべきではありません。

データには重複があったり、計測値の欠落や外れ値、実在しない住所、間違った電話番号や住所、不正確な座標、間違った日付、不正確なラベル、大文字／小文字の混在、末尾の余分な空白、あるいはその他多くの微妙な問題が含まれていることがあります。あなたの仕事がデータサイエンティストであれデータエンジニアであれ、そういったデータはクリーニングしなければなりません。そしてそのためには、統計的なモデルや機械学習のモデルを構築するという方法があります。

上記のような問題がなければ、技術的にはデータセットはクリーンだと考えられます。とはいえ、データセットをモデリングのためにクリーニングするのであれば、特徴量の分布を確認し、それらが事前に定義された範囲に収まっていることを確認する必要があります。

データサイエンティストであれば、自分の時間の80%から90%はデータを**マッサージ**し、そのあらゆる特徴に馴染んでおくために使うことになるでしょう。本章ではそのプロセスを紹介し、Sparkの機能を活用できるようにします。

本章で学ぶ内容は次のとおりです。

- 重複、計測値の欠落、外れ値の発見と処理
- 記述統計と相関の計算
- matplotlibとBokehによるデータの可視化

4.1 重複、計測値の欠落、外れ値のチェック

データを完全にテストして、それに時間をかけても大丈夫なことが確実になるまでは、データを信用したり使ったりするべきではありません。このセクションでは、重複や計測値の欠落、そして外れ値の扱い方を紹介します。

4.1.1 重複

重複は、データセット中では複数の行に現れながら、よく調べてみれば同じに見えるようなデータです。すなわち、それら2つ（以上）の行を並べて比較してみれば、すべての部分がまったく同じ値を持っているということです。

一方で、データに何らかのIDが与えられており、レコードを区別できるようになっている（あるいはたとえば、レコードが特定のユーザーに紐付けられている）ような場合には、一見したところでは重複に見えたものが、実はそうではないかもしれません。場合によってはシステムの障害で間違ったIDが生成されることもあります。そういった場合には、同じIDが本当に重複なのかを調べたり、あるいは新しいIDの仕組みを考えたりしなければならないかもしれません。

下記の例を考えてみましょう。

```
df = spark.createDataFrame([
        (1, 144.5, 5.9, 33, 'M'),
        (2, 167.2, 5.4, 45, 'M'),
        (3, 124.1, 5.2, 23, 'F'),
        (4, 144.5, 5.9, 33, 'M'),
        (5, 133.2, 5.7, 54, 'F'),
        (3, 124.1, 5.2, 23, 'F'),
        (5, 129.2, 5.3, 42, 'M'),
    ], ['id', 'weight', 'height', 'age', 'gender'])
```

見てとれるとおり、ここには複数の問題があります。

- IDが3になっている行が2つあり、その内容がまったく同じになっています。
- IDが1と4の行が同じです。それらの違いはIDだけなので、これは同一人物のデータだと考えて良いでしょう。
- IDが5の行が2つありますが、それらは別の人物のようなので、これは記録時の問題でしょう。

このデータセットは7行しかなく、とても簡単です。しかし、これが数百万行に及ぶデータだとしたらどうしますか？ 筆者なら、まず重複がないかを確認します。データセット全体のカウントを、.distinct()メソッドを実行した後のデータセットのカウントと比較するでしょう。

```
print('Count of rows: {0}'.format(df.count()))
print('Count of distinct rows: {0}'.format(df.distinct().count()))
```

このDataFrameの場合、次のような結果が返されます。

```
              Count of rows: 7
              Count of distinct rows: 6
```

この2つの数値が異なっていれば、完全な重複と呼ぶべきもの、すなわち完全に一致している複数の行があるということです。これらの行は、.dropDuplicates(...)メソッドを使って取り除くことができます。

```
df = df.dropDuplicates()
```

すると、データセットは次のようになります（df.show()を実行してください）。

```
+---+------+------+---+------+
| id|weight|height|age|gender|
+---+------+------+---+------+
|  4| 144.5|   5.9| 33|     M|
|  1| 144.5|   5.9| 33|     M|
|  5| 129.2|   5.3| 42|     M|
|  5| 133.2|   5.7| 54|     F|
|  2| 167.2|   5.4| 45|     M|
|  3| 124.1|   5.2| 23|     F|
+---+------+------+---+------+
```

ID3の行が1つ削除されています。次に、ID以外のデータが重複している行がないかを調べてみましょう。ID列以外の列だけを使って、同じことを繰り返すことはすぐにできます。

```
print('Count of ids: {0}'.format(df.count()))
print('Count of distinct ids: {0}'.format(
    df.select([
        c for c in df.columns if c != 'id'
    ]).distinct().count())
)
```

これで、もう1つ重複している行があることがわかることになるでしょう。

```
              Count of ids: 6
              Count of distinct ids: 5
```

ここでも.dropDuplicates(...)を使うことはできますが、subsetを加えてid以外の列だけを対象にしましょう。

```
df = df.dropDuplicates(subset=[
    c for c in df.columns if c != 'id'
])
```

.dropDuplicates(...)メソッドに対し、パラメータのsubsetは指定された列だけを使って重複している行を探すように指示します。この例ではidを除くweight、height、age、genderが同じになっている重複レコードを削除しています。df.show()を実行すれば、id = 4と同じだったid = 1のレコードが削除され、データセットがクリーンになっていることがわかります。

```
+---+------+------+---+------+
| id|weight|height|age|gender|
+---+------+------+---+------+
|  5| 133.2|   5.7| 54|     F|
|  4| 144.5|   5.9| 33|     M|
|  2| 167.2|   5.4| 45|     M|
|  3| 124.1|   5.2| 23|     F|
|  5| 129.2|   5.3| 42|     M|
+---+------+------+---+------+
```

完全に重複している行や、IDだけが異なっている同一の行は取り除けたので、IDの重複がないかを調べてみましょう。IDの合計数とユニークなIDの数は、.agg(...)メソッドを使えば一度に計算できます。

```
import pyspark.sql.functions as fn

df.agg(
    fn.count('id').alias('count'),
    fn.countDistinct('id').alias('distinct')
).show()
```

このコードの出力は次のようになります。

```
+-----+--------+
|count|distinct|
+-----+--------+
|    5|       4|
+-----+--------+
```

この例では、まずpyspark.sqlモジュールからすべての関数をインポートしています。

こうすることで、さまざまな関数が大量に使えるようになります。ここではそれらをすべて紹介することはできませんが、PySparkのドキュメンテーションのhttp://spark.apache.org/docs/2.0.0/api/python/pyspark.sql.html#module-pyspark.sql.functionsを調べてみることを強くお勧めします。

次に.count(...)と.countDistinct(...)を使います。これらはそれぞれ、DataFrame中の行数とユニークなidの数を計算しています。.alias(...)メソッドを使えば、返される列の名前を指定してわかりやすいものにできます。

結果を見ればわかるとおり、合計の行数は5ですが、ユニークなIDは4つしかありません。すでに重複した行はすべて削除してあるので、これはIDにたまたま問題が生じているだけと考えて、各行にユニークなIDを振り直しても良いでしょう。

```
df.withColumn('new_id', fn.monotonically_increasing_id()).show()
```

このコードの出力は次のようになります。

```
+---+------+------+---+------+--------------+
| id|weight|height|age|gender|        new_id|
+---+------+------+---+------+--------------+
|  5| 133.2|   5.7| 54|     F|   25769803776|
|  4| 144.5|   5.9| 33|     M|  171798691840|
|  2| 167.2|   5.4| 45|     M|  592705486848|
|  3| 124.1|   5.2| 23|     F| 1236950581248|
|  5| 129.2|   5.3| 42|     M| 1365799600128|
+---+------+------+---+------+--------------+
```

.monotonicallymonotonically_increasing_id()メソッドを使うと、各レコードに単調増加するユニークなIDを振っていくことができます。ドキュメンテーションによれば、およそ10億パーティション以下に収まる80億レコード以下のデータであれば、生成されるIDはユニークになることが保証されます。

ここで注意です。Sparkの以前のバージョンでは、同じDataFrameに対して.monotonically monotonically_increasing_id()メソッドを繰り返し呼んだ場合、生成されるIDが同じになるとは限りませんでした。ただしこれは、Spark 2.0で修正されています。

4.1.2 計測値の欠落

データセットに**欠落**が含まれていることは良くあることです。いくつか例を挙げるだけでも、システムの障害、人的なミス、データスキーマの変更など、さまざまな理由で値は欠落します。

値の欠落に対処する最も簡単な方法は、そうしてもデータに問題が生じないなら、欠落を含むレコード全体を削除してしまうことです。削除が多くなりすぎないように注意は必要です。データセット内での欠落値の分布によっては、データセットの利用価値に重大な影響が生じてしまうかもしれません。行を削除した後に残ったデータセットが非常に小さくなっていたり、データサイズが50%以下になってしまったりしたなら、筆者はどういった列に最も欠落が生じているのかを調べて、おそらくはそれらの列を丸ごと除外するでしょう。ほとんどの値が欠落している列は、モデリングという観点から見て（値の欠落そのものに意味があるなら別ですが）ほとんど役に立ちません。

欠落値があるデータを扱うもう1つの方法は、Noneとなっているところに何らかの値を補うことです。この場合、データの種類によっていくつかの選択肢があります。

- データが離散の論理値なのであれば、第3の分類としてMissingを加えることでカテゴリ値にできます。
- データがもともとカテゴリ値なのであれば、単にレベル数を増やしてMissingを加えることができます。
- 順序や数値のデータなのであれば、平均値や中央値、あるいはその他の事前定義された値（たとえばデータの分布の様子に応じて25パーセンタイルや75パーセンタイルの値など）を補えるでしょう。

先ほどの例に似た例について考えてみましょう。

```
df_miss = spark.createDataFrame([
        (1, 143.5, 5.6, 28,   'M',  100000),
        (2, 167.2, 5.4, 45,   'M',  None),
        (3, None , 5.2, None, None, None),
        (4, 144.5, 5.9, 33,   'M',  None),
        (5, 133.2, 5.7, 54,   'F',  None),
        (6, 124.1, 5.2, None, 'F',  None),
        (7, 129.2, 5.3, 42,   'M',  76000),
    ], ['id', 'weight', 'height', 'age', 'gender', 'income'])
```

この例ではカテゴリ値がいくつも欠落しています。これに対処していきましょう。

行を分析すれば、次のことがわかります。

- ID3の行が持っている有益な情報は1つだけで、heightにしかありません。
- ID6の行では、欠けている値はageだけです。

列を分析すれば、次のことがわかります。

- income列は、公開するにはきわめて個人的な内容であることから、ほとんどの値が欠落しています。
- weightとgender列で欠落している値はそれぞれ1つずつだけです。
- age列には2つの値が欠落しています。

行ごとの欠落値の数を知るには、次のようなコードが使えます。

```
df_miss.rdd.map(
    lambda row: (row['id'], sum([c == None for c in row]))
).collect()
```

これで次のような出力が得られます。

```
Out[9]: [(1, 0), (2, 1), (3, 4), (4, 1), (5, 1), (6, 2), (7, 0)]
```

ここからは、たとえばIDが3の行では4つの値が欠落していることがわかります。これは先ほど調べたことと一致しています。

どの値が欠けているのかを調べて列ごとの欠落値の数を数え、そうした値をまとめて削除してしまうか、何らかの値を補うかを判断できるようにしましょう。

```
df_miss.where('id == 3').show()
```

結果は次のようになります。

```
+---+------+------+----+------+------+
| id|weight|height| age|gender|income|
+---+------+------+----+------+------+
|  3|  null|   5.2|null|  null|  null|
+---+------+------+----+------+------+
```

さあ、列ごとに欠落値のパーセンテージを調べましょう。

```
df_miss.agg(*[
    (1 - (fn.count(c) / fn.count('*'))).alias(c + '_missing')
    for c in df_miss.columns
]).show()
```

これで次のような出力が得られます。

```
+----------+------------------+--------------+------------------+------------------+------------------+
|id_missing|    weight_missing|height_missing|       age_missing|    gender_missing|    income_missing|
+----------+------------------+--------------+------------------+------------------+------------------+
|       0.0|0.1428571428571429|           0.0|0.2857142857142857|0.1428571428571429|0.7142857142857143|
+----------+------------------+--------------+------------------+------------------+------------------+
```

.count(...)メソッドに引数として（列名があるべきところで）渡されている*は、すべての行をカウントすることを指示しています。一方で、リストの宣言の前の*は、.agg(...)メソッドに対して渡される個別のパラメータの集合としてリストを扱うように指示しています。

すなわち、weightとgender列では14%のデータが欠落しており、これはheight列の2倍です。そしてincome列ではほぼ72%のデータが欠落しています。これですべきことがはっきりしました。

まず、'income'列はほとんどの値が欠落しているので、削除します。

```
df_miss_no_income = df_miss.select([
    c for c in df_miss.columns if c != 'income'
])
```

これで、IDが3の列は削除する必要がないことがわかります。それは、'weight'および'age'列には（この単純化された例では）平均を計算して欠落している部分を補えるだけのデータがあるからです。

とはいえ、仮にデータを削除することに決めた場合は次に示す.dropna(...)メソッドが利用できます。ここでは、行を削除する閾値を決めるthreshパラメータも用いています。この閾値は行内で欠落している値の数で、それを超えた欠落数の行が削除されることになります。これは、扱うデータセットに数十あるいは数百の列があり、一定数以上の欠落がある行だけを削除したい場合に役立ちます。

```
df_miss_no_income.dropna(thresh=3).show()
```

このコードは次のような結果を出力します。

```
+---+------+------+----+------+
| id|weight|height| age|gender|
+---+------+------+----+------+
|  1| 143.5|   5.6|  28|     M|
|  2| 167.2|   5.4|  45|     M|
|  4| 144.5|   5.9|  33|     M|
|  5| 133.2|   5.7|  54|     F|
|  6| 124.1|   5.2|null|     F|
|  7| 129.2|   5.3|  42|     M|
+---+------+------+----+------+
```

一方で欠落値を補いたい場合に役立つのが.fillna(...)です。このメソッドは単一の整数（longの値でもかまいません）、浮動小数点数、文字列を引数に取ります。データセット全体の欠落値は、指定した値で埋められることになります。また、{'<列名>': <補う値>}という形式の辞書を渡すこともできます。この場合にも<補う値>として渡せるのが整数、浮動小数点数、文字列だけという制限は同じです。

平均値や中央値、あるいはその他の計算値を補いたい場合には、まず値を計算し、それらの値から辞

書を作成し、そしてその辞書を.fillna(...)メソッドに渡します。

これは次のようにすれば良いでしょう。

```
means = df_miss_no_income.agg(
    *[fn.mean(c).alias(c) 
        for c in df_miss_no_income.columns if c != 'gender']
).toPandas().to_dict('records')[0]

means['gender'] = 'missing'

df_miss_no_income.fillna(means).show()
```

このコードは次のような結果を出力します。

```
+---+-------------+------+---+-------+
| id|       weight|height|age| gender|
+---+-------------+------+---+-------+
|  1|        143.5|   5.6| 28|      M|
|  2|        167.2|   5.4| 45|      M|
|  3|140.283333333|   5.2| 40|missing|
|  4|        144.5|   5.9| 33|      M|
|  5|        133.2|   5.7| 54|      F|
|  6|        124.1|   5.2| 40|      F|
|  7|        129.2|   5.3| 42|      M|
+---+-------------+------+---+-------+
```

もちろんカテゴリ型の変数の平均値は計算できないので、gender列は省いています。

ここでは2段階で変換を行っています。まず.agg(...)メソッドの出力（PySparkのDataFrame）をpandasのDataFrameに変換し、それから辞書へ変換しています。

.toPandas()を使うと問題が生じるかもしれないことに注意してください。これは、基本的に.toPandas()はRDDに対して.collect()と同じように動作するためです。.toPandas()はワーカーからすべての情報を収集してドライバに持ってきます。ここでのデータセットで問題が生ずることはないはずですが、数千列で数千行に及ぶようなデータであれば、話は別です。

pandasの.to_dict(...)メソッドにパラメータとして渡しているrecordsは、次のような辞書を生成するように指示しています。

```
{'age': 40.399999999999999,
 'height': 5.4714285714285706,
 'id': 4.0,
 'weight': 140.28333333333333}
```

gender列（あるいはカテゴリ値を数値として表現しているその他のすべての列）に対しては平均値を計算することできないので、gender列に対応して辞書には missing というカテゴリを追加しました。ここで注意が必要なのは、age列の平均値は40.40だからといって、この値を補うときにはdf_miss_no_income.age列の型は元の整数のままにされていることです。

4.1.3 外れ値

外れ値は、それ以外のデータの分布から極端に逸脱しているデータです。この**極端**の定義はさまざまですが、最も一般的にはすべての値がおおよそQ1 - 1.5IQRからQ3 + 1.5IQRの間に収まっていれば外れ値はないと言えるでしょう。IQRとは四分位範囲のことで、75パーセンタイル（Q3）と25パーセンタイル（Q1）との差です。

それでは再びシンプルな例について考えてみましょう。

```
df_outliers = spark.createDataFrame([
        (1, 143.5, 5.3, 28),
        (2, 154.2, 5.5, 45),
        (3, 342.3, 5.1, 99),
        (4, 144.5, 5.5, 33),
        (5, 133.2, 5.4, 54),
        (6, 124.1, 5.1, 21),
        (7, 129.2, 5.3, 42),
    ], ['id', 'weight', 'height', 'age'])
```

これで、先ほど概要を述べた定義にしたがって外れ値を見いだせます。

まず、それぞれの列に対して上限と下限を計算します。ここでは.approxQuantile(...)メソッドを使いましょう。1つめのパラメータには列名を指定します。2つめのパラメータには0から1の間の数値を指定するか（0.5を指定すれば中央値が計算されます）、リストを指定できます（この例はこちらです）。そして3つめのパラメータには、それぞれの計測値における誤差の許容レベルを指定します（0を指定すれば正確な値が計算されますが、それはきわめてコストの高い処理になることがあります）。

```
cols = ['weight', 'height', 'age']
bounds = {}

for col in cols:
    quantiles = df_outliers.approxQuantile(
        col, [0.25, 0.75], 0.05
    )

    IQR = quantiles[1] - quantiles[0]
```

```
    bounds[col] = [
        quantiles[0] - 1.5 * IQR,
        quantiles[1] + 1.5 * IQR
]
```

辞書のboundsには、それぞれの列の下限と上限が格納されます。

```
Out[17]: {'age': [9.0, 51.0],
          'height': [4.8999999999999995, 5.6],
          'weight': [115.0, 146.84999999999997]}
```

さあ、これを使って外れ値を見つけましょう。

```
outliers = df_outliers.select(*['id'] + [
    (
        (df_outliers[c] < bounds[c][0]) |
        (df_outliers[c] > bounds[c][1])
    ).alias(c + '_o') for c in cols
])
outliers.show()
```

このコードの出力は次のようになります。

```
+---+--------+--------+-----+
| id|weight_o|height_o|age_o|
+---+--------+--------+-----+
|  1|   false|   false|false|
|  2|    true|   false|false|
|  3|    true|   false| true|
|  4|   false|   false|false|
|  5|   false|   false| true|
|  6|   false|   false|false|
|  7|   false|   false|false|
+---+--------+--------+-----+
```

weight列とage列にそれぞれ2つずつの外れ値があります。ここまでくれば、これらの値の取り出し方はわかるはずです。次に分布から大きく外れている値のリストを出力するコードを紹介します。

```
df_outliers = df_outliers.join(outliers, on='id')
df_outliers.filter('weight_o').select('id', 'weight').show()
df_outliers.filter('age_o').select('id', 'age').show()
```

このコードの出力は次のようになります。

```
+---+------+
| id|weight|
+---+------+
|  3| 342.3|
|  2| 154.2|
+---+------+

+---+---+
| id|age|
+---+---+
|  5| 54|
|  3| 99|
+---+---+
```

本セクションで紹介したメソッドを身につければ、きわめて巨大なデータセットであっても素早くクリーンアップできるでしょう。

4.2　データに馴染む

とてもお勧めできるやり方ではありませんが、データに関する知識なしでモデルを構築することもできます。この場合、おそらく時間がかかるうえに結果として得られるモデルの質は最適なものとは言えなくなるかもしれません。とはいえ、そうすることが不可能というわけではありません。

このセクションではhttp://packages.revolutionanalytics.com/datasets/ccFraud.csvからダウンロードできるデータセットを使います。データセットそのものは変更されていませんが、同じデータをGZipしてhttp://tomdrabas.com/data/LearningPySpark/ccFraud.csv.gzにアップロードしてあります。まずファイルをダウンロードして、本章のノートブックがあるフォルダに保存してください。

データセットの最初の部分は次のようになっています。

```
"custID","gender","state","cardholder","balance","numTrans","numIntlTrans","creditLine","fraudRisk"
1,1,35,1,3000,4,14,2,0
2,2,2,1,0,9,0,18,0
3,2,2,1,0,27,9,16,0
4,1,15,1,0,12,0,5,0
5,1,46,1,0,11,16,7,0
```

真剣なデータサイエンティストやデータモデラーは、モデリングを開始する前にこのようにしてデータセットを知り始めます。通常は、扱うデータセットの感触をつかむための手始めとして多少の記述統計を見てみることになります。

4.2.1 記述統計

ごく単純に言えば、記述統計とはデータセットに関する基本的な情報を示してくれるものです。データセット中に実際に存在するデータ数、列の平均値や標準偏差、そして最小値や最大値といった値が含まれます。

とはいえ、物事には順番というものがあります。まずはデータをロードして、SparkのDataFrameに変換しましょう。

```
import pyspark.sql.types as typ
```

最初に、必要なモジュールだけをロードします。`pyspark.sql.types`は、`IntegerType()`や`FloatType()`といった使用できるデータ型をすべて公開します。

利用できるすべての型のリストはhttp://spark.apache.org/docs/latest/api/python/pyspark.sql.html#module-pyspark.sql.typesにあります。

次に、データを読み込んでから`.filter(...)`メソッドを使ってヘッダ行を取り除きます。それに続いて行をカンマごとに分割し（元のデータは`.csv`ファイルなので）、それぞれの要素を整数に変換します。

```
fraud = sc.textFile('ccFraud.csv.gz')
header = fraud.first()

fraud = fraud \
    .filter(lambda row: row != header) \
    .map(lambda row: [int(elem) for elem in row.split(',')])
```

次に、DataFrameのスキーマを作成します。

```
fields = [
    *[
        typ.StructField(h[1:-1], typ.IntegerType(), True)
        for h in header.split(',')
    ]
]
schema = typ.StructType(fields)
```

最後にDataFrameを作成します。

```
fraud_df = spark.createDataFrame(fraud, schema)
```

DataFrameの`fraud_df`を作成できたので、データセットに対する基本的な記述統計を計算できるようになりました。とはいえ、このデータセットのすべての列は本来数値のように見えますが、中にはカテゴリ型のものもあることを覚えておく必要があります（たとえば`gender`や`state`）。

DataFrameのスキーマを出力してみましょう。

```
fraud_df.printSchema()
```

出力は次のようになります。

```
root
 |-- custID: integer (nullable = true)
 |-- gender: integer (nullable = true)
 |-- state: integer (nullable = true)
 |-- cardholder: integer (nullable = true)
 |-- balance: integer (nullable = true)
 |-- numTrans: integer (nullable = true)
 |-- numIntlTrans: integer (nullable = true)
 |-- creditLine: integer (nullable = true)
 |-- fraudRisk: integer (nullable = true)
```

また、custId列に対して平均値や標準偏差を計算しても意味がないので、それはしないようにします。

カテゴリ型の列の理解を深めるには、.groupby(...)メソッドを使って値の出現頻度をカウントします。この例では、gender列の頻度をカウントします。

```
fraud_df.groupby('gender').count().show()
```

このコードの実行結果は次のようになります。

```
+------+-------+
|gender|  count|
+------+-------+
|     1|6178231|
|     2|3821769|
+------+-------+
```

この結果からわかるとおり、このデータは非常にアンバランスです。本来は、どちらの性別も同じような頻度になっていることが期待されます。

これは本章の範囲を超えることですが、もしも統計モデルを構築しているなら、こういったバイアスについては考慮しておく必要があります。詳しくはhttp://www.va.gov/VETDATA/docs/SurveysAndStudies/SAMPLE_WEIGHT.pdfを参照してください。

本当に数値型の列については.describe()メソッドが使えます。

```
numerical = ['balance', 'numTrans', 'numIntlTrans']
desc = fraud_df.describe(numerical)
```

```
desc.show()
```

show() メソッドの出力は次のようになります。

```
+-------+------------------+------------------+------------------+
|summary|           balance|          numTrans|      numIntlTrans|
+-------+------------------+------------------+------------------+
|  count|          10000000|          10000000|          10000000|
|   mean|       4109.9199193|        28.9351871|         4.0471899|
| stddev|3996.847309737077|26.553781024522852|8.602970115863767|
|    min|                 0|                 0|                 0|
|    max|             41485|               100|                60|
+-------+------------------+------------------+------------------+
```

比較的少数のこれらの数値からだけでも、かなりのことがわかります。

- すべての列の歪度(わいど)は正になっています。最大値は平均値の数倍以上になっています。
- 変動係数(標準偏差を算術平均で割った値)はきわめて高くなっています(1に近いかそれ以上)。これは、データが広く分散していることを示します。

歪度(skeweness)の確認は次のように行います(ここでは'balance'列だけを対象にしています)。

```
fraud_df.agg({'balance': 'skewness'}).show()
```

このコードの出力は次のようになります。

```
+------------------+
| skewness(balance)|
+------------------+
|1.1818315552995033|
+------------------+
```

集計関数には、avg()、count()、countDistinct()、first()、kurtosis()、max()、mean()、min()、skewness()、stddev()、stddev_pop()、stddev_samp()、sum()、sumDistinct()、var_pop()、var_samp()、variance()といったものがあります(名前を見れば何をするものかは自明でしょう)。

4.2.2 相関

列同士の相互関係の測定するのにきわめて役立つもう1つの値が相関です。通常モデルには、ターゲットとの相関が強い列だけが含まれることになります。とはいえ、列同士の相関を確認することもほ

とんど同様に重要なことです。強い相関関係を持つ（すなわち**共線性**を持つ）列群が含まれていると、モデルが予測の付かない挙動を示したり、必要以上に複雑なものになったりします。

多重共線性について、筆者は"Practical Data Analysis Cookbook, Packt Publishing"（https://www.packtpub.com/big-data-and-business-intelligence/practical-data-analysis-cookbook）という書籍の5章、Introducing MLlibのIdentifying and tackling multicollinearityというタイトルのセクションで詳しく書いています。

データをDataFrameにできていれば、PySparkで相関を計算するのはとても簡単です。難点なのは、.corr(...)メソッドが現時点でサポートしているのがピアソン相関だけだということと、次に示すとおり計算できるのがペアワイズ相関だけだということです。

```
fraud_df.corr('balance', 'numTrans')
```

相関行列は、次のスクリプトで生成できます。

```
n_numerical = len(numerical)

corr = []

for i in range(0, n_numerical):
    temp = [None] * i

    for j in range(i, n_numerical):
        temp.append(fraud_df.corr(numerical[i], numerical[j]))
    corr.append(temp)
```

このコードの出力は次のようになります。

```
Out[30]: [[1.0, 0.00044523140172659576, 0.00027139913398184604],
          [None, 1.0, -0.0002805712819816179],
          [None, None, 1.0]]
```

ここから分かるとおり、このクレジットカードの不正利用のデータセットにおいては数値の列同士の相関はほぼ存在しません。したがってこれらの列はモデル内で使用できるものであり、ターゲットを説明する上で統計的に健全であることがわかりました。

相関関係を調べたので、次にデータを可視化して調べてみることにしましょう。

4.3 可視化

可視化のパッケージは複数ありますが、このセクションではmatplotlibとBokehだけを使います。要求を最もうまく満たせるツールを選択してください。

どちらのパッケージもAnacondaには含まれています。まずモジュールをロードしてセットアップしましょう。

```
%matplotlib inline
import matplotlib.pyplot as plt
plt.style.use('ggplot')

import bokeh.charts as chrt
from bokeh.io import output_notebook

output_notebook()
```

`%matplotlib inline`と`output_notebook()`はそれぞれmatplotlibとBokehに対するもので、出力されるグラフが独立したウィンドウではなく、ノートブック内に表示されるようにします。

4.3.1 ヒストグラム

ヒストグラムは、データの分布を可視化する最も容易な方法です。PySpark（あるいはJupyter notebook）でヒストグラムを生成する方法は3つあります。

- ワーカーでデータを集計し、集計されたヒストグラムのビンのリストをドライバに返させ、それぞれのビンをカウントする。
- すべてのデータポイントをドライバに返させ、プロットを行うライブラリのメソッドにあとは任せる。
- データをサンプリングしてからドライバに返させ、プロットを行う。

データセット中の行数が数十億に及ぶのであれば、2つめの選択肢には無理があります。したがって、まずはデータを集計しなければなりません。

```
hists = fraud_df.select('balance').rdd.flatMap(
    lambda row: row
).histogram(20)
```

次のコードのようにmatplotlibを呼ぶだけでヒストグラムはプロットできます。

```
data = {
    'bins': hists[0][:-1],
    'freq': hists[1]
}
plt.bar(data['bins'], data['freq'], width=2000)
plt.title('Histogram of \'balance\'')
```

これで次のグラフが生成されます。

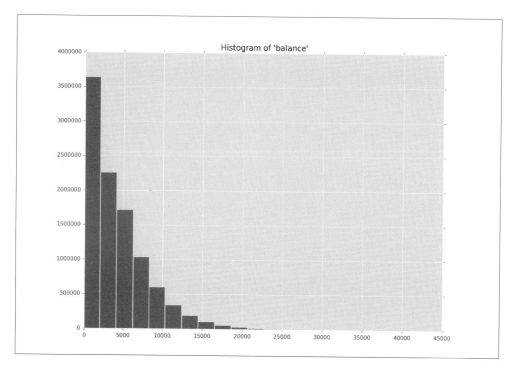

BokehでのヒストグラムのAも同じように行えます。

```
b_hist = chrt.Bar(
    data,
    values='freq', label='bins',
    title='Histogram of \'balance\'')
chrt.show(b_hist)
```

BokehはD3.jsを基盤としているので、生成されるグラフはインタラクティブなものになっています。

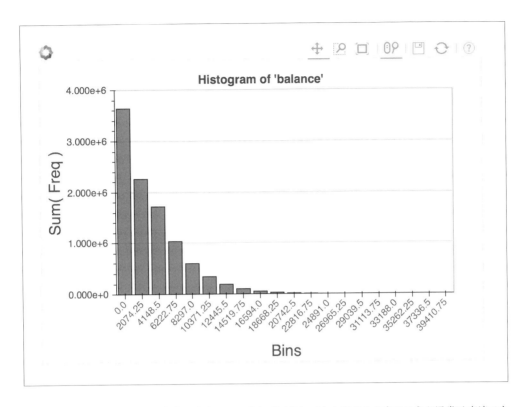

　データがドライバに収まる程度に小さいのであれば（それでも上記のやり方のほうが通常は高速ですが）、データを取ってきて .hist(...)（matplotlibの場合）や .Histogram(...)（Bokehの場合）といったメソッドを使うこともできます。

```
data_driver = {
    'obs': fraud_df.select('balance').rdd.flatMap(
        lambda row: row
    ).collect()
}
plt.hist(data_driver['obs'], bins=20)
plt.title('Histogram of \'balance\' using .hist()')
b_hist_driver = chrt.Histogram(
    data_driver, values='obs',
    title='Histogram of \'balance\' using .Histogram()',
    bins=20
)
chrt.show(b_hist_driver)
```

　これで、matplotlibでは次のグラフが生成されます。

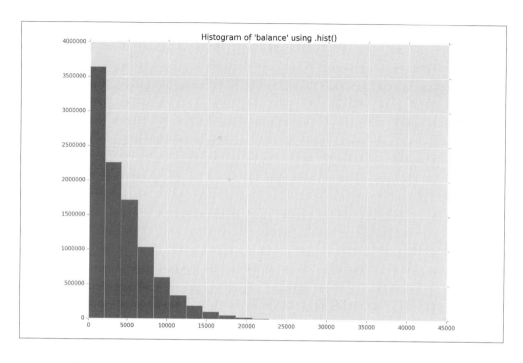

Bokehであれば次のグラフが生成されます。

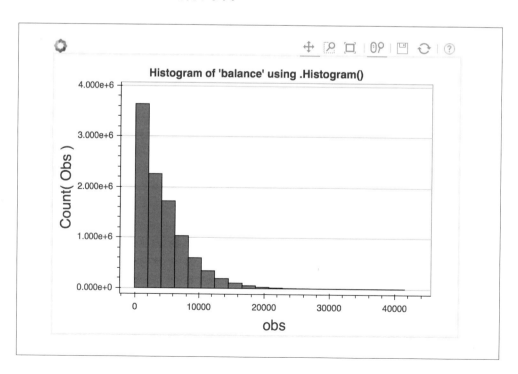

4.3.2 特徴間の関係

散布グラフを使うと、最大で3つの変数間の関係を一度に可視化できます（ただしこのセクションで示すのは2Dの関係だけです）。

時系列データを扱い、時間の経過に伴う変化を観察したい場合を除けば、3Dで可視化することは滅多にないでしょう。時系列データを扱う場合でも、筆者なら時系列データを区分けして、一連の2Dグラフとして見せるでしょう。3Dのグラフは複雑なものであり、（多くの場合）混乱を招きます。

PySparkはサーバーサイドに可視化のためのモジュールを持っていないので、数十億のデータを一度にプロットしようとするのはまったく現実的ではありません。このセクションでは、データセットを0.02%にサンプリングします（データ数はおよそ2,000になります）。

層化サンプリングを行わないかぎり、事前に決めたサンプリングの比率の下で少なくとも3回から5回のサンプリングを行い、そのサンプルがデータセットをうまく表現できていること、すなわちサンプリング間で大きな差が生じていないことを確認してください。

この例では、'gender'列を層として不正利用のデータセットを0.02%でサンプリングします。

```
data_sample = fraud_df.sampleBy(
    'gender', {1: 0.0002, 2: 0.0002}
).select(numerical)
```

次のコードで、複数の2Dグラフを一度に生成できます。

```
data_multi = dict([
    (elem, data_sample.select(elem).rdd \
        .flatMap(lambda row: row).collect())
    for elem in numerical
])
sctr = chrt.Scatter(data_multi, x='balance', y='numTrans')
chrt.show(sctr)
```

このコードは次のグラフを生成します。

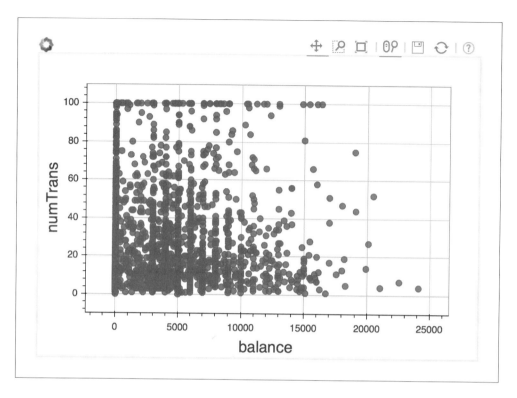

ここからわかるとおり、残高0、すなわち新しいカードによる大量の不正なトランザクションが見られます。とはいえ、1,000ドルごとに多少の帯が盛られることを除けば、特定のパターンは見られません。

4.4 まとめ

本章では、欠落値、重複、外れ値などを含むデータセットの調査と処理を行うことによって、モデリングに備えてデータをクリーニングする方法を見てきました。また、PySparkのツールを使ってデータの様子を把握する方法も見てきました（とはいえこれは、データセットの分析のための完全なマニュアルではまったくありません）。そして最後に、データのグラフ化の方法を見ました。

このあとに続く2つの章ではこれらの手法（だけではありませんが）を使い、機械学習のモデルを構築していきましょう。

5章
MLlib

前章では、モデリングに備えてデータを整える方法を学びました。本章では、学んだ知識を実際に活用し、PySparkのMLlibパッケージを使ってクラシフィケーションモデルを構築します。

MLlibは、Machine Learning Libraryを意味しています。MLlibは現在メンテナンスモードになっており、アクティブな開発は行われていない（そしておそらくゆくゆくは非推奨となる）状況にありますが、少なくとも多少の機能をここで取り上げるだけの価値はあります。加えて、現時点でストリーミングでのモデルのトレーニングをサポートしているのはMLlibのみです。

Spark 2.0からは、RDDを利用するMLlibではなく、DataFrameを扱うMLがメインの機械学習ライブラリになりました。MLlibのドキュメンテーションはhttp://spark.apache.org/docs/latest/api/python/pyspark.mllib.htmlにあります。

本章で学ぶことは次のとおりです。

- MLlibでモデリングのためのデータの準備
- 統計的検定の実行
- ロジスティック回帰による幼児の生存確率の予測
- 最も予測に適した特徴の選択とランダムフォレストモデルのトレーニング

5.1 MLlibパッケージの概要

高レベルで見れば、MLlibには機械学習に関する3つの機能があります。

- **データの準備** 特徴抽出、変換、選択、カテゴリ型の特徴のハッシュ化、多少の自然言語処理のメソッド
- **機械学習のアルゴリズム群** 回帰、クラシフィケーション、クラスタリングについて、広く使われているアルゴリズムや先進的なアルゴリズムの実装

- **ユーティリティー** 記述統計などの統計的手法、カイ二乗検定、線形代数（疎および密な行列とベクトル）、モデル評価のメソッド

これらからわかるとおり、利用可能な機能から必要なものを選択するだけで、基本的なデータサイエンスのほとんどあらゆるタスクが実行できます。

本章では、線形回帰とランダムフォレストという2つのクラシフィケーションモデルを構築します。利用するデータは、米国における2014年と2015年の出生データの一部で、これはhttp://www.cdc.gov/nchs/data_access/vitalstatsonline.htmからダウンロードできます。ここでは合計300ある変数から85の特徴を選択してモデルを構築します。また、合計で約799万のレコードから均衡の取れたサンプルとして45,429レコードを抽出しました。死亡したと報告された幼児の例が22,080レコードで、生存例が23,349レコードです。

本章で使用するデータセットはhttp://www.tomdrabas.com/data/LearningPySpark/births_train.csv.gzからダウンロードできます。

5.2　データのロードと変換

MLlibはRDDとDStreamに焦点をおいて設計されていますが、変換を容易にするため、読み込んだデータはDataFrameに変換します。

DStreamはSpark Streamingのための基本的なデータ抽象化です（http://bit.ly/2jlDT2A）。

前章と同じように、まずデータセットにスキーマを指定します。

ここでは（読みやすさのため）一部の特徴だけを掲載していることに注意してください。本書の最新のコードは筆者のGitHubアカウントhttps://github.com/drabastomek/learningPySparkにあるので、常に確認しておくようにしてください。

コードは次のとおりです。

```
import pyspark.sql.types as typ
labels = [
    ('INFANT_ALIVE_AT_REPORT', typ.StringType()),
    ('BIRTH_YEAR', typ.IntegerType()),
    ('BIRTH_MONTH', typ.IntegerType()),
    ('BIRTH_PLACE', typ.StringType()),
    ('MOTHER_AGE_YEARS', typ.IntegerType()),
```

```
        ('MOTHER_RACE_6CODE', typ.StringType()),
        ('MOTHER_EDUCATION', typ.StringType()),
        ('FATHER_COMBINED_AGE', typ.IntegerType()),
        ('FATHER_EDUCATION', typ.StringType()),
        ('MONTH_PRECARE_RECODE', typ.StringType()),
        ...
        ('INFANT_BREASTFED', typ.StringType())
    ]
    schema = typ.StructType([
            typ.StructField(e[0], e[1], False) for e in labels
```

続いてデータをロードしましょう。.read.csv(...) メソッドは、非圧縮でもGZipされていても (ここではGZipされています) カンマ区切りのデータを読み込めます。headerパラメータをTrueに設定しているので、先頭行はヘッダと見なされます。そしてschemaを使って適切なデータ型を指定します。

```
    births = spark.read.csv('births_train.csv.gz',
                            header=True,
                            schema=schema)
```

このデータセットには、文字列型の特徴も大量に存在します。それらの多くはカテゴリ型の変数なので、何らかの方法で数値に変換してやらなければなりません。

このファイルのオリジナルのスキーマ仕様はftp://ftp.cdc.gov/pub/Health_Statistics/NCHS/Dataset_Documentation/DVS/natality/UserGuide2015.pdfから見ることができます。

まずはレコードの辞書を指定します。

```
    recode_dictionary = {
        'YNU': {
            'Y': 1,
            'N': 0,
            'U': 0
        }
    }
```

本章での目標は、'INFANT_ALIVE_AT_REPORT' が1になるのか0になるのかを予測することです。したがって、幼児自身に関係するすべての特徴は削除し、母親、父親、生誕地に関連する特徴のみを用いて幼児の生存確率を予測してみましょう。

```
    selected_features = [
        'INFANT_ALIVE_AT_REPORT',
        'BIRTH_PLACE',
        'MOTHER_AGE_YEARS',
        'FATHER_COMBINED_AGE',
        'CIG_BEFORE',
        'CIG_1_TRI',
        'CIG_2_TRI',
        'CIG_3_TRI',
```

```
        'MOTHER_HEIGHT_IN',
        'MOTHER_PRE_WEIGHT',
        'MOTHER_DELIVERY_WEIGHT',
        'MOTHER_WEIGHT_GAIN',
        'DIABETES_PRE',
        'DIABETES_GEST',
        'HYP_TENS_PRE',
        'HYP_TENS_GEST',
        'PREV_BIRTH_PRETERM'
]
births_trimmed = births.select(selected_features)
```

このデータセットには、値としてYes/No/Unknownのいずれかを取る特徴が大量にあります。ここではYesのみを1とし、それ以外はすべて0としましょう。

また、母親の喫煙本数の表現方法にもちょっとした問題があります。0は妊娠前あるいは妊娠中に母親がまったく喫煙していなかったことを意味しますが、1から97は実際に喫煙したたばこの本数を、98は98あるいはそれ以上、そして99は不明であることを示しているのです。ここでは不明は0と見なし、そのように表現を調整しなおします。

したがって、次に作成するのは調整用のメソッドです。

```
import pyspark.sql.functions as func
def recode(col, key):
    return recode_dictionary[key][col]
def correct_cig(feat):
    return func \
        .when(func.col(feat) != 99, func.col(feat))\
        .otherwise(0)
rec_integer = func.udf(recode, typ.IntegerType())
```

recodeメソッドは、record_dictionaryから修正するキー（keyで渡されます）をルックアップし、修正後の値を返します。correct_cigメソッドは特徴量のfeatの値が99以外であればそのままの値を返し、99であれば0を返します。

DataFrameに対してrecode関数を直接使うことはできません。Sparkが理解できるUDFに変換する必要があります。rec_integer関数は上のrecode関数と返値の（DataFrameの）データ型を渡して作った関数で、この関数を使ってYes/No/Unknownという値を取る特徴をエンコードできるようになります。

さあ、それでは実際にやってみましょう。まず喫煙本数に関係する特徴量を修正します。

```
births_transformed = births_trimmed \
    .withColumn('CIG_BEFORE', correct_cig('CIG_BEFORE'))\
    .withColumn('CIG_1_TRI', correct_cig('CIG_1_TRI'))\
    .withColumn('CIG_2_TRI', correct_cig('CIG_2_TRI'))\
    .withColumn('CIG_3_TRI', correct_cig('CIG_3_TRI'))
```

.withColumn(...)メソッドは列の名前を最初のパラメータとして、変換を2つめのパラメータとして取ります。上の例では新しい列は作らず、同じ列を再利用しています。

これでYes/No/Unknownの特徴の修正に注目できます。まずそういった特徴を次のコードで見つけます。

```
cols = [(col.name, col.dataType) for col in births_trimmed.schema]
YNU_cols = []
for i, s in enumerate(cols):
    if s[1] == typ.StringType():
        dis = births.select(s[0]) \
            .distinct() \
            .rdd \
            .map(lambda row: row[0]) \
            .collect()
        if 'Y' in dis:
            YNU_cols.append(s[0])
```

初めに、列名とその列のデータ型を保持するタプルのリスト（cols）を生成します。次に、それらの全要素に対してループを回し、文字列型の列のユニークな値を取り出します。返されたリスト中に'Y'が含まれていれば、その列名をYNU_colsというリストに加えていきます。

DataFrameは、特徴の選択時にそれらをまとめて変換できます。次の例で考えてみましょう。

```
births.select([
    'INFANT_NICU_ADMISSION',
    rec_integer(
        'INFANT_NICU_ADMISSION', func.lit('YNU')
    ) \
    .alias('INFANT_NICU_ADMISSION_RECODE')]
).take(5)
```

返されるデータは次のようになります。

```
Out[8]: [Row(INFANT_NICU_ADMISSION='Y', INFANT_NICU_ADMISSION_RECODE=1),
         Row(INFANT_NICU_ADMISSION='Y', INFANT_NICU_ADMISSION_RECODE=1),
         Row(INFANT_NICU_ADMISSION='U', INFANT_NICU_ADMISSION_RECODE=0),
         Row(INFANT_NICU_ADMISSION='N', INFANT_NICU_ADMISSION_RECODE=0),
         Row(INFANT_NICU_ADMISSION='U', INFANT_NICU_ADMISSION_RECODE=0)]
```

ここでは'INFANT_NICU_ADMISSION'列を選択し、この特徴の名前をrec_integerメソッドに渡しています。また、新たに変換によって生成された列に'INFANT_NICU_ADMISSION_RECODE'という別名を与えています。こうすることで、UDFが意図したとおりに動作していることの確認もできます。

以上を踏まえ、YNU_colsをすべて一括で変換するために、次のように変換のリストを作成します。

```
exprs_YNU = [
    rec_integer(x, func.lit('YNU')).alias(x)
    if x in YNU_cols
    else x
    for x in births_transformed.columns
]
births_transformed = births_transformed.select(exprs_YNU)
```

正しく動作しているか、確認してみましょう。

births_transformed.select(YNU_cols[-5:]).show(5)

結果は次のようになります。

```
+------------+-------------+------------+-------------+------------------+
|DIABETES_PRE|DIABETES_GEST|HYP_TENS_PRE|HYP_TENS_GEST|PREV_BIRTH_PRETERM|
+------------+-------------+------------+-------------+------------------+
|           0|            0|           0|            0|                 0|
|           0|            0|           0|            0|                 0|
|           0|            0|           0|            0|                 0|
|           0|            0|           0|            0|                 1|
|           0|            0|           0|            0|                 0|
+------------+-------------+------------+-------------+------------------+
only showing top 5 rows
```

すべて期待どおりに動作しているようなので、このデータのことをさらに深く調べていきましょう。

5.3　データを知る

しっかりした理解の下で統計モデルを構築するには、そのデータセットに対する詳細な知識が必要です。データを知らなければモデルの構築がうまく行くことはなく、その作業がもっと困難なタスクになるか、あり得るすべての特徴の組み合わせを調べるための技術的なリソースの必要量が増大することになるでしょう。したがって、必要な時間全体の80%をデータのクリーニングに使ったあとは、データを知るために残りの15%を使いましょう！

5.3.1　記述統計

筆者は通常、記述統計を手始めとしています。DataFrameにはdescribe()メソッドがあるとはいえ、ここではMLlibを扱っているので.colStats(...)メソッドを使いましょう。

ここで警告です。.colStats(...)はサンプリングを基にして記述統計を計算します。実世界のデータならこれは通常問題になりませんが、データセット中のデータが100レコード以下なのであれば、おかしな結果が返されることになるかもしれません。

.colStats(...)メソッドは、データのRDDを引数にとって記述統計を計算し、次の項目を含むMultivariateStatisticalSummaryオブジェクトを返します。

- count()：行数
- max()：列の最大値
- mean()：列の平均値

- `min()`：列の最小値
- `normL1()`：列のL1-Norm値
- `normL2()`：列のL2-Norm値
- `numNonzeros()`：列中の0ではない値の数
- `variance()`：列の分散

L1およびL2-Normについて詳しくはhttp://bit.ly/2jJJPJ0を参照してください。

これらについてさらに詳しく知るには、Sparkのドキュメンテーションを調べてみることをお勧めします。次のコードでは、数値型の特徴について記述統計を計算しています。

```
import pyspark.mllib.stat as st
import numpy as np
numeric_cols = ['MOTHER_AGE_YEARS','FATHER_COMBINED_AGE',
                'CIG_BEFORE','CIG_1_TRI','CIG_2_TRI','CIG_3_TRI',
                'MOTHER_HEIGHT_IN','MOTHER_PRE_WEIGHT',
                'MOTHER_DELIVERY_WEIGHT','MOTHER_WEIGHT_GAIN'
               ]
numeric_rdd = births_transformed\
                    .select(numeric_cols)\
                    .rdd \
                    .map(lambda row: [e for e in row])
mllib_stats = st.Statistics.colStats(numeric_rdd)
for col, m, v in zip(numeric_cols,
                     mllib_stats.mean(),
                     mllib_stats.variance()):
    print('{0}: \t{1:.2f} \t {2:.2f}'.format(col, m, np.sqrt(v)))
```

これで出力される結果は次のようになります。

```
             MOTHER_AGE_YEARS:         28.30     6.08
             FATHER_COMBINED_AGE:      44.55    27.55
             CIG_BEFORE:        1.43    5.18
             CIG_1_TRI:         0.91    3.83
             CIG_2_TRI:         0.70    3.31
             CIG_3_TRI:         0.58    3.11
             MOTHER_HEIGHT_IN:        65.12     6.45
             MOTHER_PRE_WEIGHT:      214.50   210.21
             MOTHER_DELIVERY_WEIGHT:          223.63   180.01
             MOTHER_WEIGHT_GAIN:      30.74    26.23
```

この結果からわかるとおり、父親に比べると母親のほうが若くなっており、母親の平均が28なのに対して父親の平均は44です。良い兆し（少なくとも一部の幼児にとって）なのは、多くの母親が妊娠中に

喫煙を止めていることです。しかし喫煙を続けている母親もいるのは恐ろしいことです。

カテゴリ型の変数については、それらの値の出現回数を計算しましょう。

```
categorical_cols = [e for e in births_transformed.columns
                    if e not in numeric_cols]
categorical_rdd = births_transformed\
                        .select(categorical_cols)\
                        .rdd \
                        .map(lambda row: [e for e in row])
for i, col in enumerate(categorical_cols):
    agg = categorical_rdd \
        .groupBy(lambda row: row[i]) \
        .map(lambda row: (row[0], len(row[1])))
    print(col, sorted(agg.collect(),
                      key=lambda el: el[1],
                      reverse=True))
```

結果は次のようになります。

```
INFANT_ALIVE_AT_REPORT [(1, 23349), (0, 22080)]
BIRTH_PLACE [('1', 44558), ('4', 327), ('3', 224), ('2', 136), ('7', 91), ('5', 74), ('6', 11), ('9', 8)]
DIABETES_PRE [(0, 44881), (1, 548)]
DIABETES_GEST [(0, 43451), (1, 1978)]
HYP_TENS_PRE [(0, 44348), (1, 1081)]
HYP_TENS_GEST [(0, 43302), (1, 2127)]
PREV_BIRTH_PRETERM [(0, 43088), (1, 2341)]
```

ほとんどの出産は病院で行われています（BIRTH_PLACEが1の場合）。550件ほどの出産が家で行われています。その中には意図的なケース（BIRTH_PLACEが3）もあれば、意図的ではないケース（BIRTH_PLACEが4）もあります。

5.3.2 相関

相関は、共線関係を持つ数値の特徴を見つけ出し、それらを適切に扱うための役に立ちます。それでは特徴同士の相関を調べてみましょう。

```
corrs = st.Statistics.corr(numeric_rdd)
for i, el in enumerate(corrs > 0.5):
    correlated = [
        (numeric_cols[j], corrs[i][j])
        for j, e in enumerate(el)
        if e == 1.0 and j != i]
    if len(correlated) > 0:
        for e in correlated:
            print('{0}-to-{1}: {2:.2f}' \
                .format(numeric_cols[i], e[0], e[1]))
```

このコードは相関行列を計算し、相関係数が0.5よりも大きい組み合わせだけを出力します。この処理はcorrs > 0.5の部分が受け持っています。

結果は次のようになります。

```
                    CIG_BEFORE-to-CIG_1_TRI: 0.83
                    CIG_BEFORE-to-CIG_2_TRI: 0.72
                    CIG_BEFORE-to-CIG_3_TRI: 0.62
                    CIG_1_TRI-to-CIG_BEFORE: 0.83
                    CIG_1_TRI-to-CIG_2_TRI: 0.87
                    CIG_1_TRI-to-CIG_3_TRI: 0.76
                    CIG_2_TRI-to-CIG_BEFORE: 0.72
                    CIG_2_TRI-to-CIG_1_TRI: 0.87
                    CIG_2_TRI-to-CIG_3_TRI: 0.89
                    CIG_3_TRI-to-CIG_BEFORE: 0.62
                    CIG_3_TRI-to-CIG_1_TRI: 0.76
                    CIG_3_TRI-to-CIG_2_TRI: 0.89
                    MOTHER_PRE_WEIGHT-to-MOTHER_DELIVERY_WEIGHT: 0.54
                    MOTHER_PRE_WEIGHT-to-MOTHER_WEIGHT_GAIN: 0.65
                    MOTHER_DELIVERY_WEIGHT-to-MOTHER_PRE_WEIGHT: 0.54
                    MOTHER_DELIVERY_WEIGHT-to-MOTHER_WEIGHT_GAIN: 0.60
                    MOTHER_WEIGHT_GAIN-to-MOTHER_PRE_WEIGHT: 0.65
                    MOTHER_WEIGHT_GAIN-to-MOTHER_DELIVERY_WEIGHT: 0.60
```

　ここからは、'CIG_...'で始まる特徴同士には強い相関があることがわかるので、それらのほとんどは削除できます。できるだけ早く幼児の生存確率を予測したいので、'CIG_1_TRI'だけを残すことにしましょう。これも予想されることですが、体重に関係する特徴同士も強い相関を持っているので、'MOTHER_PRE_WEIGHT'だけを残すことにします。

```
features_to_keep = [
    'INFANT_ALIVE_AT_REPORT',
    'BIRTH_PLACE',
    'MOTHER_AGE_YEARS',
    'FATHER_COMBINED_AGE',
    'CIG_1_TRI',
    'MOTHER_HEIGHT_IN',
    'MOTHER_PRE_WEIGHT',
    'DIABETES_PRE',
    'DIABETES_GEST',
    'HYP_TENS_PRE',
    'HYP_TENS_GEST',
    'PREV_BIRTH_PRETERM'
]
births_transformed = births_transformed.select([e for e in features_
to_keep])
```

5.3.3 統計的検定

　カテゴリ型の特徴については、相関を計算できません。しかし、カイ二乗検定を実行すれば、大きな差異があるかどうかは判断できます。

　MLlibの.chiSqTest(...)メソッドを使えば、次のようにその処理を実行できます。

```
import pyspark.mllib.linalg as ln
for cat in categorical_cols[1:]:
    agg = births_transformed \
        .groupby('INFANT_ALIVE_AT_REPORT') \
```

```
        .pivot(cat) \
        .count()
agg_rdd = agg \
    .rdd \
    .map(lambda row: (row[1:])) \
    .flatMap(lambda row:
            [0 if e == None else e for e in row]) \
    .collect()
row_length = len(agg.collect()[0]) - 1
agg = ln.Matrices.dense(row_length, 2, agg_rdd)

test = st.Statistics.chiSqTest(agg)
print(cat, round(test.pValue, 4))
```

カテゴリ型のすべての変数に対してループを回し、それらを'INFANT_ALIVE_ AT_REPORT'列でピボットしてカウントを取ります。次にそれらをRDDに変換することによって、pyspark.mllib.linalgモジュールを使って行列に変換できるようにします。.Matrices.dense(...)メソッドの最初のパラメータには、その行列の行数を指定します。この例では、カテゴリ型の特徴のユニークな値の数がその値になります。

2番めのパラメータには列数を指定します。ここではターゲット変数の'INFANT_ALIVE_AT_REPORT'には値が2種類しかないので、2を指定します。

最後のパラメータは、行列に変換される値のリストです。

次の例を見ればもっとはっきりするでしょう。

```
print(ln.Matrices.dense(3,2, [1,2,3,4,5,6]))
```

このコードは、次の行列を返します。

```
DenseMatrix([[ 1.,  4.],
             [ 2.,  5.],
             [ 3.,  6.]])
```

行列としてカウントを取得できたなら、.chiSqTest(...)で検定を実行できます。
結果は次のようになります。

```
BIRTH_PLACE 0.0
DIABETES_PRE 0.0
DIABETES_GEST 0.0
HYP_TENS_PRE 0.0
HYP_TENS_GEST 0.0
PREV_BIRTH_PRETERM 0.0
```

この結果から、すべての特徴は大きく異なっており、幼児の生存率の予測に役立つであろうことがわ

かります。

5.4 最終のデータセットの生成

これで、モデルの構築に使用する最終的なデータセットを作成できるようになりました。DataFrameをLabeledPointsのRDDに変換しましょう。

LabeledPointsはMLlibのデータ構造で、機械学習のモデルをトレーニングするために使われます。LabeledPointsにはlabelとfeaturesという2つの属性があります。

labelはターゲット変数であり、featuresはNumPyのarrayかlist、pyspark.mllib.linalg.SparseVector、pyspark.mllib.linalg.DenseVector、あるいはscipy.sparseを列とする行列です。

5.4.1 LabeledPointsのRDDの生成

最終のデータセットを構築する前に、まずは最後の障壁に対処しなければなりません。すなわち、'BIRTH_PLACE' はまだ文字列のままです。カテゴリ型の他の変数はそのまま利用できますが（それらは単なる変数に過ぎなくなっているので）、'BIRTH_PLACE' という特徴をエンコードするにはハッシュ化という手法を使います。

```
import pyspark.mllib.feature as ft
import pyspark.mllib.regression as reg
hashing = ft.HashingTF(7)
births_hashed = births_transformed \
    .rdd \
    .map(lambda row: [
            list(hashing.transform(row[1]).toArray())
                if col == 'BIRTH_PLACE'
                else row[i]
            for i, col
            in enumerate(features_to_keep)]) \
    .map(lambda row: [[e] if type(e) == int else e
                    for e in row]) \
    .map(lambda row: [item for sublist in row
                    for item in sublist]) \
    .map(lambda row: reg.LabeledPoint(
            row[0],
            ln.Vectors.dense(row[1:]))
        )
```

まず、ハッシュ化されたモデルを生成します。この特徴には7つのレベルがあるので、ハッシュ化の手法を採るには同じ数の特徴が必要になります。次に、このモデルを実際に使って'BIRTH_PLACE'という特徴をSparseVectorに変換します。こういったデータ構造は、データセットが多くの列を持っているものの、1行の中で0以外の値を取る列がわずかであるような場合に適しています。そしてすべての特徴をまとめ上げて、最終的にLabeledPointを構築します。

5.4.2　トレーニングおよびテストデータの切り出し

モデリングの段階に進む前に、トレーニングに使う分とテストに使う分にデータセットを分割しておかなければなりません。ありがたいことに、RDDにはその処理を行ってくれる.randomSplit(...)という便利なメソッドがあります。このメソッドは比率のリストを引数に取り、それにしたがってデータセットをランダムに分割してくれます。

使い方は次のとおりです。

```
births_train, births_test = births_hashed.randomSplit([0.6, 0.4])
```

これだけです！これ以上は何も必要ありません。

5.5　幼児の生存率の予測

いよいよ幼児の生存率の予測に進みましょう。このセクションでは、線形のクラシファイアーであるロジスティック回帰と、非線形のクラシファイアーであるランダムフォレストという2つのモデルを構築します。前者の場合は使える特徴をすべて使いますが、後者についてはChiSqSelector(...)メソッドを利用し、上位の4つの特徴だけを選択します。

5.5.1　MLlibでのロジスティック回帰

ロジスティック回帰は、あらゆるクラシフィケーションのモデルを構築する上でベンチマークとなるものです。MLlibでは**確率的勾配降下法**（Stochastic Gradient Descent = SGD）を使って推定されたロジスティック回帰のモデルを提供していましたが、Spark 2.0ではこのモデルは非推奨になり、代わりにLogisticRegressionWithLBFGSモデルが提供されています。

LogisticRegressionWithLBFGSモデルは、最適化アルゴリズムのL-BFGS（Limited-memory Broyden-Fletcher-Goldfarb-Shanno）法を使います。これはBFGSアルゴリズムの概算を行う準ニュートン法です。

数学に強く、この話題に興味を持った読者には、この最適化アルゴリズムの優れたウォークスルーのブログポストであるhttp://aria42.com/blog/2014/12/understanding-lbfgsを熟読することをお勧めします。

まず、データに対してモデルをトレーニングします。

```
from pyspark.mllib.classification \
    import LogisticRegressionWithLBFGS
LR_Model = LogisticRegressionWithLBFGS \
    .train(births_train, iterations=10)
```

モデルをトレーニングするのはとてもシンプルで、.train(...)メソッドを呼べば良いだけです。必要なパラメータはLabeledPointsからなるRDDですが、ここでは実行時間が長くなりすぎないよう

にiterationsも指定しています。

　births_trainデータセットを使ってモデルをトレーニングできたなら、このモデルを使ってテスト用のデータセットの分類を予測してみましょう。

```
LR_results = (
        births_test.map(lambda row: row.label) \
        .zip(LR_Model \
            .predict(births_test\
                     .map(lambda row: row.features)))
    ).map(lambda row: (row[0], row[1] * 1.0))
```

　このコードはタプルを要素とするRDDを生成します。このタプルの最初の要素は実際のラベルで、2番めの要素がモデルによる予測です。

　MLlibには、クラシフィケーションや回帰のための評価メトリクスがあります。それでは作成したモデルのパフォーマンスの優劣を調べてみましょう。

```
import pyspark.mllib.evaluation as ev
LR_evaluation = ev.BinaryClassificationMetrics(LR_results)
print('Area under PR: {0:.2f}' \
      .format(LR_evaluation.areaUnderPR))
print('Area under ROC: {0:.2f}' \
      .format(LR_evaluation.areaUnderROC))
LR_evaluation.unpersist()
```

　結果は次のようになります。

```
                  Area under PR: 0.85
                  Area under ROC: 0.63
```

　このモデルはまずまずうまく動作しています！ 適合率／再現率曲線の85%の領域から見て、うまく適合できている様子です。この場合は、死亡率の予測がもう少し高めになるかもしれません（偽陽性や偽陰性）。しかしこれは、死亡が予測される母子に特に注意を払うことができるようになるということなので、実際には良いことです。

　ROC(Receiver-Operating Characteristic)曲線の下の領域は、ランダムに選択された負のインスタンスと比較してランダムに選択された正のインスタンスよりも高いモデルランキングの確率として理解できます。63%という値は許容範囲と見なせるでしょう。

これらのメトリクスに興味を持っている読者にはhttp://stats.stackexchange.com/questions/7207/roc-vs-precision-and-recall-curvesおよびhttp://gim.unmc.edu/dxtests/roc3.htmをお勧めします。

5.5.2　最も予測可能な特徴のみを選択する

少ない特徴で正確に分類予測ができるモデルは、より複雑なモデルよりも優れていると言えます。MLlibでは、カイ二乗セレクタを使って最も予想に役立つ特徴を選び出すことができます。

次にその方法を示します。

```
selector = ft.ChiSqSelector(4).fit(births_train)
topFeatures_train = (
        births_train.map(lambda row: row.label) \
        .zip(selector \
             .transform(births_train \
                        .map(lambda row: row.features)))
    ).map(lambda row: reg.LabeledPoint(row[0], row[1]))
topFeatures_test = (
        births_test.map(lambda row: row.label) \
        .zip(selector \
             .transform(births_test \
                        .map(lambda row: row.features)))
    ).map(lambda row: reg.LabeledPoint(row[0], row[1]))
```

ここでは最も予測に役立つ4つの特徴をセレクタに返させ、`births_train`データセットを使ってセレクタをトレーニングしています。そしてそのモデルを使い、トレーニングおよびテスト用のデータセットからそれらの特徴だけを抽出しています。

`.ChiSqSelector(...)`メソッドは、数値型の特徴にしか使えません。カテゴリ型の変数はハッシュ化するか、ダミーの符号化を行ってからセレクタを使います。

5.5.3　MLlibでのランダムフォレスト

さあ、これでランダムフォレストモデルを構築する準備が整いました。

次のコードでランダムフォレストモデルが構築できます。

```
from pyspark.mllib.tree import RandomForest
RF_model = RandomForest \
    .trainClassifier(data=topFeatures_train,
                     numClasses=2,
                     categoricalFeaturesInfo={},
                     numTrees=6,
                     featureSubsetStrategy='all',
                     seed=666)
```

`.trainClassifier(...)`メソッドに対する1つめのパラメータは、トレーニングデータセットを指定しています。`numClasses`はターゲット変数が持っている分類クラスの数です。3番めのパラメータには、RDDが持つカテゴリ型の特徴のインデックスをキーとし、そのカテゴリ型の変数が持つレベル数を値とする辞書を渡します。`numTrees`はフォレスト中のツリー数を指定します。その次のパラメータは、モデルに対してデータセット中の記述性の高い特徴だけを使うのではなく、すべての特徴を使うように指示します。最後のパラメータは、モデルの確率的な部分のシードを指定しています。

それではモデルの動作を見てみましょう。

```
RF_results = (
        topFeatures_test.map(lambda row: row.label) \
        .zip(RF_model \
            .predict(topFeatures_test \
                    .map(lambda row: row.features)))
    )
RF_evaluation = ev.BinaryClassificationMetrics(RF_results)
print('Area under PR: {0:.2f}' \
      .format(RF_evaluation.areaUnderPR))
print('Area under ROC: {0:.2f}' \
      .format(RF_evaluation.areaUnderROC))
model_evaluation.unpersist()
```

結果は次のようになります。

```
                    Area under PR: 0.86
                    Area under ROC: 0.63
```

ここからわかるとおり、使用する特徴が少ないランダムフォレストモデルのほうがロジスティック回帰モデルよりも高いパフォーマンスを示しています。ロジスティック回帰で使用する特徴量を減らすとパフォーマンスがどうなるかを見てみましょう。

```
LR_Model_2 = LogisticRegressionWithLBFGS \
    .train(topFeatures_train, iterations=10)
LR_results_2 = (
        topFeatures_test.map(lambda row: row.label) \
        .zip(LR_Model_2 \
            .predict(topFeatures_test \
                    .map(lambda row: row.features)))
    ).map(lambda row: (row[0], row[1] * 1.0))
LR_evaluation_2 = ev.BinaryClassificationMetrics(LR_results_2)
print('Area under PR: {0:.2f}' \
      .format(LR_evaluation_2.areaUnderPR))
print('Area under ROC: {0:.2f}' \
      .format(LR_evaluation_2.areaUnderROC))
LR_evaluation_2.unpersist()
```

結果は驚くべきものになります。

```
                    Area under PR: 0.85
                    Area under ROC: 0.63
```

見て取れるとおり、どちらのモデルもシンプルにした上に同じレベルの正確度を保てています。とはいえ、いかなる場合でも選択すべきは変数が少ないほうのモデルです。

5.6　まとめ

本章では、PySparkのMLlibパッケージの機能を見てきました。MLlibは現在メンテナンスモードになっており、積極的な作業が行われているわけではありませんが、それでもMLlibの使い方を知っておくのは良いことです。また、現時点ではストリーミングデータでモデルをトレーニングできるパッケージはMLlibのみです。本章ではMLlibを使って幼児の死亡率のデータセットをクリーンアップし、変換を行い、その内容に馴染みました。この知識を使うことで、母親、父親、出生地に関する情報から幼児の生存機会の予測を目的とする2つのモデルを構築することができました。

次章でも同じ問題を取り上げますが、今度は現時点で機械学習のパッケージとしてSparkで推奨されている、新しいパッケージを使っていきます。

6章
MLパッケージ

前章では、RDDのみを操作の対象とするSparkのMLlibパッケージを使いました。本章では、DataFrameのみを操作の対象とするSparkのMLパッケージに進みましょう。また、Sparkのドキュメンテーションによれば、今ではSparkの主たる機械学習APIは、`spark.ml`パッケージを含むDataFrameベースのモデル群になっています。

さあ、それでは始めましょう！

本章では、前章で扱ったデータセットの一部を再び利用します。このデータはhttp://www.tomdrabas.com/data/LearningPySpark/births_transformed.csv.gzからダウンロードできます。

本章で学ぶことは次のとおりです。

- transformer、estimator、パイプラインの準備
- MLパッケージで利用できるモデルを使った幼児の生存率の予測
- モデルのパフォーマンスの評価
- パラメータのハイパーチューニング
- MLパッケージで利用できる他の機械学習モデルの利用

6.1 MLパッケージの概要

MLパッケージは、トップレベルの主要な抽象クラスとして`Transformer`、`Estimator`、`Pipeline`の3つを公開しています。それぞれについては短い例とともにこのあと紹介します。一部のモデルについては、本章の最後のセクションでさらにしっかりとした例を紹介します。

6.1.1 Transformer

Transformerクラスは、その名のとおりデータを**変換**します。これは（通常は）新しい列をDataFrameに追加することによって行われます。

高いレベルで見れば、抽象クラスのTransformerからクラスを導出する場合、必ず.transform(...)メソッドを実装しなければなりません。このメソッドには最初のパラメータとして変換するDataFrameを渡さなければなりません。通常はこれが唯一必須のパラメータです。これはもちろん、MLパッケージのメソッドごとに異なります。**広く使われている**他のパラメータとしては、inputColとoutputColがあります。ただしこれらは多くの場合、たとえばinputColでの'features'のようにデフォルトの値が事前に定義されています。

spark.ml.featureには多くのTransformerが定義されています。次にそれらの概要を示します（この中には本章で後ほど使っていくものもあります）。

- Binarizer：このメソッドは閾値を取り、与えられた連続的な変数を2値に変換します。
- Bucketizer：これはBinarizerに似ていますが、閾値のリスト（splitsパラメータ）を受け取り、連続変数を多値変数に変換します。
- ChiSqSelector：ターゲット変数がカテゴリ型の場合（クラシフィケーションモデルのことを考えてみてください）、この機能を使えばターゲット変数の分散を最も良く説明する特徴群を、指定した数（numTopFeaturesパラメータ）の範囲内で選択できます。名前が示すとおり、この選択はカイ二乗検定で行われます。これは2ステップのメソッドの1つで、最初にデータに対して.fit(...)メソッドを実行し（これでメソッドがカイ二乗検定の計算を行えるようなります）、.fit(...)メソッド（このときパラメータとしてDataFrameを渡します）はChiSqSelectorModelオブジェクトを返します。このオブジェクトを使えば、DataFrameを.transform(...)メソッドで変換できます。

カイ二乗に関する詳しい情報はhttp://ccnmtl.columbia.edu/projects/qmss/the_chisquare_test/about_the_chisquare_test.htmlにあります。

- CountVectorizer：これは、トークン化されたテキスト（たとえば[['Learning', 'PySpark', 'with', 'us'],['us', 'us', 'us']]といったような）を扱う際に役立ちます。これは2ステップのメソッドの1つで、最初に.fit(...)を実行してデータからパターンを学習すれば、返されたCountVectorizerModelで.transform(...)を実行できます。先ほどのトークン化されたテキストに対するこのTransformernoの出力は、[(4, [0, 1, 2, 3], [1.0, 1.0, 1.0, 1.0]),(4, [3], [3.0])]のようになります。
- DCT：離散コサイン変換は、実数値のベクトルを取り、同じ長さがのベクトルを返します。ただし、その値は異なる周波数で振動するコサイン関数の値の和になっています。この変換は、データ中

に潜む周期を取り出したり、データを圧縮したりする際に有効です。
- `ElementwiseProduct`:引数として渡されたベクトルとの積を要素とするベクトルを返すメソッドです。引数のベクトルは`scalingVec`パラメータで渡されます。たとえば[10.0, 3.0, 15.0]というベクトルがあるとして、`scalingVec`が[0.99, 3.30, 0.66]であったなら、返されるベクトルは[9.9, 9.9, 9.9]となるでしょう。
- `HashingTF`:ハッシュを使う`Transformer`であり、トークン化されたテキストのリストを取り、(事前に指定された長さの)カウント数からなるベクトルを返します。PySparkのドキュメントから引用します。

    ハッシュ関数から列のインデックスへの変換には単純な剰余が使われているので、パラメータの`numFeatures`には2のべき乗となる値を使うべきです。そうしなかった場合には、特徴量は列に均等に配分されなくなるでしょう。

- `IDF`:このメソッドは、ドキュメントのリストから**逆文書頻度**(Inverse Document Frequency)を計算します。ドキュメントはベクトルとして表現されていなければならないことに注意してください(たとえば`HashingTF`や`CountVectorizer`を使用します)。
- `IndexToString`:このメソッドは、`StringIndexer`と対になるメソッドです。このメソッドは、`StringIndexerModel`オブジェクトのエンコードを利用して、文字列のインデックスを元の値に戻します。なお、これはうまくいかないこともあるので、`StringIndexer`から返された値を確認しなければならないことに注意してください。
- `MaxAbsScaler`:値が[-1.0, 1.0]という範囲に収まるようにデータをスケールさせます(最大の絶対値に基づいてスケールを行うので、データの中心がずれることはありません)。
- `MinMaxScaler`:これは`MaxAbsScaler`に似ていますが、データの範囲が[0.0, 1.0]に収まるようにすることが異なっています。
- `NGram`:このメソッドはトークン化されたテキストのリストを取り、**n-gram**を返します。返されるのは、ペア、トリプル、あるいはn個の連続した語です。たとえば['good', 'morning', 'Robin', 'Williams']というベクトルがあったとすれば、['good morning', 'morning Robin', 'Robin Williams']といった値が返されます。
- `Normalizer`:このメソッドはp-ノルム値(デフォルトはL2)を使い、データが単位ノルムになるようにスケールさせます。
- `OneHotEncoder`:このメソッドは、カテゴリ型の列を二値のベクトルの列にエンコードします。
- `PCA`:主成分分析によってデータ量の削減を行います。
- `PolynomialExpansion`:ベクトルの多項式展開を行います。たとえばシンボルを使って[x, y, z]と表せるベクトルを、このメソッドは[x, x*x, y, x*y, y*y, z, x*z, y*z, z*z]というように展開します。
- `QuantileDiscretizer`:このメソッドは`Bucketizer`に似ていますが、分割用のパラメー

タではなく、numBucketsというパラメータを取ります。そしてこのメソッドはデータのおおよその分位点を計算し、どのようにデータを分割すべきかを決定します。
- RegexTokenizer：正規表現を使って文字列をトークン化します。
- RFormula：vec ~ alpha * 3 + betaといったような式（DataFrameにalphaおよびbetaという列があるものとします）を渡すと、その式に基づいてvecという列を生成します。熱心なRのユーザーにとっては使いやすいでしょう。
- SQLTransformer：RFormulaに似ていますが、Rのような式ではなく、SQLの構文を使います。

FROM節は__THIS__から選択をするように書き、DataFrameにアクセスしていることを示すようにします。これはたとえばSELECT alpha * 3 + beta AS vec FROM __THIS__のようになります。

- StandardScaler：列を標準化し、平均が0に、標準偏差が1になるようにします。
- StopWordsRemover：トークン化されたテキストからストップワード（'the'や'a'など）を取り除きます。
- StringIndexer：列にあるすべての語のリストを取り、インデックスからなるベクトルを生成します。
- Tokenizer：文字列を小文字にしてから空白で分割する、デフォルトの標準的なトークナイザです。
- VectorAssembler：これは非常に役立つTransformerで、数値型の列（ベクトルも含みます）を複数取り、ベクトル表現の1つの列にします。たとえばDataFrameに3つの列があるとします。

```
df = spark.createDataFrame(
    [(12, 10, 3), (1, 4, 2)],
    ['a', 'b', 'c'])
```

次のような処理をします。

```
ft.VectorAssembler(inputCols=['a', 'b', 'c'],
        outputCol='features')\
    .transform(df) \
    .select('features')\
    .collect()
```

結果は次のようになります。

```
[Row(features=DenseVector([12.0, 10.0, 3.0])),
 Row(features=DenseVector([1.0, 4.0, 2.0]))]
```

- `VectorIndexer`：カテゴリ型の列をインデックス化し、インデックスからなるベクトルに変換します。これは**列ごとに**処理を行い、それぞれの列から異なる値を選択してソートし、得られたマップから元の値の代わりに値のインデックスを返します。
- `VectorSlicer`：特徴のベクトルに対して使います。対象のベクトルは密でも疎でもかまいません。インデックスのリストを引数に取り、特徴ベクトルから値を抽出します。
- `Word2Vec`：このメソッドは文章（文字列）を入力として取り、{string, vector}という形式のマップに変換します。このマップは、自然言語処理に役立つ表現形式です。

リファレンスを参照すると、MLパッケージにはExperimentalと示されているメソッドが数多くあります。そのメソッドがExperimentalだということは現時点でベータ扱いということであり、処理に失敗することや、誤った結果を生成するかもしれないということを示しています。注意してください。

6.1.2 Estimator

Estimatorは、データに対して予測や分類を行うために推測が必要となる統計モデルと考えることができます。

抽象クラスのEstimatorから導出クラスを作成する場合、その新しいモデルには`.fit(...)`メソッドを実装しなければなりません。このメソッドは、DataFrame中の与えられたデータと、いくつかのデフォルトのパラメータ、そしてユーザーが指定したパラメータに対してモデルをフィットさせます。

PySparkには数多くのEstimatorがあります。このあと、Spark 2.0で利用できるモデルを紹介します。

クラシフィケーション

MLパッケージは、データサイエンティスト向けのクラシフィケーションモデルが7つ用意されています。これらはきわめてシンプルなもの（たとえばロジスティック回帰）から、もっと洗練されたものにまでおよびます。次のセクションでは、それぞれについて簡単に説明します。

- `LogisticRegression`：クラシフィケーションにおいてベンチマークとなるモデルです。ロジスティック回帰は、データが特定のクラスに属する確率を計算するためにロジット関数を使います。本書の執筆時点では、PySparkのMLがサポートしているのは二項分類の問題のみです。
- `DecisionTreeClassifier`：決定木を構築することによってデータのクラスを予測する分類器です。`maxDepth`パラメータを指定することで、ツリーの深さを制限できます。`minInstancePerNode`は、ツリーノードを分割できる最小のデータ数を指定し、`maxBins`は連続変数を分類するビンの最大数を指定します。`impurity`は、分割することによる情報利得の計測と計算に用いられるメトリックを指定します。
- `GBTClassifier`：クラシフィケーションのための**勾配ブースティング木**モデルです。このモデ

ルは、複数の弱学習器をまとめて1つの強学習器にするアンサンブルモデルのファミリーに属しています。現時点で`GBTClassifier`モデルがサポートしているのは二値のラベルと連続およびカテゴリ型の特徴です。

- `RandomForestClassifier`：このモデルは、複数の決定木（`forest`という名前はここからきています）を生成し、それらの決定木の出力`mode`を使ってデータを分類します。`RandomForestClassifier`は、二値および多値ラベルをどちらもサポートしています。
- `NaiveBayes`：ベイズ理論に基づき、このモデルは条件付き確率理論を用いてデータを分類します。PySparkにおける`NaiveBayes`モデルは二値および多値ラベルをどちらもサポートしています。
- `MultilayerPerceptronClassifier`：人間の頭脳の性質を模倣した分類器です。このモデルは人工のニューラルネットワーク理論に深く根ざしているので、モデル内部のパラメータの解釈が容易ではないという点においてブラックボックスと言えます。このモデルは完全に結合された人工ニューロンの`layer`（モデルオブジェクトを生成する際に指定しなければならないパラメータ）を最小で3つ持ちます。この3つは、入力層（これはデータセット中の特徴数に等しくなければなりません）、大量の隠れ層（最低でも1つ）、そしてラベルのカテゴリ数に等しい数のニューロンを持つ出力層です。入力層と隠れ層のすべてのニューロンはシグモイド活性化関数を持ち、出力層のニューロンはソフトマックス活性化関数を持ちます。
- `OneVsRest`：多クラスのクラシフィケーションを二項分類に削減します。たとえば多項ラベルの場合、このモデルは複数の二値のロジスティック回帰モデルをトレーニングできます。`label == 2`であれば、このモデルは`label == 2`を1（それ以外のラベル値は0に設定されます）に変換するロジスティック回帰を構築し、二値のモデルをトレーニングします。そしてすべてのモデルのスコアが計算され、最も高確率のモデルが勝つことになります。

回帰

PySparkのMLパッケージには、回帰のタスクのためのモデルが7つ用意されています。クラシフィケーションの場合と同じく、基本的なもの（欠かすことのできない線形回帰など）からもっと複雑なものまでが用意されています。

- `AFTSurvivalRegression`：加速度故障時間生存回帰モデルのフィットを行います。これはパラメトリックモデルであり、生存期待率（あるいはプロセス障害）の加速や減速をもたらす特徴の1つの限界効果を前提に置きます。これは、ステージがしっかりと定義されているプロセスに非常に適しています。
- `DecisionTreeRegressor`：クラシフィケーションの決定木のモデルに似ていますが、ラベルが二値（あるいは多値）ではなく、連続値になっていることが明確に異なっています。
- `GBTRegressor`：`DecisionTreeRegressor`の場合と同じく、ラベルのデータ型に違いがあります。

- `GeneralizedLinearRegression`：カーネル関数（リンク関数）の差分を取る線形モデルの1つです。線形回帰が誤差項の正規性を前提とするのに対し、GLMはラベルに異なる誤差項の分布を持たせることができます。PySparkのMLパッケージの`GeneralizedLinearRegression`は、さまざまなリンク関数とともに誤差の分布として`gaussian`、`binomial`、`gamma`、`poisson`をサポートしています。
- `IsotonicRegression`：回帰の一種で、自由単調非減少関数をデータにフィットさせます。これは、データセットを順序づけされた増加するデータにフィットさせる際に役立ちます。
- `LinearRegression`：最もシンプルな回帰モデルで、特徴と連続的なラベル、そして誤差項の正規性との間に線形の関係があるものとします。
- `RandomForestRegressor`：`DecisionTreeRegressor`あるいは`GBTRegressor`に似ており、離散ラベルではなく連続的なラベルへのフィットを行います。

クラスタリング

クラスタリングは教師なしモデルの1つで、データに潜むパターンを見いだすために用いられます。PySparkのMLパッケージには、最も広く使われているモデルが現時点で4つ用意されています。

- `BisectingKMeans`：k平均法によるクラスタリングの手法と階層型クラスタリングを組み合わせたものです。このアルゴリズムは、まずすべてのデータを1つのクラスタにまとめておき、それらのデータを繰り返しk個のクラスタに分割します。

次のWebサイトには、このアルゴリズムの詳しい説明があります（http://minethedata.blogspot.com/2012/08/bisecting-k-means.html）。

- `KMeans`：これは有名なk平均法のアルゴリズムで、データをk個のクラスタに分割し、各データとそのデータが属するクラスタの中心点とのユークリッド距離の合計が小さくなるよう、中心点を繰り返し探していきます。
- `GaussianMixture`：このメソッドは、データセットを分割するために未知のパラメータとともにk個のガウス分布を使います。期待値最大化法のアルゴリズムを使うことで、混合ガウス分布のパラメータは対数尤度関数を最大化することによって見いだすことができます。

特徴数が多いデータセットの場合、このモデルはガウス分布が持つ次元数や数値の問題のために、性能面で問題が生ずるかもしれないので注意してください。

- LDA：このモデルは、自然言語処理のアプリケーションにおけるトピックモデリングに使われます。

PySparkのMLにはレコメンデーションのためのモデルも1つ用意されていますが、それについてはここでは説明しません。

6.1.3　パイプライン

PySparkのMLにおける`Pipeline`は、変換から推定に至るエンドツーエンドの（複数のステージを持つ）プロセスを指す概念で、生のデータを（DataFrameとして）取り込み、必要なデータの操作（変換）を行い、最終的に統計モデル（estimator）での推定を行います。

`Pipeline`は純粋に変換だけで構成されることもあります。この場合は、`Transformer`だけが含まれることになります。

`Pipeline`は、独立した複数のステージの連鎖と考えられます。`Pipeline`オブジェクトの`.fit(...)`メソッドが実行されると、`stages`パラメータで指定された順序にしたがってすべてのステージが実行されます。`stages`パラメータは`Transformer`オブジェクトと`Estimator`オブジェクトのリストです。`Pipeline`オブジェクトの`.fit(...)`メソッドは`Transformer`オブジェクトの`.transform(...)`メソッドと、`Estimator`オブジェクトの`.fit(...)`メソッドを実行します。

通常は、前段のステージの出力が後段のステージへの入力になります。`Transformer`や`Estimator`といった抽象クラスからの導出を行う際には、オブジェクトを生成する際に指定された`outputCol`パラメータの値を返す`.getOutputCol()`メソッドを実装しなければなりません。

6.2　MLによる乳幼児の生存確率の予測

このセクションでは、前章のデータセットの一部を使ってPySpark MLがどのようなものか、紹介しましょう。

前章を読んだときにデータをダウンロードしていなかったならhttp://www.tomdrabas.com/data/LearningPySpark/births_transformed.csv.gzから入手しておいてください。

このセクションでは、再び幼児の生存確率を予測してみます。

6.2.1　データのロード

まず、次のコードを使ってデータをロードします。

```
import pyspark.sql.types as typ
labels = [
```

```
    ('INFANT_ALIVE_AT_REPORT', typ.IntegerType()),
    ('BIRTH_PLACE', typ.StringType()),
    ('MOTHER_AGE_YEARS', typ.IntegerType()),
    ('FATHER_COMBINED_AGE', typ.IntegerType()),
    ('CIG_BEFORE', typ.IntegerType()),
    ('CIG_1_TRI', typ.IntegerType()),
    ('CIG_2_TRI', typ.IntegerType()),
    ('CIG_3_TRI', typ.IntegerType()),
    ('MOTHER_HEIGHT_IN', typ.IntegerType()),
    ('MOTHER_PRE_WEIGHT', typ.IntegerType()),
    ('MOTHER_DELIVERY_WEIGHT', typ.IntegerType()),
    ('MOTHER_WEIGHT_GAIN', typ.IntegerType()),
    ('DIABETES_PRE', typ.IntegerType()),
    ('DIABETES_GEST', typ.IntegerType()),
    ('HYP_TENS_PRE', typ.IntegerType()),
    ('HYP_TENS_GEST', typ.IntegerType()),
    ('PREV_BIRTH_PRETERM', typ.IntegerType())
]
schema = typ.StructType([
    typ.StructField(e[0], e[1], False) for e in labels
])
births = spark.read.csv('births_transformed.csv.gz',
                        header=True,
                        schema=schema)
```

ここではDataFrameのスキーマを指定しています。厳しめに絞り込んでいるので、列は17しか残っていません。

6.2.2 transformerの生成

モデルの推定にこのデータセットを使うには、多少の変換が必要になります。統計モデルが扱えるのは数値型のデータだけなので、BIRTH_PLACE変数はエンコードしてやらなければなりません。

それに先立って、このあと本章ではさまざまな特徴の変換をたくさん行うことになるので、それらをすべてインポートしておきましょう。

```
import pyspark.ml.feature as ft
```

BIRTH_PLACE列をエンコードするにはOneHotEncoderメソッドを使います。ただし、このメソッドはStringType型の列を扱うことができません。扱えるのは数値型だけなので、まずはこの列をIntegerTypeに型変換します。

```
births = births \
    .withColumn('BIRTH_PLACE_INT', births['BIRTH_PLACE'] \
    .cast(typ.IntegerType()))
```

これで最初のTransformerを生成できます。

```
encoder = ft.OneHotEncoder(
    inputCol='BIRTH_PLACE_INT',
    outputCol='BIRTH_PLACE_VEC')
```

さあ、すべての特徴を1つの列にまとめましょう。それにはVectorAssemblerメソッドを使います。

```
featuresCreator = ft.VectorAssembler(
    inputCols=[
        col[0]
        for col
        in labels[2:]] + \
    [encoder.getOutputCol()],
    outputCol='features'
)
```

　VectorAssemblerオブジェクトに渡されたinputColsパラメータは1つにまとめる対象となるすべての列のリストで、それらからoutputCol、すなわち'features'が形作られます。注目してほしいのは、エンコーダーオブジェクトの出力を（.getOutputCol()メソッドを呼びだして）使うことによって、どこかの時点でエンコーダーオブジェクト内の出力列の名前を変更したとしても、このパラメータの値を変更しなくても良くなっていることです。
　さあ、最初のestimatorを生成しましょう。

6.2.3　estimatorの生成

　この例では、(再び)ロジスティック回帰モデルを使います。とはいえ、本章では後ほどPySpark MLのモデル群の.classificationからさらに複雑なモデルを紹介します。そのため、インポートはまとめて済ませておきましょう。

```
import pyspark.ml.classification as cl
```

　インポートできたら、次のコードでモデルを作成しましょう。

```
logistic = cl.LogisticRegression(
    maxIter=10,
    regParam=0.01,
    labelCol='INFANT_ALIVE_AT_REPORT')
```

　ターゲットの列が'label'という名前になっているのであれば、labelColパラメータは指定しなくてもかまいません。また、featuresCreatorの出力が'features'ではなかったなら、featuresColを(最も簡単な方法としては)featuresCreatorオブジェクトのgetOutputCol()メソッドを呼ぶことによってfeaturesColを指定しなければなりません。

6.2.4　パイプラインの生成

　これで、あとはPipelineを生成してモデルをフィットさせるだけです。まずPipelineをMLパッケージからインポートしましょう。

```
from pyspark.ml import Pipeline
```

　Pipelineの生成は本当に簡単です。ここで生成するパイプラインは、次のようなイメージです。

この構造をPipelineにするのはごく簡単です。

```
pipeline = Pipeline(stages=[
        encoder,
        featuresCreator,
        logistic
    ])
```

これだけです！ ついにPipelineができたのでモデルで推定が行えるようになります。まったくもってその通りですね！

6.2.5　モデルのフィッティング

モデルをフィットさせる前に、データセットをトレーニング用とテスト用のデータセットに分割しなければなりません。DataFrame APIには便利な.randomSplit(...)メソッドが用意されています。

```
births_train, births_test = births \
    .randomSplit([0.7, 0.3], seed=666)
```

1つめのパラメータは、それぞれbirths_trainとbirths_testとなるデータセットの比率のリストです。seedパラメータは、乱数生成器のシードです。

リストの要素の合計が1になるかぎりデータセットはいくつにでも分割でき、指定した数の部分集合が得られます。たとえば次のようにすれば、誕生記録のデータセットは3つに分割されます。

```
train, test, val = births.\
    randomSplit([0.7, 0.2, 0.1], seed=666)
```

このコードは誕生記録のデータセットから70%を抜き出してtrainオブジェクトに、20%をtestに、そして残りの10%をvalデータセットに格納します。

これで最終的にパイプラインを実行し、モデルの推定を行えます。

```
model = pipeline.fit(births_train)
test_model = model.transform(births_test)
```

パイプラインオブジェクトの.fit(...)メソッドは、入力としてトレーニング用のデータセットを取ります。その舞台裏では、まずbirths_trainがencoderオブジェクトに渡されます。そしてencoderのステージで生成されたDataFrameはfeaturesCreatorに渡され、featuresCreator

は'features'列を生成します。最後にこのステージからの出力がlogisticオブジェクトに渡され、logisticオブジェクトが最終的なモデルの推定を行います。

.fit(...)メソッドが返すPipelineModelオブジェクト（上のコードでのmodelオブジェクト）を使えば予測ができます。それには、先ほど作成したテスト用のデータセットを渡して.transform(...)メソッドを呼びます。次のコマンドで、test_modelの様子を見ることができます。

```
test_model.take(1)
```

結果は次のようになります。

```
Out[12]: [Row(INFANT_ALIVE_AT_REPORT=0, BIRTH_PLACE='1', MOTHER_AGE_YEARS=1
         3, FATHER_COMBINED_AGE=99, CIG_BEFORE=0, CIG_1_TRI=0, CIG_2_TRI=0,
         CIG_3_TRI=0, MOTHER_HEIGHT_IN=66, MOTHER_PRE_WEIGHT=133, MOTHER_DE
         LIVERY_WEIGHT=135, MOTHER_WEIGHT_GAIN=2, DIABETES_PRE=0, DIABETES_
         GEST=0, HYP_TENS_PRE=0, HYP_TENS_GEST=0, PREV_BIRTH_PRETERM=0, BIR
         TH_PLACE_INT=1, BIRTH_PLACE_VEC=SparseVector(9, {1: 1.0}), feature
         s=SparseVector(24, {0: 13.0, 1: 99.0, 6: 66.0, 7: 133.0, 8: 135.0,
         9: 2.0, 16: 1.0}), rawPrediction=DenseVector([1.0573, -1.0573]), p
         robability=DenseVector([0.7422, 0.2578]), prediction=0.0)]
```

ここからわかるとおり、TransfomersとEstimatorsのすべての列が得られています。ロジスティック回帰のモデルから出力されている列もあります。rawPredictionは特徴の線形結合と回帰係数のβの値、probabilityはクラスごとに計算された確率、そしてpredictionは最終的なクラスの判定結果です。

6.2.6　モデルのパフォーマンス評価

ここでモデルの動作結果を検証しなければならないことは言うまでもありません。PySparkのMLパッケージの.evaluationセクションには、クラシフィケーションや回帰のための評価メソッドが数多く用意されています。

```
import pyspark.ml.evaluation as ev
```

ここではBinaryClassificationEvaluatorを使ってモデルのパフォーマンスを検証しましょう。

```
evaluator = ev.BinaryClassificationEvaluator(
    rawPredictionCol='probability',
    labelCol='INFANT_ALIVE_AT_REPORT')
```

rawPredictionColはestimatorが生成したrawPrediction列でも、probabilityでもかまいません。

さあ、モデルのパフォーマンスを見てみましょう。

```
print(evaluator.evaluate(test_model,
    {evaluator.metricName: 'areaUnderROC'}))
print(evaluator.evaluate(test_model,
    {evaluator.metricName: 'areaUnderPR'}))
```

このコードの結果は次のようになります。

```
0.7401301847095617
0.7139354342365674
```

ROC以下の領域は74%で、PR以下の領域は71%になっており、モデルはうまく定義されているものの、傑出しているというほどではないことがわかります。他の特徴も使えばパフォーマンスを押し上げることもできるかもしれませんが、それは本章で目標とするところではありません（さらに言うなら本書の目標でもありません）。

6.2.7 モデルのセーブ

PySparkでは、Pipelineの定義をセーブしておき、後から再利用できます。パイプラインの構造だけではなく、TransformersやEstimatorsの定義もセーブされます。

```
pipelinePath = './infant_oneHotEncoder_Logistic_Pipeline'
pipeline.write().overwrite().save(pipelinePath)
```

したがって、セーブされた内容を後からロードし、そのまま.fit(...)して予測できます。

```
loadedPipeline = Pipeline.load(pipelinePath)
loadedPipeline \
    .fit(births_train)\
    .transform(births_test)\
    .take(1)
```

このコードの実行結果は（期待通り）以前と同じになります。

```
Out[17]: [Row(INFANT_ALIVE_AT_REPORT=0, BIRTH_PLACE='1', MOTHER_AGE_YEARS=1
         3, FATHER_COMBINED_AGE=99, CIG_BEFORE=0, CIG_1_TRI=0, CIG_2_TRI=0,
         CIG_3_TRI=0, MOTHER_HEIGHT_IN=66, MOTHER_PRE_WEIGHT=133, MOTHER_DE
         LIVERY_WEIGHT=135, MOTHER_WEIGHT_GAIN=2, DIABETES_PRE=0, DIABETES_
         GEST=0, HYP_TENS_PRE=0, HYP_TENS_GEST=0, PREV_BIRTH_PRETERM=0, BIR
         TH_PLACE_INT=1, BIRTH_PLACE_VEC=SparseVector(9, {1: 1.0}), feature
         s=SparseVector(24, {0: 13.0, 1: 99.0, 6: 66.0, 7: 133.0, 8: 135.0,
         9: 2.0, 16: 1.0}), rawPrediction=DenseVector([1.0573, -1.0573]), p
         robability=DenseVector([0.7422, 0.2578]), prediction=0.0)]
```

また、推測されたモデルをセーブしたいならそれも可能です。その場合はPipelineではなく

PipelineModelをセーブしなければなりません。

セーブできるのは`PipelineModel`だけではないことに注意してください。`Estimator`の`.fit(...)`メソッドが返すモデルや`Transformer`もいったんセーブしてからロードしなおして再利用できます。

モデルのセーブについては、次の例をご覧ください。

```
from pyspark.ml import PipelineModel

modelPath = './infant_oneHotEncoder_Logistic_PipelineModel'
model.write().overwrite().save(modelPath)

loadedPipelineModel = PipelineModel.load(modelPath)
test_reloadedModel = loadedPipelineModel.transform(births_test)
```

このスクリプトでは`PipelineModel`クラスのクラスメソッドである`.load(...)`を使って推定されたモデルをロードしなおしています。`test_reloadedModel.take(1)`の結果を、先ほどの`test_model.take(1)`の結果と比較してみてください。

6.3 パラメータのハイパーチューニング

1回目に作成したモデルが最善のモデルになることはほとんどありません。メトリクスを見てみて、それが事前に設定されたパフォーマンスの閾値をクリアしているからといってそのモデルを受け入れてしまうのは、最善のモデルを見つけ出すための科学的な方法とはとても言えません。

パラメータのハイパーチューニングという概念は、モデルの最善のパラメータを見つけ出すということです。たとえば、ロジスティック回帰モデルの適切な推定に必要な最大のイテレーション数や、決定木の最大の深さなどがそうです。

このセクションでは、モデルの最善のパラメータを見つけ出すための考え方として、グリッドサーチ、そしてトレーニングおよび検証データの切り分けを見ていきましょう。

6.3.1 グリッドサーチ

グリッドサーチは、定義されたパラメータの値のリストを順番にループしていき、個別のモデルを推定し、指定された評価メトリクスが最善になるものを選択するというシラミつぶしのアルゴリズムです。

グリッドサーチには注意しなければならないことがあります。最適化したいパラメータの定義を多くしすぎたり、それらのパラメータの値を多くしすぎたりすると、それらの増加に伴って推定するモデル数が急激に増えていくため、最適なモデルを選択するのに非常に時間がかかるようになってしまうかもしれません。

たとえば、それぞれが2つの値を取り得る2つのパラメータを精密にチューニングしたい場合、4つのモデルをフィットさせることになります。2つの値を持つもう1つのパラメータを追加すれば推測するモ

デルは8つになり、さらにそれぞれのパラメータに値を1つ追加すれば（すなわちそれぞれの値の選択肢が3つずつになる）、9つのモデルを推定しなければならなくなります。すなわちこれは、注意を払っていなければ急速に手に余る事態になるのです。次のグラフはこのことを可視化したものです。

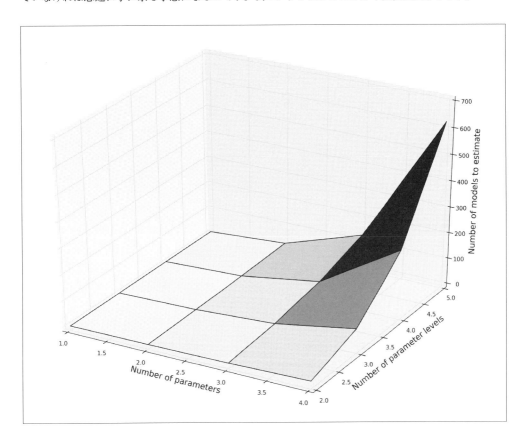

このことに気をつけながら、パラメータ空間の精密なチューニングに取り組んでみましょう。まずMLパッケージの.tuningをインポートします。

```
import pyspark.ml.tuning as tune
```

続いて、モデルとループの対象となるパラメータのリストを指定します。

```
logistic = cl.LogisticRegression(
    labelCol='INFANT_ALIVE_AT_REPORT')
grid = tune.ParamGridBuilder() \
    .addGrid(logistic.maxIter,
        [2, 10, 50]) \
    .addGrid(logistic.regParam,
        [0.01, 0.05, 0.3]) \
    .build()
```

最初に、パラメータを最適化したいモデルを指定します。次に、最適化するパラメータと、それらのパラメータでテストする値を決定します。ここでは.tuningパッケージのParamGridBuilder()を使い、.addGrid(...)メソッドでグリッドにパラメータを追加していっています。最初のパラメータは、最適化したいモデルのパラメータオブジェクト（ここではlogistic.maxIterとlogistic.regParam）で、2番めのパラメータはループの対象となる値のリストです。.ParamGridBuilderの.build()メソッドを呼べば、グリッドが構築されます。

次に、モデルを比較する方法が必要になります。

```
evaluator = ev.BinaryClassificationEvaluator(
    rawPredictionCol='probability',
    labelCol='INFANT_ALIVE_AT_REPORT')
```

ここでもBinaryClassificationEvaluatorを使うことにしましょう。これで検証処理のロジックを作成できます。

```
cv = tune.CrossValidator(
    estimator=logistic,
    estimatorParamMaps=grid,
    evaluator=evaluator
)
```

CrossValidatorが処理を行うにはestimator、estimatorParamMaps、evaluatorが必要です。モデルは値のグリッドをループ処理していき、モデルを推定し、それらのパフォーマンスをevaluatorで比較します。

このデータをそのまま使うことはできないので（births_trainとbirths_testのBIRTHS_PLACEはまだエンコードされていないため）、変換だけを行うPipelineを作成します。

```
pipeline = Pipeline(stages=[encoder ,featuresCreator])
data_transformer = pipeline.fit(births_train)
```

これで、パラメータのモデルに対する最適な組み合わせを見つけ出す準備が整いました。

```
cvModel = cv.fit(data_transformer.transform(births_train))
```

cvModelが推定された最善のモデルです。これを使って、先ほどのモデルよりもパフォーマンスが高いかを調べてみましょう。

```
data_train = data_transformer \
    .transform(births_test)
results = cvModel.transform(data_train)
print(evaluator.evaluate(results,
    {evaluator.metricName: 'areaUnderROC'}))
print(evaluator.evaluate(results,
    {evaluator.metricName: 'areaUnderPR'}))
```

このコードの結果は次のようになります。

```
0.7404304424804281
0.7156729757616691
```

ここからわかるとおり、やや改善が見られます。最善のモデルのパラメータはどのようになっているでしょうか？ その答えはやや複雑ですが、次のようにすればわかります。

```
results = [
    (
        [
            {key.name: paramValue}
            for key, paramValue
            in zip(
                params.keys(),
                params.values())
        ], metric
    )
    for params, metric
    in zip(
        cvModel.getEstimatorParamMaps(),
        cvModel.avgMetrics
    )
]
sorted(results,
       key=lambda el: el[1],
       reverse=True)[0]
```

このコードの出力は次のようになります。

```
Out[27]: ([{'maxIter': 50}, {'regParam': 0.01}], 2.2158632176362274)
```

6.3.2　トレーニングおよび検証データの切り分け

`TrainValidationSplit`モデルは、最善のモデルを選択するために入力データセット（トレーニングデータセット）をトレーニング用の小さめのサブセットと検証用のサブセットという2つのサブセットにランダム分割します。この分割が行われるのは一度だけです。

この例では、上位5つの特徴だけを選択するために`ChiSqSelector`も使っています。こうすることで、モデルの複雑さを抑えることができます。

```
selector = ft.ChiSqSelector(
    numTopFeatures=5,
    featuresCol=featuresCreator.getOutputCol(),
    outputCol='selectedFeatures',
    labelCol='INFANT_ALIVE_AT_REPORT'
)
```

numTopFeaturesは、返す特徴の数を指定します。このセレクタはfeaturesCreatorの後に置くので、featuresCreatorの.getOutputCol()を呼びます。

LogisticRegressionとPipelineの生成方法はすでに説明したので、ここでは繰り返しません。

```
logistic = cl.LogisticRegression(
    labelCol='INFANT_ALIVE_AT_REPORT',
    featuresCol='selectedFeatures'
)
pipeline = Pipeline(stages=[encoder, featuresCreator, selector])
data_transformer = pipeline.fit(births_train)
```

TrainValidationSplitはCrossValidatorモデルと同じやり方で生成できます。

```
tvs = tune.TrainValidationSplit(
    estimator=logistic,
    estimatorParamMaps=grid,
    evaluator=evaluator
)
```

以前と同じくモデルにデータをフィットさせ、結果を計算します。

```
tvsModel = tvs.fit(
    data_transformer \
        .transform(births_train)
)
data_train = data_transformer \
    .transform(births_test)
results = tvsModel.transform(data_train)
print(evaluator.evaluate(results,
    {evaluator.metricName: 'areaUnderROC'}))
print(evaluator.evaluate(results,
    {evaluator.metricName: 'areaUnderPR'}))
```

このコードの結果は次のようになります。

```
0.7334857800726642
0.7071651608758281
```

特徴数の少ないモデルは完全なモデルよりもパフォーマンスが悪いのは確かですが、その差異はそれほど大きくありません。突き詰めれば、これは複雑なモデルと洗練度の低いモデルとの間におけるパフォーマンス上のトレードオフなのです。

6.4 PySpark MLのその他の特徴

本章の初めに、PySparkのMLライブラリの機能はほとんど説明しました。このセクションでは、いくつかのTransformersとEstimatorsの使い方の例を紹介します。

6.4.1 特徴抽出

ここまでに、PySparkのサブモジュールに含まれるモデルをかなりたくさん使ってきました。このセクションでは、(筆者の見解では) 最も役立つモデルの使い方を説明します。

NLP関連の特徴のextractor

すでに述べたとおり、NGramモデルはトークン化されたテキストのリストを引数に取り、語のペア (あるいはn-gram) を生成します。

この例では、PySparkのドキュメンテーションからの抜粋を素材とし、NGramモデルに渡す前のテキストのクリーンアップの方法を紹介します。次にデータセットを示します (読みやすいように省略してあります)。

次のコードの全体を把握したい場合は、筆者のGitHubのリポジトリhttps://github.com/drabastomek/learningPySparkからコードをダウンロードしてください。ここではPipelineにおけるDataFrameの使い方の説明から、4つの段落をコピーしています (http://spark.apache.org/docs/latest/ml-pipeline.html#dataframe)。

```
text_data = spark.createDataFrame([
    ['''Machine learning can be applied to a wide variety
        of data types, such as vectors, text, images, and
        structured data. This API adopts the DataFrame from
        Spark SQL in order to support a variety of data
        types.'''],
    (...)
    ['''Columns in a DataFrame are named. The code examples
        below use names such as "text," "features," and
        "label."''']
], ['input'])
```

列を1つしか持たないこのDataFrameの各行には、長いテキストだけがあります。まずは、このテキストをトークン化しなければなりません。ここではそのために単なる`Tokenizer`ではなく`RegexTokenizer`を使います。これは、テキストを分割するのにパターン (群) を指定できるためです。

```
tokenizer = ft.RegexTokenizer(
    inputCol='input',
    outputCol='input_arr',
    pattern='\s+|[,.\"]')
```

ここでのパターンは、テキストを任意の数の空白で区切るというものですが、カンマ、ピリオド、バックスラッシュ、クォーテーションも取り除いています。1つの行に対する`tokenizer`からの出力は次のようになります。

```
Out[35]: [Row(input_arr=['machine', 'learning', 'can', 'be', 'applied', 'to
         ', 'a', 'wide', 'variety', 'of', 'data', 'types', 'such', 'as', 'v
         ectors', 'text', 'images', 'and', 'structured', 'data', 'this', 'a
         pi', 'adopts', 'the', 'dataframe', 'from', 'spark', 'sql', 'in', '
         order', 'to', 'support', 'a', 'variety', 'of', 'data', 'types'])]
```

 ここからわかるとおり、RegexTokenizerは文章を単語に分割するだけではなく、それぞれの単語を小文字にするというテキストの正規化も行います。

 とはいえ、このテキストにはまだゴミがたくさん残っています。be、a、toといった単語は、通常テキストの分析においては有益なものではありません。そのため、これらのいわゆるstopwordsはまさにそのままの名前を持つStopWordsRemover(...)で取り除きます。

```
stopwords = ft.StopWordsRemover(
    inputCol=tokenizer.getOutputCol(),
    outputCol='input_stop')
```

このメソッドの出力は次のようになります。

```
Out[37]: [Row(input_stop=['machine', 'learning', 'applied', 'wide', 'variet
         y', 'data', 'types', 'vectors', 'text', 'images', 'structured', 'd
         ata', 'api', 'adopts', 'dataframe', 'spark', 'sql', 'order', 'supp
         ort', 'variety', 'data', 'types'])]
```

これで有益な単語だけを残すことができましたので、NGramとPipelineを構築しましょう。

```
ngram = ft.NGram(n=2,
    inputCol=stopwords.getOutputCol(),
    outputCol="nGrams")
pipeline = Pipeline(stages=[tokenizer, stopwords, ngram])
```

これでpipelineができたので、これまでと非常によく似たやり方を繰り返します。

```
data_ngram = pipeline \
    .fit(text_data) \
    .transform(text_data)
data_ngram.select('nGrams').take(1)
```

このコードの出力は次のようになります。

```
Out[39]: [Row(nGrams=['machine learning', 'learning applied', 'applied wide
         ', 'wide variety', 'variety data', 'data types', 'types vectors',
         'vectors text', 'text images', 'images structured', 'structured da
         ta', 'data api', 'api adopts', 'adopts dataframe', 'dataframe spar
         k', 'spark sql', 'sql order', 'order support', 'support variety',
         'variety data', 'data types'])]
```

できました。n-gramが得られたので、それらを使って自然言語処理を進めることができます。

連続変数の離散化

非常に非線形で、1つの係数だけではモデルにフィットさせることがとても難しいような連続的な特徴を扱わなければならないことは、頻繁に起こります。

そういった場合には、その特徴とターゲットとの関係を1つの係数だけで説明するのが難しいこともあります。場合によっては、値の範囲を区切って離散的なバケットに分けると良いことがあります。

まず、次のコードを使ってダミーのデータを作成しましょう。

```
import numpy as np
x = np.arange(0, 100)
x = x / 100.0 * np.pi * 4
y = x * np.sin(x / 1.764) + 20.1234
```

これで、次のコードによってDataFrameを生成できます。

```
schema = typ.StructType([
    typ.StructField('continuous_var',
                    typ.DoubleType(),
                    False
    )
])
data = spark.createDataFrame(
    [[float(e), ] for e in y],
    schema=schema)
```

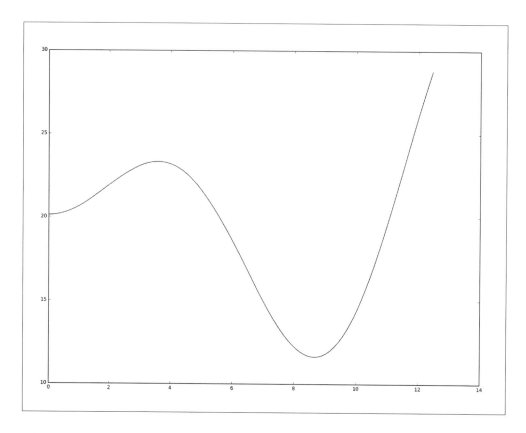

次に、QuantileDiscretizerモデルを使ってこの連続変数を5つ（numBucketsパラメータで指定しています）のバケットに分割します。

```
discretizer = ft.QuantileDiscretizer(
    numBuckets=5,
    inputCol='continuous_var',
    outputCol='discretized')
```

結果を見てみましょう。

```
data_discretized = discretizer.fit(data).transform(data)
```

この関数は、次のようになっています。

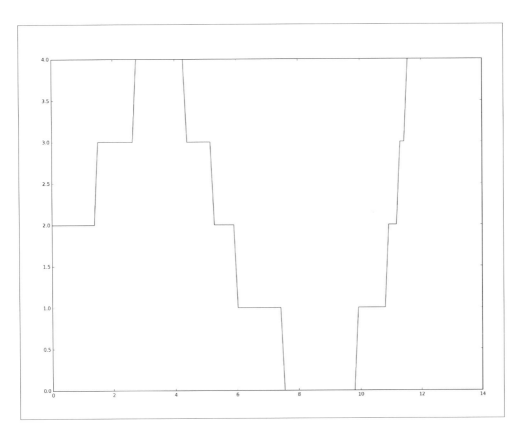

これで、この変数をカテゴリ型として扱い、将来の利用に備えて OneHotEncoder でエンコードしておけるようになります。

連続変数の標準化

連続変数の標準化は、特徴間の関係の理解を深める役に立つ（係数の解釈が容易になるため）だけでなく、演算の効率性を高めたり、数値的な落とし穴にはまり込んでしまうことを避けたりする役にも立ちます。次に、PySpark ML でのやり方を紹介しましょう。

まず、連続的な変数（これは単一の浮動小数点数に過ぎません）のベクトル表現を生成します。

```
vectorizer = ft.VectorAssembler(
    inputCols=['continuous_var'],
    outputCol= 'continuous_vec')
```

次に、`normalizer` と `pipeline` を構築します。`withMean` および `withStd` を `True` に設定すれば、`.StandardScaler(...)` は平均を 0 にし、分散を 1 にしてくれます。

```
normalizer = ft.StandardScaler(
```

```
        inputCol=vectorizer.getOutputCol(),
        outputCol='normalized',
        withMean=True,
        withStd=True
)
pipeline = Pipeline(stages=[vectorizer, normalizer])
data_standardized = pipeline.fit(data).transform(data)
```

変換されたデータは次のようになります。

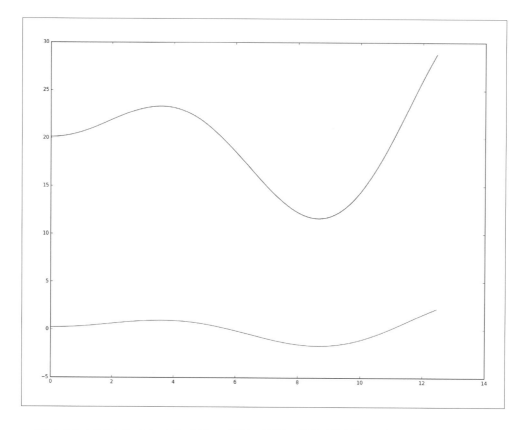

ここからわかるとおり、これでデータは0の周辺で変動し、単位分散を持つようになります (下の曲線)。

6.4.2　クラシフィケーション

ここまでは、PySpark MLの`LogisticRegression`モデルだけを使ってきました。このセクションでは、再び`RandomForestClassfier`を使って幼児の生存率をモデル化します。

ただしそれに先立って、特徴の`label`を`DoubleType`にキャストしておく必要があります。

```
import pyspark.sql.functions as func
births = births.withColumn(
    'INFANT_ALIVE_AT_REPORT',
```

```
        func.col('INFANT_ALIVE_AT_REPORT').cast(typ.DoubleType())
)
births_train, births_test = births \
    .randomSplit([0.7, 0.3], seed=666)
```

これでlabelがdouble型になったので、モデルを構築できます。進め方はこれまでと同じようなやり方ですが、今回は本章でこれまでに使ったencoderとfeatureCreatorを再利用します。numTreesパラメータはランダムフォレスト中の決定木の数を指定し、maxDepthはツリーの深さを制限します。

```
classifier = cl.RandomForestClassifier(
    numTrees=5,
    maxDepth=5,
    labelCol='INFANT_ALIVE_AT_REPORT')
pipeline = Pipeline(
    stages=[
        encoder,
        featuresCreator,
        classifier])
model = pipeline.fit(births_train)
test = model.transform(births_test)
```

それでは、RandomForestClassifierのパフォーマンスをLogisticRegressionと比較してみましょう。

```
evaluator = ev.BinaryClassificationEvaluator(
    labelCol='INFANT_ALIVE_AT_REPORT')
print(evaluator.evaluate(test,
    {evaluator.metricName: "areaUnderROC"}))
print(evaluator.evaluate(test,
    {evaluator.metricName: "areaUnderPR"}))
```

結果は次のようになります。

```
0.7736428008521183
0.7415879154340478
```

見て取れるとおり、ロジスティック回帰のモデルに比べて約3%結果が改善されています。決定木が1つだけのモデルだとどうなるかテストしてみましょう。

```
classifier = cl.DecisionTreeClassifier(
    maxDepth=5,
    labelCol='INFANT_ALIVE_AT_REPORT')
pipeline = Pipeline(stages=[
    encoder,
    featuresCreator,
    classifier])
model = pipeline.fit(births_train)
```

```
test = model.transform(births_test)
evaluator = ev.BinaryClassificationEvaluator(
    labelCol='INFANT_ALIVE_AT_REPORT')
print(evaluator.evaluate(test,
    {evaluator.metricName: "areaUnderROC"}))
print(evaluator.evaluate(test,
    {evaluator.metricName: "areaUnderPR"}))
```

このコードの結果は次のようになります。

```
0.7582781726635287
0.7787580540118526
```

悪いことはまったくありません！ 実際には、精度と再現率との関係性という観点ではむしろランダムフォレストよりもパフォーマンスが良く、ROC以下の領域という観点でもわずかに悪化しているだけです。どうやら勝者は決まったようです！

6.4.3　クラスタリング

クラスタリングは、機械学習のもう1つの大きな領域です。現実の世界においては、ターゲットとなる特徴があるという状況には恵まれないことが非常に多くあります。そのためには、データの持つパターンを解き明かすべく教師なし学習というパラダイムにまで立ち戻らなければなりません。

birthsデータセットからのクラスタ抽出

この例では、k-meansモデルを使ってbirthsデータ中の相似を見つけていきます。

```
import pyspark.ml.clustering as clus
kmeans = clus.KMeans(k = 5,
    featuresCol='features')
pipeline = Pipeline(stages=[
        assembler,
        featuresCreator,
        kmeans]
)
model = pipeline.fit(births_train)
```

モデルの推定をしたら、クラスタ間の違いが見いだせるかを調べてみましょう。

```
test = model.transform(births_test)
test \
    .groupBy('prediction') \
    .agg({
        '*': 'count',
        'MOTHER_HEIGHT_IN': 'avg'
    }).collect()
```

このコードの結果は次のようになります。

```
Out[58]: [Row(prediction=1, avg(MOTHER_HEIGHT_IN)=66.64658634538152, count(
    1)=249),
 Row(prediction=3, avg(MOTHER_HEIGHT_IN)=67.69473684210526, count(
    1)=475),
 Row(prediction=4, avg(MOTHER_HEIGHT_IN)=65.38934651290499, count(
    1)=3642),
 Row(prediction=2, avg(MOTHER_HEIGHT_IN)=83.91154791154791, count(
    1)=407),
 Row(prediction=0, avg(MOTHER_HEIGHT_IN)=63.90958873491283, count(
    1)=8948)]
```

クラスタ2のMOTHER_HEIGHT_INの値が目立って異なっています。結果を見ていけば、この先は紙面の都合上読者のみなさまにお任せします。おそらくはさらなる違いが明らかになり、データへの理解がさらに深まることでしょう。

トピックマイニング

モデルをクラスタリングできるのは、数値データの場合だけではありません。自然言語処理の分野におけるトピック抽出のような問題では、類似トピックを持つドキュメントの検出がクラスタリングによって行われます。例を見ていきましょう。

まずはデータセットを作成します。データはインターネットでランダムに選択された段落から作成します。そのうち3つは自然国立公園のトピックを、残りの3つはテクノロジーを扱ったものです。

 理由は明らかですが、ここでも読みやすくするためにコードは省略されています。完全なソースについてはGitHubのソースファイルを参照してください。

```
text_data = spark.createDataFrame([
    ['''To make a computer do anything, you have to write a
    computer program. To write a computer program, you have
    to tell the computer, step by step, exactly what you want
    it to do. The computer then "executes" the program,
    following each step mechanically, to accomplish the end
    goal. When you are telling the computer what to do, you
    also get to choose how it's going to do it. That's where
    computer algorithms come in. The algorithm is the basic
    technique used to get the job done. Let's follow an
    example to help get an understanding of the algorithm
    concept.'''],
    (...),
    ['''Australia has over 500 national parks. Over 28
    million hectares of land is designated as national
    parkland, accounting for almost four per cent of
    Australia's land areas. In addition, a further six per
    cent of Australia is protected and includes state
    forests, nature parks and conservation reserves.National
    parks are usually large areas of land that are protected
```

```
        because they have unspoilt landscapes and a diverse
        number of native plants and animals. This means that
        commercial activities such as farming are prohibited and
        human activity is strictly monitored.''']
], ['documents'])
```

今回も、最初に使うのはRegexTokenizerとStopWordsRemoverモデルです。

```
tokenizer = ft.RegexTokenizer(
    inputCol='documents',
    outputCol='input_arr',
    pattern='\s+|[,.\"]')
stopwords = ft.StopWordsRemover(
    inputCol=tokenizer.getOutputCol(),
    outputCol='input_stop')
```

パイプライン中で次に来るのがCountVectorizerです。これは、ドキュメント中の単語をカウントし、そのカウントから構成されるベクトルを返します。ベクトルの長さは全ドキュメント中のユニークな単語の総数になります。これは、次のコードで調べられます。

```
stringIndexer = ft.CountVectorizer(
    inputCol=stopwords.getOutputCol(),
    outputCol="input_indexed")
tokenized = stopwords \
    .transform(
        tokenizer\
            .transform(text_data)
    )

stringIndexer \
    .fit(tokenized)\
    .transform(tokenized)\
    .select('input_indexed')\
    .take(2)
```

このコードの出力は次のようになります。

```
Out[61]: [Row(input_indexed=SparseVector(262, {2: 7.0, 6: 1.0, 8: 3.0, 10:
         3.0, 12: 3.0, 19: 1.0, 20: 1.0, 29: 1.0, 38: 1.0, 39: 2.0, 41: 2.0
         , 44: 1.0, 50: 1.0, 60: 1.0, 65: 1.0, 87: 1.0, 108: 1.0, 110: 1.0,
         112: 1.0, 114: 1.0, 116: 1.0, 139: 1.0, 149: 1.0, 150: 1.0, 162: 1
         .0, 181: 1.0, 182: 1.0, 190: 1.0, 193: 1.0, 218: 1.0, 226: 1.0, 23
         0: 1.0, 232: 1.0, 249: 1.0, 251: 1.0, 256: 1.0})),
          Row(input_indexed=SparseVector(262, {20: 1.0, 21: 1.0, 22: 2.0, 3
         2: 2.0, 33: 2.0, 36: 2.0, 48: 1.0, 49: 1.0, 55: 1.0, 63: 1.0, 72:
         1.0, 73: 1.0, 77: 1.0, 83: 1.0, 88: 1.0, 90: 1.0, 93: 1.0, 102: 1.
         0, 105: 1.0, 111: 1.0, 122: 1.0, 128: 1.0, 130: 1.0, 140: 1.0, 145
         : 1.0, 146: 1.0, 170: 1.0, 173: 1.0, 195: 1.0, 196: 1.0, 202: 1.0,
         203: 1.0, 207: 1.0, 209: 1.0, 212: 1.0, 213: 1.0, 216: 1.0, 221: 1
         .0, 224: 1.0, 225: 1.0, 228: 1.0, 231: 1.0, 237: 1.0, 241: 1.0, 24
         6: 1.0, 247: 1.0, 255: 1.0, 260: 1.0}))]
```

ここからわかるとおり、今回のテキスト中のユニークな単語数は262であり、それぞれのドキュメントは各単語の出現回数で表されています。

さあ、それではトピックの予測を始めましょう。そのためにはLDA、すなわち**潜在的ディリクレ配分法**（Latent Dirichlet Allocation）モデルを使います。

```
clustering = clus.LDA(k=2,
    optimizer='online',
    featuresCol=stringIndexer.getOutputCol())
```

パラメータのkは、確認したいトピック数を指定します。optimizerにはonlineもしくはemを指定します（後者は期待値最大化 = Expectation Maximizationアルゴリズムを意味します）。

これらのパズルをまとめ上げると、これまでで一番長いパイプラインが完成します。

```
pipeline = ml.Pipeline(stages=[
        tokenizer,
        stopwords,
        stringIndexer,
        clustering]
)
```

うまくトピックを見いだすことができたでしょうか？ 確認してみましょう。

```
topics = pipeline \
    .fit(text_data) \
    .transform(text_data)
topics.select('topicDistribution').collect()
```

結果は次のようになります。

```
Out[65]: [Row(topicDistribution=DenseVector([0.0221, 0.9779])),
          Row(topicDistribution=DenseVector([0.0171, 0.9829])),
          Row(topicDistribution=DenseVector([0.0199, 0.9801])),
          Row(topicDistribution=DenseVector([0.9923, 0.0077])),
          Row(topicDistribution=DenseVector([0.9925, 0.0075])),
          Row(topicDistribution=DenseVector([0.9904, 0.0096]))]
```

作成したモデルは、すべてのトピックを適切に見つけ出してくれたようです！ とはいえ、これほど良い結果がいつでも出るとは思わないようにしてください。残念ながら、現実の世界のデータではこれほどうまくいくことは珍しいのです。

6.4.4 回帰

回帰モデルを作成することなく機械学習ライブラリの章を終えるわけにはいきません。

このセクションでは、このあと説明するいくつかの特徴からMOTHER_WEIGHT_GAINを予測してみましょう。それらの特徴は次のリストに含まれています。

```
features = ['MOTHER_AGE_YEARS','MOTHER_HEIGHT_IN',
            'MOTHER_PRE_WEIGHT','DIABETES_PRE',
            'DIABETES_GEST','HYP_TENS_PRE',
            'HYP_TENS_GEST', 'PREV_BIRTH_PRETERM',
            'CIG_BEFORE','CIG_1_TRI', 'CIG_2_TRI',
            'CIG_3_TRI'
           ]
```

まず、すべての特徴は数値型なので、それらをまとめてChiSqSelectorを使い、最も重要な6つの特徴だけを選択しましょう。

```
featuresCreator = ft.VectorAssembler(
    inputCols=[col for col in features[1:]],
    outputCol='features'
)
selector = ft.ChiSqSelector(
    numTopFeatures=6,
    outputCol="selectedFeatures",
    labelCol='MOTHER_WEIGHT_GAIN'
)
```

体重の増加を予測するために、勾配ブースティング木のGBTRegressorを使いましょう。

```
import pyspark.ml.regression as reg
regressor = reg.GBTRegressor(
    maxIter=15,
    maxDepth=3,
    labelCol='MOTHER_WEIGHT_GAIN')
```

そして最後に、ここでもすべてをPipelineにまとめます。

```
pipeline = Pipeline(stages=[
        featuresCreator,
        selector,
        regressor])
weightGain = pipeline.fit(births_train)
```

weightGainモデルが生成できれば、テストデータでうまく動くかを確かめましょう。

```
evaluator = ev.RegressionEvaluator(
    predictionCol="prediction",
    labelCol='MOTHER_WEIGHT_GAIN')
print(evaluator.evaluate(
     weightGain.transform(births_test),
    {evaluator.metricName: 'r2'}))
```

結果は次のようになります。

```
0.48862170400240335
```

残念ながら、このモデルはコインの裏表で占いをしているのと変わりありません。もっとMOTHER_WEIGHT_GAINラベルと相関性の高い独立した特徴を加えなければ、十分にこの分散を説明することはできないでしょう。

6.5 まとめ

本章では、PySparkの公式なメインの機械学習ライブラリであるPySpark MLの使い方を詳しく見てきました。TransformerやEstimatorがどういったものなのか、そしてMLライブラリで導入されたもう1つの概念であるPipeline中でそれらが果たす役割を紹介しました。続いて、モデルのハイパーパラメータの精密なチューニングのためのメソッドの使い方を示しました。最後に、MLライブラリの特徴抽出やモデルのクラスの例をいくつか紹介しました。

次章では、グラフとして表現するのに適した機械学習の問題に取り組む際に役立つグラフ理論とGraphFramesに踏み込んでいきます。

7章
GraphFrames

グラフ構造は多彩なデータの問題を直感的にアプローチできるデータ構造なので、グラフはデータの問題を解決する上で興味深いものです。

本章で学ぶことは次のとおりです。

- グラフを使う理由
- クラシックなグラフの問題：フライトデータセット
- グラフの頂点と辺
- シンプルなクエリ
- モチーフ探索
- 幅優先検索
- ページランク
- D3によるフライトの可視化

ソーシャルネットワークのトラバースであれ、レストランのレコメンデーションであれ、それらのデータの問題は頂点や辺、属性といったグラフ構造という観点から見ると理解しやすくなります。

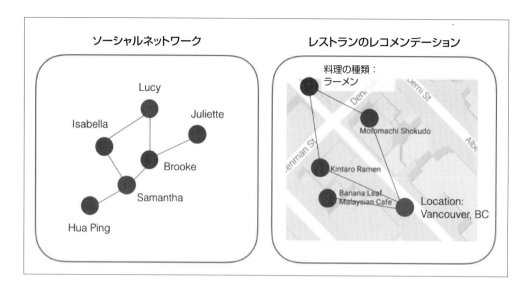

たとえば、ソーシャルネットワークの場合であれば、**頂点**は人で、**辺**は人と人とのつながりになります。**レストランのレコメンデーション**の場合であれば頂点は（たとえば）場所、料理の種類、レストラン等になり、辺はそれらの間のつながり（たとえば図の3つのレストランは**Vancouver, BC**にありますが、ラーメンを提供しているのはそのうちの2つだけです）になります。

この2つのグラフにはつながりなどなさそうに見えますが、実際にはソーシャルネットワーク＋レストランのレコメンデーションのグラフをソーシャルサークル内の友人のレビューに基づいて作成できます。この様子を次に示します。

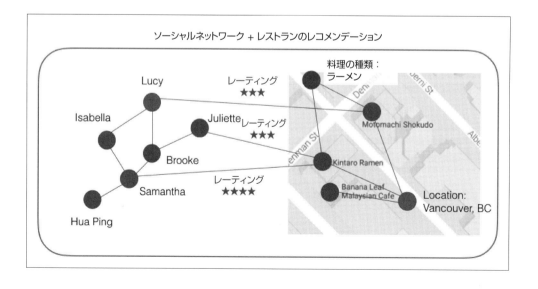

仮にたとえばIsabellaがバンクーバーで素晴らしいラーメン店を見つけたいとしましょう。知人のレビューを辿っていけば、彼女はSamanthaとJulietteがどちらも好意的な評価をしているKintaro Ramenを選ぶことになるでしょう。

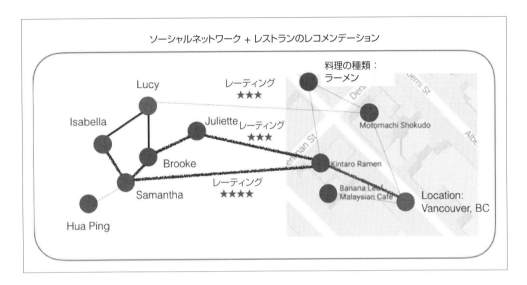

既存の有名なグラフの問題としては、フライトデータの解析もあります。空港は**頂点**として、空港間のフライトは**辺**として表現されます。また、それらのフライトには数多くの**属性**が関連づけられており、その中には出発の遅延、機体の種類、航空会社やその他の情報があります。

7章　GraphFrames

本章ではGraphFramesを使い、グラフ構造として構成されたフライトパフォーマンスを高速かつ容易に分析します。グラフ構造を使うことで、表形式では直感的に扱えないような多くの質問に容易に答えられるようになります。そういった質問には、構造のモチーフの発見、PageRankによる空港のランキング、都市間の最短パスといったものがあります。GraphFramesはDataFrame APIの分散処理と表現力を活用し、クエリをシンプルにしてくれるとともに、Apache SparkのSQLエンジンが持つパフォーマンスの最適化機能を活かしてくれるのです。

加えて、GraphFramesを用いることで、Python、Scala、Javaでグラフ分析ができるようになります。また、新しいフレームワークを学ぶというパラダイムシフトなしに、既存のApache Sparkのスキルを使って（機械学習、ストリーミング、SQLに加えて）グラフの問題を解決できるようにもなるのです。

7.1　GraphFramesの紹介

GraphFramesは、Apache SparkのDataFrameのパワーを活用し、グラフ処理一般をサポートします。特に、頂点と辺をDataFrameで表現することによって、任意のデータを頂点や辺とともに保存できるようになっています。GraphFramesはSparkのGraphXライブラリに似ていますが、次のような重要な差異があります。

- GraphFramesはDataFrame APIのパフォーマンスの最適化と単純さを活用しています。
- DataFrame APIを使うことによって、GraphFramesにはPython、Java、ScalaのAPIができました。GraphXはScalaからしか利用できません。現在では、GraphFramesのアルゴリズムはすべてPythonやJavaから利用できます。

本書の執筆時点では、GraphFramesはバージョン0.5であり、Sparkのパッケージhttp://spark-packages.orgとしてhttps://spark-packages.org/package/graphframes/graphframesから入手できます。

GraphFramesに関するさらに詳しい情報については、**Introducing GraphFrames**を参照してください（https://databricks.com/blog/2016/03/03/introducing-graphframes.html）。

7.2　GraphFramesのインストール

ジョブをSparkのCLI（たとえばspark-shell、pyspark,spark-sql、spark-submit）から実行しようとしているなら、--packagesコマンドを使えば、GraphFramesパッケージを利用する際に必要となるコードを展開、コンパイル、実行してくれます。

たとえば、最新のGraphFramesパッケージ（バージョン0.5）をSpark 2.0とScala 2.11でsparkshellから実行するなら、コマンドは次のようになります[*]。

```
> $SPARK_HOME/bin/spark-shell --packages graphframes:graphframes:0.50-spark2.1-s_2.11
```

ノートブックのサービスを利用しているなら、まずパッケージをインストールしなければなりません。たとえば次のセクションでは、GraphFramesライブラリをDatabricks Community Edition（http://databricks.com/try-databricks）にインストールする手順を紹介しています。

7.2.1　ライブラリの作成

Databricks内では、Scala/Java JAR、Python Egg、Maven Coordinate（Sparkのパッケージを含む）からなるライブラリを作成できます。

まずはdatabricks内のWorkspaceへ進み、ライブラリを内部に作成したいフォルダ（ここではflights）を右クリックし、**Create**をクリックし、続いて**Library**をクリックします。

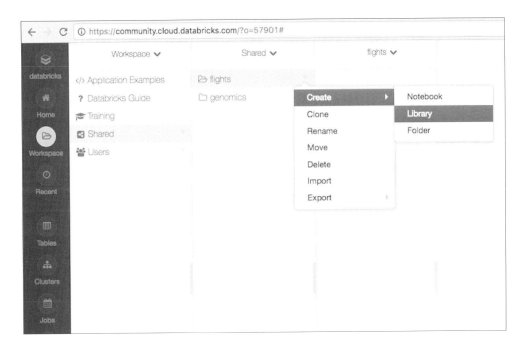

次の図のように、**Create Library**のダイアログで**Source**から**Maven Coordinate**を選択します。

---

[*]　訳注：付録Aの手順でローカルにPySpark/Jupyter notebookの環境を構築している場合、`pyspark --packages graphframes:graphframes:0.5.0-spark2.1-s_2.11`とすることでJupyter notebook内でGraphFramesが使えるようになります。

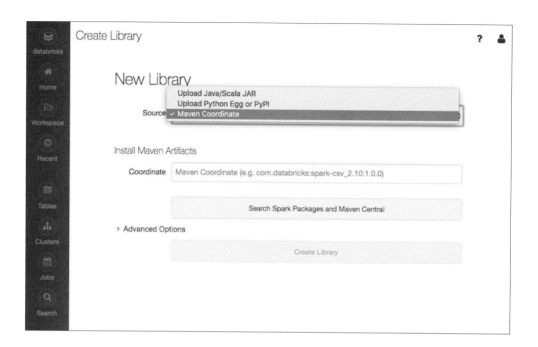

Mavenは、GraphFramesのようなJavaベースのプロジェクトのビルドと管理のために使われるツールです。Maven Coordinatesはそういったプロジェクト（あるいはその依存対象やプラグイン）をユニークに識別できるので、Mavenリポジトリ内のプロジェクトを素早く見つけることができます。例としてhttps://mvnrepository.com/artifact/graphframes/graphframesを見てみてください。

　ここから、**Search Spark Packages and Maven Central**ボタンをクリックし、GraphFramesパッケージを検索してください。GraphFramesのSparkのバージョン（たとえばSpark 2.0）とScala（たとえばScala 2.11）が、使用しているSparkクラスタと一致していることを確かめてください。

　また、GraphFramesのSparkパッケージのMaven coordinateがわかっているなら、それを直接入力することもできます。Spark 2.1およびScala 2.11の場合であれば、次のcoordinateを入力してください。

```
graphframes:graphframes:0.5.0-spark2.1-s_2.11
```

　次の図のように入力したら**Create Library**をクリックしてください。

これは、GraphFramesのSparkパッケージを（ライブラリの一部として）インストールするために一度だけすればいいことに注意してください。インストールができてしまえば、このパッケージは作成するすべてのDatabricksクラスタにデフォルトで自動的にアタッチされます。

7.3 flightsデータセットの準備

フライト分析のサンプルシナリオでは、2つのデータセットを使用します。

- Airline On-Time Performance and Causes of Flight Delays（http://bit.ly/2ccJPPM）このデータセットには、米国の航空会社によって報告された予定と実際の出発および到着時刻、そして遅延の理由が含まれています。このデータは**米国交通統計局**の航空情報室によって収集されたものです。
- Open Flights: Airports and airline data（https://openflights.org/data.html）このデータセットには、米国の空港のリストが含まれており、IATAコード、空港名、空港の所在地がわかります。

作成するDataFrameはairportsとdepartureDelaysの2つで、それぞれがここで扱うGraphFrameの**頂点**と**辺**になります。このフライトサンプルアプリケーションをPythonで作成しましょう。

この例ではDatabricksのノートブックを使うので、場所としては大量のサンプルデータセットが含まれている/databricks-datasets/を使いましょう。データは次からもダウンロードできます。

- departureDelays.csv（https://github.com/drabastomek/learningPySpark/tree/master/Chapter03/flight-data）
- airportCodes（https://github.com/drabastomek/learningPySpark/tree/master/Chapter03/flight-data）

このサンプルでは、空港と出発の遅延のデータを示すファイルのパスを格納する2つの変数を作成します。そしてそれらのデータセットをロードし、それぞれに対応するSparkのDataFrameを作成します。これらのファイルはどちらも容易にスキーマを推測できるものであることに注意してください。

```
# ファイルパスの設定
tripdelaysFilePath = "/databricks-datasets/flights/departuredelays.csv"
airportsnaFilePath = "/databricks-datasets/flights/airport-codes-na.txt"

# 空港のデータセットの取得
# このデータセットはタブ区切りでヘッダがあることに注意
airportsna = spark.read.csv(airportsnaFilePath, header='true',
inferSchema='true', sep='\t')
airportsna.createOrReplaceTempView("airports_na")

# 出発の遅延のデータの取得
# このデータセットはタブ区切りでヘッダがあることに注意
departureDelays = spark.read.csv(tripdelaysFilePath, header='true')
departureDelays.createOrReplaceTempView("departureDelays")
departureDelays.cache()
```

DataFrameのdepartureDelaysをロードできたら、効率よくデータのフィルタリングを追加できるよう、キャッシュもしておきます。

```
# サンプルデータセットのdeparturedelaysからIATAコードを利用
tripIATA = spark.sql("select distinct iata from (select distinct
origin as iata from departureDelays union all select distinct
destination as iata from departureDelays) a")
tripIATA.createOrReplaceTempView("tripIATA")
```

上のクエリによって、出発地の都市のIATAコードを持つユニークな空港のリストが構築できます（たとえばSeattle = 'SEA'、San Francisco = 'SFO'、New York JFK = 'JFK'など）。次に、departureDelays DataFrame中のフライトに関係する空港だけを選択しましょう。

```
# `departureDelays`データセットに最低でも
# 1回のフライトがある空港だけを取り込む
airports = spark.sql("select f.IATA, f.City, f.State, f.Country from
airports_na f join tripIATA t on t.IATA = f.IATA")
airports.createOrReplaceTempView("airports")
airports.cache()
```

出発地の空港コードのユニークなリストを構築することによって、空港のDataFrameにはdepartureDelaysデータセットに登場する空港コードだけを含めることができます。次のコードは、フライトの日付、遅延、距離、空港の情報（出発地と目的地）を含む主要な属性から構成される新しいDataFrame（departureDelays_geo）を生成します。

```
# `departureDelays_geo` DataFrameの構築
# フライトの日付、遅延、距離、空港の情報（出発地と目的地）
# といった主要な属性の取得
departureDelays_geo = spark.sql("select cast(f.date as int) as
tripid, cast(concat(concat(concat(concat(concat('2014-',
concat(concat(substr(cast(f.date as string), 1, 2), '-')),
substr(cast(f.date as string), 3, 2)), ''), substr(cast(f.date as
string), 5, 2)), ':'), substr(cast(f.date as string), 7, 2)), ':00')
as timestamp) as `localdate`, cast(f.delay as int), cast(f.distance
as int), f.origin as src, f.destination as dst, o.city as city_src,
d.city as city_dst, o.state as state_src, d.state as state_dst from
departuredelays f join airports o on o.iata = f.origin join airports d
on d.iata = f.destination")

# 一時的なビューとキャッシュの生成
departureDelays_geo.createOrReplaceTempView("departureDelays_geo")
departureDelays_geo.cache()
```

このデータを手早く眺めてみるには、次のようにshowメソッドを使います。

```
# `departureDelays_geo` DataFrameの先頭10行を見てみる
departureDelays_geo.show(10)
```

```
▶ (2) Spark Jobs
+-------+--------------------+-----+--------+---+---+-----------+------------------+---------+---------+
| tripid|           localdate|delay|distance|src|dst|   city_src|          city_dst|state_src|state_dst|
+-------+--------------------+-----+--------+---+---+-----------+------------------+---------+---------+
|1011111|2014-01-01 11:11:...|   -5|     221|MSP|INL|Minneapolis|International Falls|      MN|       MN|
|1021111|2014-01-02 11:11:...|    7|     221|MSP|INL|Minneapolis|International Falls|      MN|       MN|
|1031111|2014-01-03 11:11:...|    0|     221|MSP|INL|Minneapolis|International Falls|      MN|       MN|
|1041925|2014-01-04 19:25:...|    0|     221|MSP|INL|Minneapolis|International Falls|      MN|       MN|
|1061115|2014-01-06 11:15:...|   33|     221|MSP|INL|Minneapolis|International Falls|      MN|       MN|
|1071115|2014-01-07 11:15:...|   23|     221|MSP|INL|Minneapolis|International Falls|      MN|       MN|
|1081115|2014-01-08 11:15:...|   -9|     221|MSP|INL|Minneapolis|International Falls|      MN|       MN|
|1091115|2014-01-09 11:15:...|   11|     221|MSP|INL|Minneapolis|International Falls|      MN|       MN|
|1101115|2014-01-10 11:15:...|   -3|     221|MSP|INL|Minneapolis|International Falls|      MN|       MN|
|1112015|2014-01-11 20:15:...|   -7|     221|MSP|INL|Minneapolis|International Falls|      MN|       MN|
+-------+--------------------+-----+--------+---+---+-----------+------------------+---------+---------+
only showing top 10 rows
```

7.4 グラフの構築

これでデータはインポートできたので、グラフを構築しましょう。そのためには、頂点と辺のための構造を構築します。本書の執筆時点では、GraphFramesでは頂点と辺のために特別な命名法に従わなければなりません。

- 頂点を表す列は、idという名前を持たなければなりません。このセクションの例では、フライトデータで頂点となるのは空港です。したがって、airports DataFrame中のIATA空港コードの名前はidに変更しなければなりません。
- 辺を表す列には、始点（src）と終点（dst）が必要です。フライトデータの場合フライトが辺になるので、departureDelays_geo DataFrameのsrcとdstが始点と終点の列になります。

グラフの辺をシンプルにするために、departureDelays_Geo DataFrame内の列の一部を抜き出してtripEdges DataFrameを作成します。同様に、GraphFramesの命名規則に合わせるためにIATA列の名前をidに変更しただけのtripVertices DataFrameも作成します。

```
# SparkのGraphFramesパッケージが
# インストール済みなのを確認しておくこと
from pyspark.sql.functions import *
from graphframes import *

# 頂点（空港）と辺（フライト）の作成
tripVertices = airports.withColumnRenamed("IATA", "id").distinct()
tripEdges = departureDelays_geo.select("tripid", "delay", "src",
"dst", "city_dst", "state_dst")

# 辺と頂点をキャッシュ
tripEdges.cache()
tripVertices.cache()
```

Databricksの環境では、displayコマンドを使ってデータに対してクエリを実行できます。たとえ

ば次のコマンドはtripEdges DataFrameを表示します。

```
display(tripEdges)
```

出力は次のようになります。

tripid	delay	src	dst	city_dst	state_dst
1011111	-5	MSP	INL	International Falls	MN
1021111	7	MSP	INL	International Falls	MN
1031111	0	MSP	INL	International Falls	MN
1041925	0	MSP	INL	International Falls	MN
1061115	33	MSP	INL	International Falls	MN
1071115	23	MSP	INL	International Falls	MN
1081115	-9	MSP	INL	International Falls	MN
1091115	11	MSP	INL	International Falls	MN
1101115	-3	MSP	INL	International Falls	MN

これで2つのDataFrameができたので、GraphFrameコマンドでGraphFrameを作成できます。

```
tripGraph = GraphFrame(tripVertices, tripEdges)
```

7.5 シンプルなクエリの実行

フライトのパフォーマンスと出発の遅延の状況を把握するために、まずはシンプルなグラフのクエリから始めましょう。

7.5.1 空港とフライト数の計算

例として、空港とフライトの数を計算してみましょう。次のコマンドを実行してください。

```
print "Airports: %d" % tripGraph.vertices.count()
print "Trips: %d" % tripGraph.edges.count()
```

結果を見れば、空港が279、フライトが136万あることがわかります。

```
▼ (2) Spark Jobs
    ▶ Job 16   View (Stages: 2/2, 4 skipped)
    ▶ Job 17   View (Stages: 2/2, 7 skipped)
Airports: 279
Trips: 1361141
```

7.5.2　データセット中での最大のディレイを求める

次のクエリを実行すれば、データセット中で最も大きな遅延が1,642分（27時間以上です！）であることがわかります。

```
tripGraph.edges.groupBy().max("delay")

# Output
+----------+
|max(delay)|
+----------+
|      1642|
+----------+
```

7.5.3　遅延したフライトおよびオンタイム／繰り上げフライト数の計算

次のクエリを実行すれば、遅延したフライト数とオンタイム（あるいは繰り上げ）フライト数を知ることができます。

```
print "On-time / Early Flights: %d" % tripGraph.edges.filter("delay <= 0").count()
print "Delayed Flights: %d" % tripGraph.edges.filter("delay > 0"). count()
```

なんと、ほとんど43%ものフライトが遅延しています！

```
▼ (2) Spark Jobs
    ▶ Job 18   View (Stages: 2/2, 7 skipped)
    ▶ Job 19   View (Stages: 2/2, 7 skipped)
On-time / Early Flights: 780469
Delayed Flights: 580672
```

7.5.4　シアトル発で最も大きくディレイしそうなフライトは？

このデータをさらに深く探って、シアトル発のフライトで大きく遅延する可能性が高い目的地の上位5ヵ所を見つけましょう。これは、次のクエリで調べられます。

```
tripGraph.edges\
  .filter("src = 'SEA' and delay > 0")\
  .groupBy("src", "dst")\
  .avg("delay")\
  .sort(desc("avg(delay)"))\
  .show(5)
```

次の結果からわかるとおり、シアトル発のフライトで遅延が多い上位5つの都市は、フィラデルフィ

ア（PHL）,コロラドスプリングス（COS）、フレスノ（FAT）、ロングビーチ（LGB）、ワシントンD.C（IAD）です。

```
▶ (1) Spark Jobs
+---+---+------------------+
|src|dst|        avg(delay)|
+---+---+------------------+
|SEA|PHL|55.666666666666664|
|SEA|COS| 43.53846153846154|
|SEA|FAT| 43.03846153846154|
|SEA|LGB| 39.39705882352941|
|SEA|IAD|37.733333333333334|
+---+---+------------------+
only showing top 5 rows
```

7.5.5　シアトル発で最も大きくディレイしそうなフライト先の州は？

続いて、シアトル発のフライトで遅延時間の合計（ただし個々の遅延が100分以上の場合のみを集計）が最も大きい州を調べてみましょう。今回は`display`コマンドを使ってデータを見てみます。

```
# 遅延時間の合計が最も大きい州（ただし個々の遅延が100分以上
# の場合のみを集計）（出発地：シアトル）
display(tripGraph.edges.filter("src = 'SEA' and delay > 100"))
```

tripid	delay	src	dst	city_dst	state_dst
3201938	108	SEA	BUR	Burbank	CA
3201655	107	SEA	SNA	Orange County	CA
1011950	123	SEA	OAK	Oakland	CA
1021950	194	SEA	OAK	Oakland	CA
1021615	317	SEA	OAK	Oakland	CA
1021755	385	SEA	OAK	Oakland	CA
1031950	283	SEA	OAK	Oakland	CA
1031615	364	SEA	OAK	Oakland	CA
1031325	130	SEA	OAK	Oakland	CA
1061755	107	SEA	OAK	Oakland	CA

Databricksの`display`コマンドを使えば、データの表形式の表示をすぐに地図形式の表示に切り替えることができます。次の図からわかるとおり、（このデータセットで）シアトルから出発したフライト

の合計遅延時間が最も大きいのはカリフォルニアです。

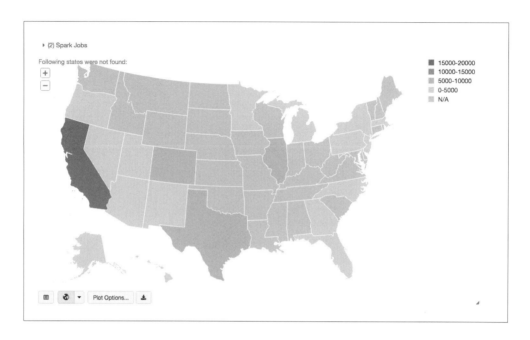

7.6　頂点の次数

　グラフ理論においては、頂点の次数はその頂点に付いている辺の数と定義されています。本章の**フライトのサンプルデータ**の場合、この次数は頂点（すなわち空港）に付いている辺の（すなわちフライト）の総数ということになります。したがって、このグラフから（降順で）上位20の次数の頂点を取得すれば、それは上位20の最も多忙な（すなわち行き来するフライトの多い）空港を調べることになります。これは、次のクエリですぐにわかります。

```
display(tripGraph.degrees.sort(desc("degree")).limit(20))
```

　ここでは display コマンドを使っているので、このデータはすぐに棒グラフとして表示できます。

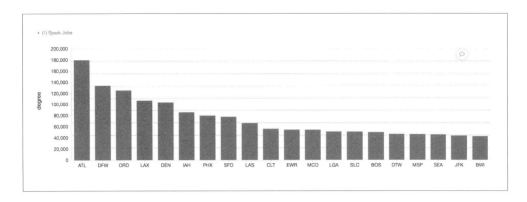

さらに深く調べて、inDegrees（すなわち到着便）の上位20を見てみましょう。

```
display(tripGraph.inDegrees.sort(desc("inDegree")).limit(20))
```

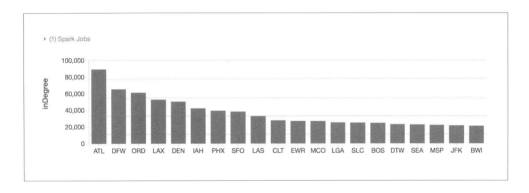

outDegrees（すなわち出発便）の上位20は次のようになります。

```
display(tripGraph.outDegrees.sort(desc("outDegree")).limit(20))
```

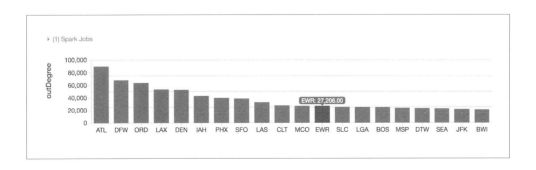

興味深いことに、上位10件の空港（アトランタ/ATLからシャーロット/CLTまで）は、到着便でも出発便でも同じランクになっていますが、その次の10件の空港は異なっています（たとえばシアトル/SEAは到着便では17位ですが、出発便では18位になっています）。

7.7　最も経由が多い空港の計算

頂点としての空港の次数をさらに発展させて把握する例として、経由地として利用されることが多い空港を調べてみましょう。多くの空港は、最終目的地としてだけではなく、経由地としても利用されます。これを簡単に計算する方法は、inDegrees（その空港への到着便）とoutDegrees（その空港からの出発便）との比率を計算することです。この値が1に近ければ多くの経由があり、値が1よりも小さければ出発便の方が多く、1よりも大きければ到着便の方が多いことになります。

これは単純な計算であり、フライトのタイミングやスケジューリングを考慮に入れておらず、データセット中の数値を全体的に集計しただけであることに注意してください。

```
# inDeg（到着便）とoutDeg（出発便）の計算
inDeg = tripGraph.inDegrees
outDeg = tripGraph.outDegrees

# 比率（inDeg/outDeg）の計算
degreeRatio = inDeg.join(outDeg, inDeg.id == outDeg.id) \
  .drop(outDeg.id) \
  .selectExpr("id", "double(inDegree)/double(outDegree) as degreeRatio") \
  .cache()

# 'airports' DataFrameとの再結合
transferAirports = degreeRatio.join(airports, degreeRatio.id == airports.IATA) \
  .selectExpr("id", "city", "degreeRatio") \
  .filter("degreeRatio between 0.9 and 1.1")

# 上位10件の経由都市の空港を出力
display(transferAirports.orderBy("degreeRatio").limit(10))
```

このクエリの結果である上位10件の経由都市の空港（すなわちハブ空港）を棒グラフとして出力すると、次のようになります。

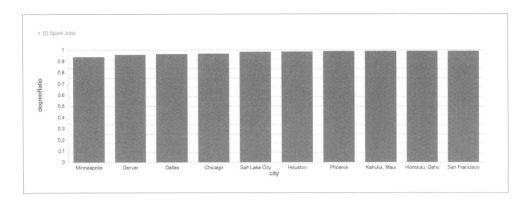

これらの空港は代表的な航空会社の主要なハブになっている（たとえばデルタ航空は**ミネアポリス**と**ソルトレークシティ**、フロンティア航空は**デンバー**、アメリカン航空は**ダラス**と**フェニックス**、ユナイテッド航空は**ヒューストン**と**シカゴ**と**サンフランシスコ**、ハワイアン航空は**カフルイ**と**ホノルル**をハブとしています）ので、この結果は妥当なものです。

7.8 モチーフ

都市空港や空港間のフライトの複雑な関係は、motifsを使ってフライト（辺）による空港（頂点）間の結合パターンを見つけ出せば理解しやすくなります。結果のDataFrameでは、列名がモチーフのキーになっています。モチーフの発見は、GraphFramesの一部としてサポートされている新しいグラフアルゴリズムの1つです。

例として、サンフランシスコ国際空港（SFO）による遅延を調べてみましょう。

```
# モチーフの生成
motifs = tripGraphPrime.find("(a)-[ab]->(b); (b)-[bc]->(c)")\
  .filter("(b.id = 'SFO') and (ab.delay > 500 or bc.delay > 500) and
bc.tripid > ab.tripid and bc.tripid < ab.tripid + 10000")

# モチーフの表示
display(motifs)
```

このクエリを解き明かしてみれば、(x)は頂点（すなわち空港）であり、[xy]は辺（すなわち空港間のフライト）を表しています。したがって、次のようにすればSFOによる遅延を調べられます。

- 頂点(b)は中継地の空港（すなわちSFO）を表しています
- 頂点(a)は（このデータセット内の）出発地の空港を表しています
- 頂点(c)は（このデータセット内の）目的地の空港を表しています
- 辺[ab]は、出発地(a)と(b)（SFO）とのフライトを示しています
- 辺[bc]は、(b)（SFO）と目的地(c)とのフライトを示しています

filter文の中には基本的な制約をいくつか置いています（これはフライトのパスを過剰に単純化して表現していることに注意してください）。

- `b.id = 'SFO'`は、中間の頂点(b)になり得る空港はSFOだけだということを示しています。
- `(ab.delay > 500 or bc.delay > 500)`は、集計対象のフライトを500分以上の遅延があったものだけに制限しています。
- `(bc.tripid > ab.tripid and bc.tripid < ab.tripid + 10000)`は、(ab)というフライトが(bc)というフライトと同日で、時間は早くなければならないということを示しています。tripidは時刻から導出されたもので、そのためにこのような単純化が可能になっています。

このクエリの出力は次のようになります。

```
▶ (8) Spark Jobs
+--------------------+--------------------+--------------------+--------------------+--------------------+
|                   a|                  ab|                   b|                  bc|                   c|
+--------------------+--------------------+--------------------+--------------------+--------------------+
|[MSY,New Orleans,...|[1011751,-4,MSY,SFO]|[SFO,San Francisc...|[1021507,536,SFO,...|[JFK,New York,NY,...|
|[MSY,New Orleans,...| [1201725,2,MSY,SFO]|[SFO,San Francisc...|[1211508,593,SFO,...|[JFK,New York,NY,...|
|[MSY,New Orleans,...|[2091725,87,MSY,SFO]|[SFO,San Francisc...|[2092110,740,SFO,...|   [MIA,Miami,FL,USA]|
|[MSY,New Orleans,...|[2091725,87,MSY,SFO]|[SFO,San Francisc...|[2092230,636,SFO,...|[JFK,New York,NY,...|
|[MSY,New Orleans,...|[2121725,15,MSY,SFO]|[SFO,San Francisc...|[2131420,504,SFO,...|[SAN,San Diego,CA...|
|[BUR,Burbank,CA,USA]|[1011828,88,BUR,SFO]|[SFO,San Francisc...|[1021507,536,SFO,...|[JFK,New York,NY,...|
|[BUR,Burbank,CA,USA]| [1020941,-17,BUR,...|[SFO,San Francisc...|[1021507,536,SFO,...|[JFK,New York,NY,...|
|[BUR,Burbank,CA,USA]| [1020705,6,BUR,SFO]|[SFO,San Francisc...|[1021507,536,SFO,...|[JFK,New York,NY,...|
|[BUR,Burbank,CA,USA]|[1021320,-5,BUR,SFO]|[SFO,San Francisc...|[1021507,536,SFO,...|[JFK,New York,NY,...|
|[BUR,Burbank,CA,USA]|[1202011,-3,BUR,SFO]|[SFO,San Francisc...|[1211508,593,SFO,...|[JFK,New York,NY,...|
+--------------------+--------------------+--------------------+--------------------+--------------------+
```

次に示すのはこのクエリの結果を簡略化したもので、列がそれぞれのモチーフのキーになっています。

a	ab	b	bc	c
Houston(IAH)	IAH -> SFO(-4) [1011126]	San Francisco(SFO)	SFO -> JFK(536) [1021507]	New York(JFK)
Tuscon (TUS)	TUS -> SFO(-5) [1011126]	San Francisco(SFO)	SFO -> JFK(536) [1021507]	New York(JFK)

TUS > SFO > JFKというフライトを見てみれば、タスコンからサンフランシスコへのフライトは5分早く出発しているにもかかわらず、サンフランシスコからニューヨークJFK空港へのフライトは536分遅れています。

モチーフの発見を行うことによって、グラフの構造パターンを容易に検索できるようになります。GraphFramesを使えば、DataFrameのパワーとスピードを使ってクエリを分散実行することになるのです。

7.9 PageRankによる空港ランキングの計算

GraphFramesにはすぐに利用できるアルゴリズムがいくつかあります。PageRankは、Googleの検索エンジンによって有名になったアルゴリズムで、Larry Pageが生み出しました。Wikipediaから引用します。

> PageRankでは、ページへのリンクの数と質を計測することによってサイトの重要性を大まかに推定する。その基盤となる前提は、重要なWebサイトは他のWebサイトからリンクされることが多くなるだろうというものである。

この話はWebページに関するものですが、この考え方はそのままいかなるグラフ構造に対しても適用でき、その構造がWebページから作られたものであっても、駐輪場や空港から作られたものであっても当てはめることができます。そしてGraphFramesでのインターフェイスは、メソッドを呼ぶだけのシンプルなものです。`GraphFrames.PageRank`を呼べばPageRankの結果が新しい列として**vertices** `DataFrame`に追加されて返されるので、それを以降の分析に使えばいいだけです。

このデータセットには、さまざまな空港を経由するフライトや経由便が数多く記録されているので、PageRankアルゴリズムを使ってSparkにイテレーティブにグラフを追跡させ、それぞれの空港の重要度を大まかに推測させることができます。

```
# 'pageRank'を使って空港の重要度ランクを計算する
ranks = tripGraph.pageRank(resetProbability=0.15, maxIter=5)

# PageRankの結果を出力する
display(ranks.vertices.orderBy(ranks.vertices.pagerank.desc()).limit(20))
```

`resetProbability = 0.15`は、ランダムな頂点のリセット確率（これはデフォルトの値です）であり、`maxIter = 5`はイテレーションの回数であることに注意してください。

 PageRankのパラメータに関する詳しい情報については、WikipediaのPageRankのページ（https://ja.wikipedia.org/wiki/ページランク）を参照してください。

PageRankの結果を棒グラフにすると、次のようになります。

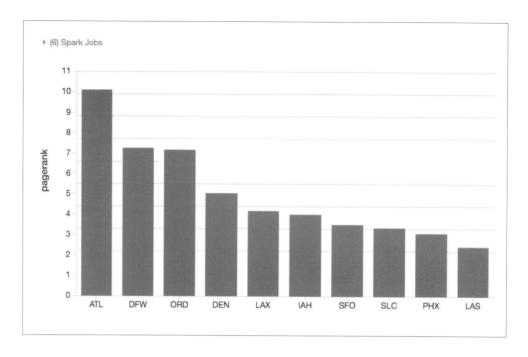

このPageRankのアルゴリズムの結果としては、米国の空港として最も重要なのはATL（ハーツフィールドジャクソンアトランタ国際空港）ということになりました。ATLは米国で最も多忙な空港（http://bit.ly/2eTGHs4）というだけでなく、世界的に見ても最も多忙な空港（2000年から2015年 http://bit.ly/2eTGDsy）なので、この結果は妥当でしょう。

7.10　最も人気のあるノンストップフライトの計算

tripGraph DataFrameを拡張すれば、（このデータセットにおいて）米国で最も人気のあるノンストップフライトを次のクエリで見つけられます。

```
# 最も人気のあるノンストップフライトの計算
import pyspark.sql.functions as func
topTrips = tripGraph \
  .edges \
  .groupBy("src", "dst") \
  .agg(func.count("delay").alias("trips"))

# 最も人気のあるフライトの上位20件を表示
display(topTrips.orderBy(topTrips.trips.desc()).limit(20))
```

注意が必要なのは、ここではdelay列を使っているものの、実際には利用回数のcountを取っているだけだということです。

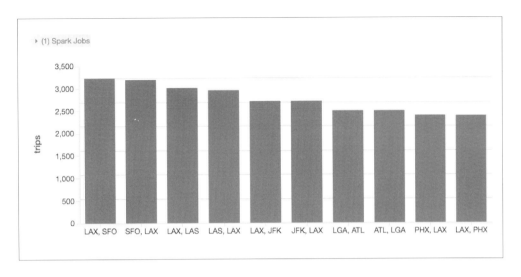

このクエリからわかるとおり、最も頻繁なノンストップフライトの上位2つはLAX（ロサンジェルス）とSFO（サンフランシスコ）間のフライトです。これらのフライトがこれほど頻繁だということは、航空マーケットにおけるこれらの空港の重要性を示しています。2016年4月4日号のニューヨークタイムズの記事に書かれているとおり、**アラスカ航空はバージンアメリカをウェストコーストへの鍵だと見なしており**（http://nyti.ms/2ea1uZR）、バージン航空をアラスカ航空が買収した理由の1つは、この2つの空港のスロットを獲得することだったのです。グラフだけを見てみてもおもしろくはありませんが、その中にはビジネス上の強力な知見が潜んでいるのです！

7.11　幅優先検索の利用

幅優先検索（Breadth-First Search = BFS）はGraphFramesの新しいアルゴリズムの1つで、頂点の1つの集合から別の集合への最短経路を見つけ出してくれます。このセクションでは、BFSを使って`tripGraph`をトラバースして目的の頂点（空港）と辺（フライト）を見つけることにします。さあ、本章のデータセットに基づき、都市間の最短の経路を見つけ出してみましょう。ただし、この例では時間や距離は考慮せず、都市間のホップ数だけを見ていることに注意してください。たとえば、シアトルとサンフランシスコ間の直接のフライト数は、次のクエリでわかります。

```
# SEAとSFO間の直接のフライトリストの取得
filteredPaths = tripGraph.bfs(
  fromExpr = "id = 'SEA'",
  toExpr = "id = 'SFO'",
  maxPathLength = 1)

# 直接のフライトのリストを表示
display(filteredPaths)
```

`fromExpr`と`toExpr`は、出発地と目的地の空港（すなわちSEAとSFO）を表現します。`maxPath`

Length = 1は、2つの頂点間を直接結ぶ辺だけを扱うことを示しています。これはすなわち、シアトルとサンフランシスコ間のノンストップフライトということです。次の結果に示されているとおり、シアトルとサンフランシスコ間には数多くの直接のフライトがあります。

しかし、サンフランシスコとバッファロー間の直接のフライト数を知りたい場合はどうすれば良いでしょうか？ 次のクエリを実行しても、結果は空になります。これはすなわち、この2つの都市を直接結ぶフライトはないということです。

先ほどのクエリを変更してmaxPathLength = 2とすれば、これは1回の乗り換えを含むということになるので、フライトの選択肢がたくさん出てきます。

```
# SEAとSFO間の1回の乗り換えを含むフライトのリストを表示する
filteredPaths = tripGraph.bfs(
  fromExpr = "id = 'SEA'",
  toExpr = "id = 'SFO'",
  maxPathLength = 2)

# フライトのリストを表示
display(filteredPaths)
```

次の表は、このクエリの出力を要約したものです。

出発地	経由地	目的地
SFO	MSP（ミネアポリス）	BUF
SFO	EWR（ニューアーク）	BUF
SFO	JFK（ニューヨーク）	BUF
SFO	ORD（シカゴ）	BUF
SFO	ATL（アトランタ）	BUF
SFO	LAS（ラスベガス）	BUF
SFO	BOS（ボストン）	BUF

これで空港のリストは得られましたが、SFOとBUF間の経由地として最も利用されている空港は、どうすればわかるでしょうか？ そのためには、次のようなクエリを実行します。

```
# 降順に利用の多い経由地を表示する
display(filteredPaths.groupBy("v1.id", "v1.City").count().
orderBy(desc("count")).limit(10))
```

出力を棒グラフにすると次のようになります。

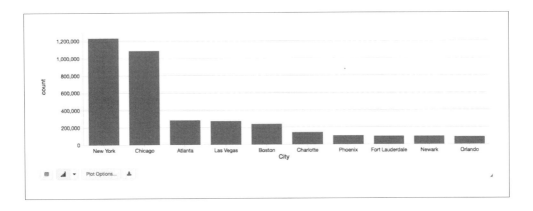

7.12 D3によるフライトの可視化

このデータセット中のフライトパスと経路を強力な可視化機能で楽しんでみたいなら、Databricksノートブック中のAirports D3（https://mbostock.github.io/d3/talk/20111116/airports.html）が利用できます。GraphFrameとDataFrame、そしてD3による可視化を組み合わせれば、このデータセット内での定刻どおりに到着したフライトや、予定よりも早く到着したすべてのフライトに対して、その接続の様子をそのまま可視化できます。

青い円は頂点（空港）で、円の大きさはその空港に出入りしている辺（フライト）の数を示しています。黒い直線は辺とその両端の頂点を示します。枠外に出て行っている辺は、ハワイ州やアラスカ州にある空港につながっています。

この可視化を行うためには、まずノートブックに埋め込まれているd3aと呼ばれるscalaのパッケージを作成しなければなりません（このノートブックはhttp://bit.ly/2yrEqggからダウンロードできます）。ここではDatabricksノートブックを使っているので、PySparkのノートブック内からScalaを呼べます。

```
%scala
// 定刻および早期の到着
import d3a._
graphs.force(
  height = 800,
  width = 1200,
  clicks = sql("""select src, dst as dest, count(1) as count from
departureDelays_geo where delay <= 0 group by src, dst""").as[Edge])
```

このクエリで定刻およびそれよりも早く到着したフライトを検索し、その結果を可視化したのが次のスクリーンショットです。

D3で可視化された空港の上にマウスポインタを置いてみてください。上の図はシアトル空港（SEA）にポインタを置いたときの様子で、次の図はロサンジェルス空港（LAX）にポインタを置いたときの様子です。

7.13　まとめ

本章でおわかりいただいたとおり、グラフ構造に対してクエリを実行することで、数々の強力なデータ分析を容易に実行できます。GraphFramesを利用することで、グラフの問題に対してDataFrame APIのパワー、シンプルさ、パフォーマンスを活用できるのです。

GraphFramesに関するさらに詳しい情報については、次のリソースを参照してください。

- Introducing GraphFrames（http://bit.ly/2dBPhKn）
- On-Time Flight Performance with GraphFrames for Apache Spark（http://bit.ly/2c804ZD）
- On-Time Flight Performance with GraphFrames for Apache Spark (Spark 2.0) Notebook（http://bit.ly/2yrEqgg）
- GraphFrames Overview（http://graphframes.github.io/）
- Pygraphframes documentation（http://graphframes.github.io/api/python/graphframes.html）
- GraphX Programming Guide（http://spark.apache.org/docs/latest/graphx-programming-guide.html）

次章では、PySparkの視界をディープラーニングの領域にまで広げ、TensorFlowとTensorFramesに焦点を当てていきます。

8章
TensorFrames

本章は、急成長分野であるディープラーニングの広い視点からの入門であり、なぜディープラーニングが重要なのかを紹介します。本章では、ディープラーニングに必要となる特徴学習とニューラルネットワークを巡る基礎を紹介します。そしてApache Spark用のTensorFramesを手早く使い始めてみます。

本章では学ぶことは次のとおりです。

- ディープラーニングとは何か？
- 特徴学習の初歩
- 特徴エンジニアリングとは何か？
- TensorFlowとは何か？
- TensorFrames
- TensorFramesのクイックスタート

これらの項目からわかるとおり、まずはディープラーニングについて説明していきます。さらに厳密に言うなら、ニューラルネットワークから始めていきましょう。

8.1 ディープラーニングとは何か

ディープラーニングは、データの**学習表現**に基づく機械学習の手法です。大まかには、ディープラーニングは私たちの頭脳のニューラルネットワークを基盤としています。こうした構造を取る目的は、相互に緊密に接続された大量の要素（生物学的なシステムなら、これは私たちの頭脳のニューロンにあたります）を提供することにあります。私たちの頭脳には、およそ1,000億のニューロンがあり、それぞれのニューロンは他の10,000個のニューロンと接続されています。これらの要素は協調して働き、学習プロセスを通じて問題を解決します。そういった問題には、パターン認識やデータの分類が含まれます。

このアーキテクチャ内での学習には、要素間の接続の変更が含まれており、これは私たちの頭脳がニューロン間のシナプスの接続を調整するのに似ています。

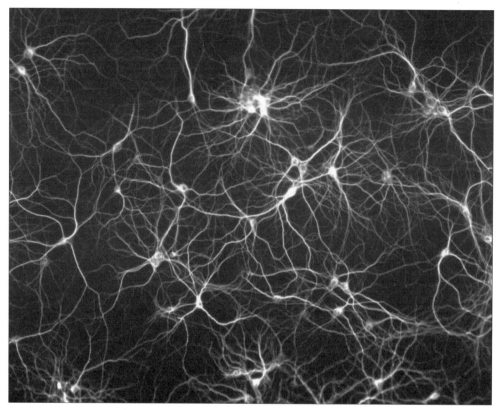

Wikimedia Commons: File（https://commons.wikimedia.org/wiki/File:Reseau_de_neurones.jpg）

　アルゴリズムベースの旧来のアプローチでは、既知のステップのプログラミングが必要でした。これはすなわち、ある問題を解決するためのステップがすでにわかっており、それを再現して高速に処理できるようにするということです。ニューラルネットワークというパラダイムが興味深いのは、行うのはサンプルによる学習であり、特定のタスクそのものをプログラミングするわけではないというところです。このため、ニューラルネットワーク（そしてディープラーニング）では学習に適したサンプルをニューラルネットワークに提供しなければならないという点においてトレーニングのプロセスが非常に重要になります。これがうまくいかなければ、間違ったことが「学習」されてしまうことになります（すなわち、予想外の結果が得られるようになってしまいます）。

　人工的なニューラルネットワークを構築するためのアプローチとして最も一般的なのは、次の図にあるように入力層、隠れ層、出力層という3つの層を作成する手法です。

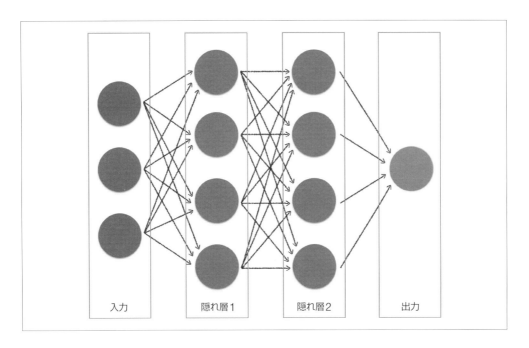

　上の図に示すとおり、それぞれの層は相互接続（これはデータの流れを表します）された1つ以上のノードから構成されます。入力ノードはデータの受信を待つパッシブなノードで、情報の加工は行いません。隠れ層と出力層のノードはアクティブにデータを変更します。たとえば入力層にある3つのノードから最初の隠れ層にあるノードの1つへの接続は、次の図のようになっています。

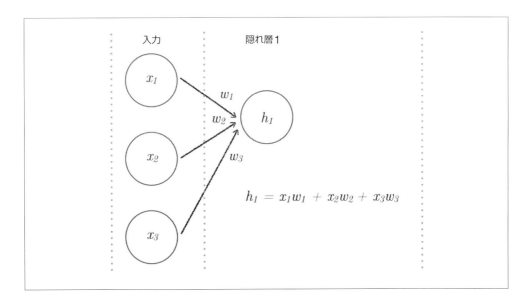

信号処理のニューラルネットワークの例では、それぞれの入力 (x_i) には重み付け (w_i) が適用され、新しい値が生成されています。この例では、隠れ層のノードの1つ (h_i) が変更された3つの入力ノードの値から生成されています。

$$h_1 = x_1w_1 + x_2w_2 + x_3w_3$$

この合計値にもまた、定数によるバイアスがかかっており、それはトレーニングの過程で調整されます。合計値（ここでは h_1 は、ニューロンの出力を決定する、いわゆる活性化関数を通じて渡されます。次の図に、こういった活性化関数のいくつかの例を示します。

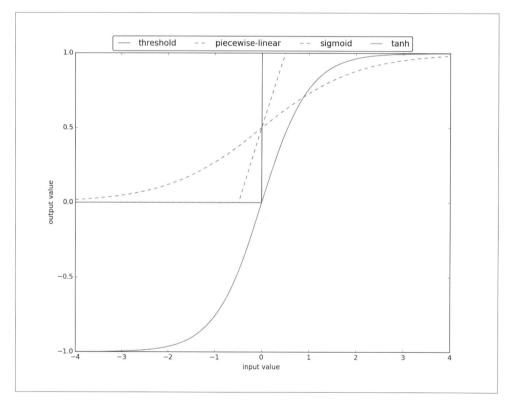

このプロセスは、隠れ層および出力層の各ノードに対して繰り返されます。出力ノードは、各層のアクティブなノードの入力値に対して重みを適用した値の合計になります。（このシナリオにおける）学習プロセスは、これらの重みを繰り返し適用する、並列に実行される多くのイテレーションの結果です。

ニューラルネットワークは、あらゆるサイズや形を取ります。最も一般的なのは、単一もしくは複数

の層を持つフィードフォワードネットワークで、これはすでに紹介したものに似ています。こういった構造（たとえ2つの層と1つのニューロンであっても）における出力層のニューロンは、単純な回帰の問題（線形回帰やロジスティック回帰など）から、きわめて複雑な回帰やクラシフィケーションのタスクを（多数の隠れ層と大量のニューロンを用いて）解くことができます。広く使われるもう1つのタイプとしては、自己組織化マップがあります。これは、初めてこういった構造を提唱したフィンランド人の研究者であるTeuvo Kohonenにちなんでコホーネンネットワークと呼ばれることもあります。この構造は**教師なし**でトレーニングできます。これはすなわち、それらがターゲットを必要としないということ（教師なし学習のパラダイム）です。こういった構造がよく使われるのは、データに潜むパターンを見いだすことを目的とするクラスタリングの問題を解く場合です。

ニューラルネットワークの種類についてさらに詳しく知りたい場合にはhttp://www.ieee.cz/knihovna/Zhang/Zhang100-ch03.pdfを参照してください。

ディープラーニングのライブラリには、TensorFlow以外にも興味深いものがたくさんあります。例としてはTheano、Torch、Caffe、Microsoft Cognitive Toolkit（CNTK）、mxnet、DL4Jなどがありますが、これ以外にもあることでしょう。

8.1.1　ニューラルネットワークとディープラーニングの必要性

ニューラルネットワーク（そしてディープラーニング）を適用できる可能性がある分野は多岐にわたります。広く知られている例としては顔認識、手書き文字の識別、ゲームプレイ、音声認識、言語翻訳、そしてオブジェクトの分類などがあります。ここで鍵となるのは、こういった処理には学習とパターン認識が必要になるということです。

ニューラルネットワークは（少なくともコンピュータサイエンスの歴史という観点から見れば）長い間研究されてきましたが、今になって広く利用されるようになったのは、複数の理由があります。それは、分散コンピューティングが進歩し、広く利用できるようになったことと、研究面での進歩です。

- **分散コンピューティングやハードウェアが進歩し、利用しやすくなったこと**　Apache Sparkのような分散コンピューティングフレームワークが登場したおかげで、多くの機械学習のモデルを並行に動作させることによって、トレーニングを高速に繰り返し、モデルに最適なパラメータを決定できるようになりました。そして、元々はグラフィックスの表示のために設計されていた処理ユニットであるGPUが普及しましたが、GPUは機械学習に必要となる演算リソース集約型の数値演算に適していました。クラウドコンピューティングによって事前に必要なコストが下がり、デプロイに要する時間が短縮され、規模を柔軟に変化させてデプロイすることが容易になったことで、分散コンピューティングやGPUのパワーを活用することが容易になりました。

- **ディープラーニングの研究における進歩**　これらのハードウェアの進歩は、ニューラルネットワークがTensorFlowやTheano、Caffe、Torch、Microsoft Cognitive Toolkit（CNTK）、mxnet、

DL4Jなどのプロジェクトとともにデータサイエンスの最前線に戻ってくることを後押ししました。

これらのトピックについて詳しく知りたいなら、次の2つの記事が参考になるでしょう。

- **Lessons Learned from Deploying Deep Learning at Scale**（http://blog.algorithmia.com/deploying-deep-learning-cloud-services/）Algorithmiaの人々によるこのblogポストは、大規模な環境へのディープラーニングソリューションのデプロイについて述べています。
- **Neural Networks by Christos Stergio and Dimitrios Siganos**（http://bit.ly/2hNSWar）ニューラルネットワークに関する素晴らしい入門です。

すでに述べたとおり、ディープラーニングはデータの学習表現に基づく機械学習の手法です。学習表現は、**特徴学習**と定義することもできます。ディープラーニングが素晴らしいのは、**人手による**特徴エンジニアリングを置き換えたり、その必要性を最小限に抑えたりできる可能性があるためです。ディープラーニングによって、単にマシンが特定のタスクを学習するだけではなく、そのタスクに必要な**特徴**も学んでくれるようになるのです。もっと簡潔に表現するなら、特徴エンジニアリングの自動化や、**学習する方法を学習する**方法をマシンに教えるのです（特徴学習に関する素晴らしい教材としては、教師なし特徴学習とディープラーニングのチュートリアルがスタンフォードから提供されています（http://deeplearning.stanford.edu/tutorial/）。

これらの概念を基礎にブレークダウンして、まずは**特徴**から始めましょう。Christopher Bishopの「パターン認識と機械学習」（丸善出版）で述べられており、本書のMLlibおよびMLの章でも取り上げたとおり、特徴とは観察している現象についての計測可能な属性です。

統計の分野になじみがあるなら、**特徴**は確率的線形回帰モデルにおける独立変数 $(x_1, x_2, ..., x_n)$ を考えてもらえばいいでしょう。

$$y_i = a + bx_2 + ... + bx_n + e_i$$

この例ではyが従属変数でx_iが独立変数です。

機械学習という観点から見れば、特徴には次のようなものがあります。

- **レストランのレコメンデーション** レビュー、レーティング、あるいはレストランに関連するその他のコンテンツやユーザーのプロファイルなどは特徴です。このモデルの優れた例としては、Yelp Food Recommendation System（http://cs229.stanford.edu/proj2013/SawantPai-YelpFoodRecommendationSystem.pdf）があります。
- **手書き文字の認識** ブロックごとのヒストグラム（2次元内のピクセル数のカウント）、穴、ストロークの方向などが特徴です。次に例を示します。

    - Handwritten Digit Classification（http://ttic.uchicago.edu/~smaji/projects/digits/）

- Recognizing Handwritten Digits and Characters（http://cs231n.stanford.edu/reports/vishnu_final.pdf）
- **画像処理** 画像内の点、辺、オブジェクトなどが特徴です。次に例を示します。
  - セミナー：Feature extraction by Andre Aichert（http://home.in.tum.de/~aichert/featurepres.pdf）
  - University of Washington Computer Science & Engineering CSE455: Computer Vision Lecture 6（https://courses.cs.washington.edu/courses/cse455/09wi/Lects/lect6.pdf）

特徴エンジニアリングとは、作成するモデルの定義に重要な特徴をこれらの中から選び出すことです。通常の場合、機械学習のモデルがうまく動作するようにドメイン知識を利用するプロセスが含まれます。

特徴を考えることは難しく、時間がかかり、エキスパートの知識が求められます。「実践的な機械学習」とは、基本的には特徴エンジニアリングなのです——
"Andrew Ng, Machine Learning and AI via Brain simulations"（http://helper.ipam.ucla.edu/publications/gss2012/gss2012_10595.pdf）

8.1.2　特徴エンジニアリングとは何か？

通常の場合、特徴エンジニアリングには特徴選択（元々の特徴群から一部を抜き出す）や、特徴抽出（元々の特徴群から新しい特徴群を構築する）が含まれます。

- **特徴選択**ではドメイン知識に基づき、モデルを定義すると考えられる変数を抜き出します（たとえばターンオーバー数に基づきフットボールのスコアを予測するなど）。回帰やクラシフィケーションといったデータ分析の手法が特徴選択に役立つことも珍しくありません。
- **特徴抽出**は、高次元空間（すなわち多くの独立変数がある状態）から次元数の少ない小さな空間へとデータを変換することです。フットボールのたとえを繰り返すなら、これは複数の特徴（パスの成功数、タッチダウン数、インターセプト数、パスに対する平均のゲインなど）に基づいてクォーターバックのレーティングを行うようなものです。線形データ変換の領域における特徴抽出の一般的なアプローチは、**主成分分析**（Principal Component Analysis = PCA）（http://spark.apache.org/docs/latest/mllib-dimensionality-reduction.html#principal-component-analysis-pca）です。一般的な仕組みとしては、他にも次のようなものがあります。
  - 非線形次元削減（https://en.wikipedia.org/wiki/Nonlinear_dimensionality_reduction）
  - 多重線形部分空間学習（https://en.wikipedia.org/wiki/Multilinear_subspace_learning）

特徴選択と特徴抽出との比較に関する参考資料としては、"What is dimensionality reduction? What is the difference between feature selection and extraction?"（http://datascience.stackexchange.com/questions/130/what-is-dimensionality-reduction-what-is-the-difference-between-feature-selecti/132#132）をお勧めします。

8.1.3　データとアルゴリズムの架け橋

レストランのレコメンデーションを例として、特徴選択という観点から特徴と特徴エンジニアリングの間に橋を架けていきましょう。

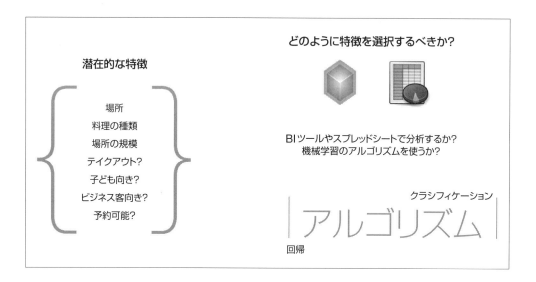

ここで扱うのは単純化されたモデルではありますが、この例えは実践的な機械学習の基本的な前提を示すものです。データを分析し、このレストランのレコメンデーションモデルの主要な特徴を決定するのは、データサイエンティストの役割となるでしょう。

このレストランのレコメンデーションの場合、場所と料理の種類が主要な要因となるだろうと仮定することは簡単ですが、ユーザー（すなわちレストランに行く人）がどのように好みのレストランを選択するのかを理解するには、多少データを深掘りする必要があります。しばしば、それぞれのレストランにはそれぞれの特徴や重複している流儀があります。

たとえば、超高級レストランのケータリングビジネスの主要な特徴は、多くの場合は場所（それはほぼ顧客のいる場所です）、大きなパーティーの予約が取れること、ワインのリストの多様性に関係します。

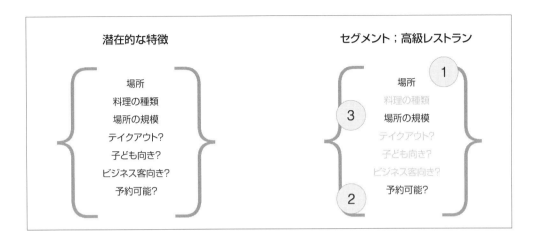

しかし一方で、特化型のレストランの場合は、これらの要素は関係しないことがほとんどです。その代わりに、焦点はレビュー、レーティング、ソーシャルメディアでの盛り上がりにあり、もしかするとそのレストランが子どもにも向いているかどうかも関係するかもしれません。

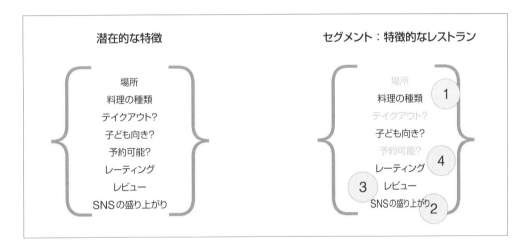

こういったさまざまなレストラン（そしてそのターゲット層）をセグメント分けできることは、実践的な機械学習の重要な側面です。さまざまなモデルやアルゴリズムを、さまざまな変数や重み付けの下で試してみて、多くの組み合わせで繰り返しトレーニングと評価を繰り返すのは、大変手間がかかるプロセスになることがあります。ただし、この時間がかかるイテレーティブなアプローチそのものがそれ自体が自動化できるかもしれないことに注目してください。これが、機械に**学習する方法を学習させる**ためのアルゴリズム構築の鍵となる考え方です。ディープラーニングは、モデルの構築における学習プロセスを自動化できる可能性を持っています。

8.2 TensorFlowとは何か

TensorFlowは、データフローグラフを用いた数値演算のためのGoogleによるオープンソースソフトウェアライブラリであり、ディープラーニングに焦点を当てた機械学習のオープンソースライブラリです。TensorFlowは、大まかにはニューラルネットワークを基盤としており、GoogleのBrainチームの研究者やエンジニアがディープラーニングをGoogleのプロダクトに適用し、検索、フォト、スピーチを含む（ただしこれらだけではありません）さまざまなGoogleのチームのためにプロダクションモデルを構築してきた成果の到達点です。

TensorFlowはPythonのC++インターフェイス上に構築されており、短期間の間に最も広く使われているディープラーニングのプロジェクトの1つになりました。次のスクリーンショットは、人気のあるディープラーニングライブラリのGoogleトレンドでの比較です。2015年の11月8日から14日（これはTensorFlowが公表された時期です）にかけてスパイクがあり、その後の1年間で急速なのびを見せていることに注意してください（このスナップショットは2016年12月のものです）。

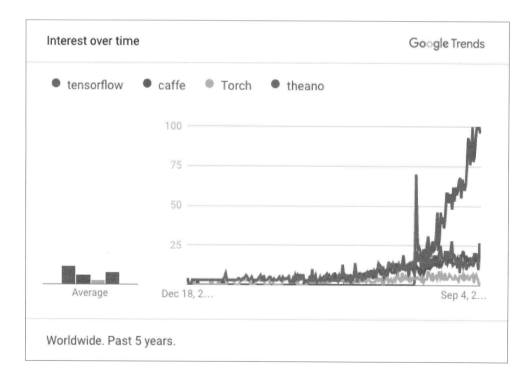

TensorFlowの人気はhttps://www.theverge.com/2016/4/13/11420144/google-machine-learning-tensorflow-upgradeにあるようにGitHub上で最も人気のある機械学習フレームワークであることに注目してみてもわかります。TensorFlowがリリースされたのは2015年11月で、わずか2ヵ月の間に機械学習のGitHubリポジトリとして最もフォークされたものになっています。http://donnemartin.com/

viz/pages/2015の次の図（リンク先はインタラクティブなビジュアライゼーションになっています）からは、2015年に作成されたGitHubリポジトリが見て取れます。

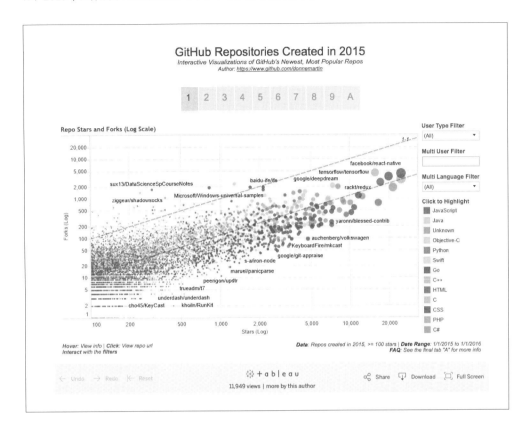

すでに述べたとおり、TensorFlowはデータフローグラフを用いて数値演算を行います。グラフについて考えるなら（前章でGraphFramesについて述べたように）、ノード（あるいは頂点）は数値演算を表し、辺はノード間でやりとりされる多次元配列（すなわちテンソル）を表します。

次の図ではt_1は2×3の行列であり、t_2は3×2の行列です。これらはテンソル（あるいはテンソルグラフの辺）です。ノードは、op_1として示されている数値演算です。

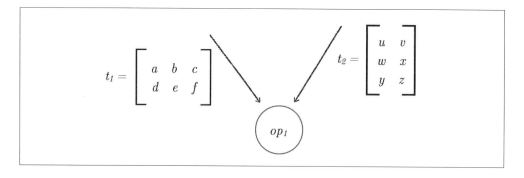

この例の op_1 は次の図に示す行列の乗算ですが、演算処理としては TensorFlow で利用できる数多くの演算処理のいずれを使うこともできます。

$$op_1 = \begin{bmatrix} a & b & c \\ d & e & f \end{bmatrix} \times \begin{bmatrix} u & v \\ w & x \\ y & z \end{bmatrix}$$

まとめると、グラフ内で数値演算を行うには、数値演算（ノード）間で多次元配列（テンソル）を流すことになります。このテンソルの流れが、すなわち **TensorFlow** というわけです。

TensorFlow の動作をさらに理解するために、まずは Python の環境に（最初は Spark と関係なく）TensorFlow をインストールしましょう。完全な手順については https://www.tensorflow.org/versions/r0.12/get_started/os_setup にある TensorFlow の Download and Setup ページを参照してください。

この章では Python のパッケージ管理システムである pip による Linux もしくは macOS へのインストールに焦点を当てます。

8.2.1　pipのインストール

pip がインストールされていることを確認してください。もしインストールされていなかったなら、次のコマンドを使って pip をインストールしてください。Ubuntu/Linux の場合は次のとおりです。

```
# Ubuntu/Linux 64-bit
$ sudo apt-get install python-pip python-dev
```

macOS の場合は次のとおりです。

```
# macOS
$ sudo easy_install pip
```

```
$ sudo easy_install --upgrade six
```

Ubuntu/Linuxの場合に注意が必要なのは、Ubuntuのリポジトリ中のpipが古く、新しいパッケージに対応していないかもしれないので、pipをアップデートする必要があるかもしれないことです。その場合は、次のコマンドでアップデートできます。

```
# Ubuntu/Linuxでpipをアップグレード
$ pip install --upgrade pip
```

8.2.2 TensorFlowのインストール

pipがインストールできていれば、TensorFlowは次のコマンドを実行するだけでインストールできます。

```
$ pip install tensorflow
```

GPUをサポートしているコンピュータを使うなら、上のコマンドの代わりに次のコマンドが使えます。

```
$ pip install tensorflow-gpu
```

もしもこのコマンドがうまく動作しなかったなら、Pythonのバージョン（2.7、3.4、3.5など）やGPUのサポート状況に応じてGPUサポート付きのTensorFlowをインストールする固有の手順があります。

たとえば、Python 2.7のGPUサポート付きTensorFlowをmacOSにインストールしたいのであれば、次のコマンドを実行します。

```
# macOS, GPU enabled, Python 2.7:
$ export TF_BINARY_URL=https://storage.googleapis.com/tensorflow/mac/gpu/tensorflow_gpu-0.12.0rc1-py2-none-any.whl

# Python 2
$ sudo pip install --upgrade $TF_BINARY_URL
```

最新のインストール手順についてはhttps://www.tensorflow.org/versions/r0.12/get_started/os_setup.htmlを参照してください。

8.2.3 定数による行列の乗算

テンソルとTensorFlowの動作をさらにわかりやすくするために、まずは2つの定数を使った行列の乗算から見ていきましょう。次の図にあるとおり、C_1（3×1の行列）とC_2（1×3の行列）があり、演算

(op_1) は行列の乗算とします。

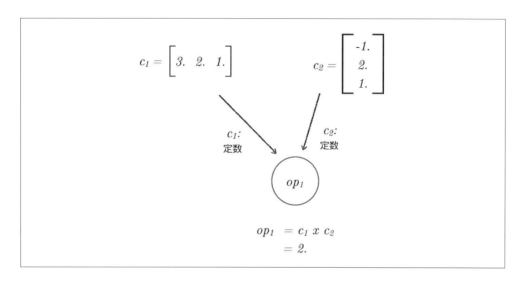

C_1（3×1の行列）とC_2（1×3の行列）は次のコードで定義しましょう。

```
# TensorFlowをインポート
import tensorflow as tf

# 行列の構築
#   c1: 1x3の行列
#   c2: 3x1の行列
c1 = tf.constant([[3., 2., 1.]])
c2 = tf.constant([[-1.], [2.], [1.]])
```

これで定数ができたので、次のコードで行列の乗算を実行してみましょう。TensorFlowのグラフにおいては、ノードは演算（あるいはops）と呼ばれることを思い出してください。次の行列の乗算はopsであり、2つの行列（c_2、c_1）はテンソル（型付きの多次元配列）です。opはゼロ個以上のテンソルを入力として取り、数値演算などの処理を実行し、numpy ndarrayオブジェクト（http://www.numpy.org/）もしくはC、C++のtensorflow::Tensorインターフェイスの形式でゼロ個以上のテンソルを出力します。

```
# m3: 行列の乗算 (m1 x m3)
mp = tf.matmul(c1, c2)
```

これでTensorFlowのグラフはできあがったので、sessionの下でこの処理（この例では行列の乗算）が行われます。sessionは、グラフのopsをCPUやGPU（すなわち実際のデバイス）に配置して実行させます。

```
# デフォルトのグラフの起動
s = tf.Session()

# run：グラフ内の処理の実行
r = s.run(mp)
print(r)
```

出力は次のようになります。

```
# [[ 2.]]
```

処理が終わればセッションをクローズできます。

```
# 終了後にセッションをクローズ
s.close()
```

8.2.4　プレースホルダを使った行列の乗算

前セクションと同じ処理をするのに、今度は定数ではなくテンソルを使ってみましょう。次の図にあるとおり、まずは前セクションと同じ値を持つ2つの行列（$m_1: 3×1$、$m_2: 1×3$）を使います。

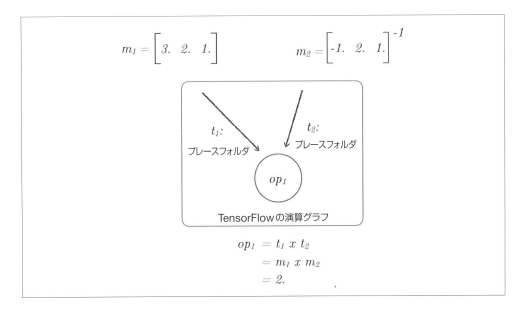

TensorFlow内で、次のコードのように2つのテンソルをplaceholderを使って定義します。

```
# モデルのプレースホルダのセットアップ
#    t1：プレースホルダのテンソル
#    t2：プレースホルダのテンソル
t1 = tf.placeholder(tf.float32)
t2 = tf.placeholder(tf.float32)
```

```
# t3: 行列の乗算 (m1 x m3)
tp = tf.matmul(t1, t2)
```

このアプローチの利点は、プレースホルダを使うことで同じ演算（ここでは行列の乗算）をさまざまなサイズや形のテンソルに対して（その演算を行うための条件さえ満たしていれば）行えるようになることです。前セクションでの処理と同じように、2つの行列を定義してグラフを実行してみましょう（セッションの実行は簡略化します）。

モデルの実行

次のコードは前セクションのコードに似ていますが、定数の代わりにプレースホルダを使っています。

```
# 入力行列の定義
m1 = [[3., 2., 1.]]
m2 = [[-1.], [2.], [1.]]

# セッションを使ってグラフを実行
with tf.Session() as s:
    print(s.run([tp], feed_dict={t1:m1, t2:m2}))
```

結果としては、値とデータ型が返されます。

```
[array([[ 2.]], dtype=float32)]
```

もう1つのモデルの実行

プレースホルダを使ったグラフ（単純なものではありますが）ができたので、同じ演算をさまざまな行列を入力として実行してみましょう。次の図にあるとおり、m_1（4×1）とm_2（1×4）があるものとします。

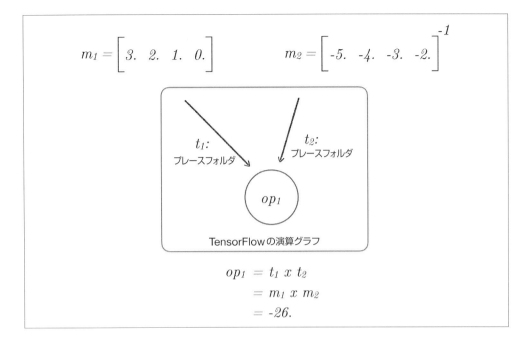

プレースホルダを使っているので、同じグラフを新しいセッションと新しい入力に対して簡単に再利用できます。

```
# 入力行列のセットアップ
m1 = [[3., 2., 1., 0.]]
m2 = [[-5.], [-4.], [-3.], [-2.]]

# セッションを使ってグラフを実行
with tf.Session() as s:
    print(s.run([tp], feed_dict={t1:m1, t2:m2}))
```

結果は次のようになります。

```
[array([[-26.]], dtype=float32)]
```

8.2.5　議論

すでに述べたとおり、TensorFlowはPythonのライブラリを使ってディープラーニングを実行する機能を提供します。演算処理はグラフとして表現され、データはテンソル（グラフの辺）として、たとえば数値演算などのような実行内容は、処理（グラフの頂点）になります。

さらに詳しい情報については、次を参照してください。

- TensorFlow｜Get Started｜Basic Usage（https://www.tensorflow.org/get_started/basic_usage）

- Shannon McCormickによる Neural Network and Google TensorFlow（http://www.slideshare.net/ShannonMcCormick4/neural-networks-and-google-tensor-flow）

8.3 TensorFrames

TensorFramesはApache SparkのためのTensorFlowのバインディングで、本書の執筆時点ではexperimentalです。TensorFramesが登場したのは2016年の早い段階で、TensorFlowがリリースされてから程なくしてでした。TensorFramesを使うと、SparkのDataFrameをTensorFlowのプログラムとあわせて操作できます。次の図は、前セクションのテンソルの図を更新してSparkのDataFrameがTensorFlowとともに使われる様子を示したものです。

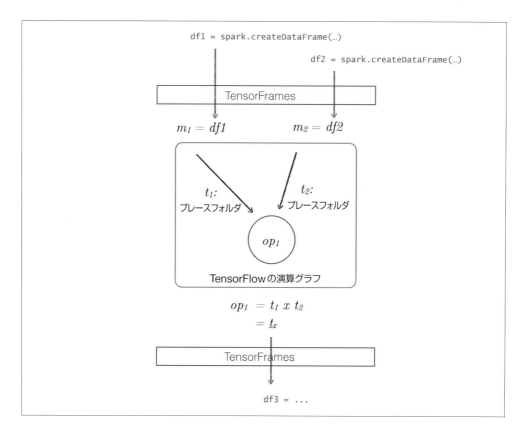

この図にあるとおり、TensorFramesはSparkのDataFrameとTensorFlowの橋渡し役になります。TensorFramesを使えば、DataFrameを入力としてTensorFlowの演算グラフに渡せます。また、TensorFlowの演算グラフの出力をDataFrameに戻し、それ以降のSparkの処理に渡すこともできます。

TensorFramesの一般的なユースケースとしては次のようなものがあります。

TensorFlowを既存のデータに対して活用する

TensorFramesを使ってTensorFlowとApache Sparkを結合すれば、データサイエンティストは分析、ストリーミング、グラフ処理、機械学習の処理にTensorFlowを使ってディープラーニングを取り入れることができます。こうすれば、大規模な環境下でのモデルのトレーニングやデプロイが可能になります。

最適なハイパーパラメータを決定するための並列トレーニング

ディープラーニングのモデルを構築する際には、モデルのトレーニングに影響するパラメータがいくつかあります（ハイパーパラメータ）。ディープラーニングや人工ニューラルネットワークで一般的なのは、学習レート（このレートが高ければ高速に学習を行うものの、変化の激しい入力を考慮に入れなくなってしまうかもしれません。すなわち、データのレートと変動が高すぎると、学習がうまくいかなくなるということです）と、ニューラルネットワーク中の各層のニューロン数（ニューロンが多すぎれば推定にノイズが増え、少なすぎればネットワークがうまく学習しなくなります）です。

Deep Learning with Apache Spark and TensorFlow（https://databricks.com/blog/2016/01/25/deep-learning-with-apache-spark-and-tensorflow.html）によれば、ニューラルネットワークのトレーニングに用いる最善のハイパーパラメータの組み合わせを見いだすためにSparkをTensorFlowとあわせて使うことで、トレーニング時間を一桁減らすとともに、手書きの数字のデータセットに対する認識のエラーレートが34%下がったそうです。

ディープラーニングとハイパーパラメータに関する詳しい情報については、次を参照してください。

- "Optimizing Deep Learning Hyper-Parameters Through an Evolutionary Algorithm"(http://ornlcda.github.io/MLHPC2015/presentations/4-Steven.pdf)
- "CS231n Convolutional Network Networks for Visual Recognition"（http://cs231n.github.io/）
- "Deep Learning with Apache Spark and TensorFlow"（https://databricks.com/blog/2016/01/25/deep-learning-with-apache-spark-and-tensorflow.html）

本書の執筆時点では、TensorFramesが公式にサポートしているのはApache Spark 2.1（Scalaは2.10もしくは2.11）です。TensorFramesを一番簡単に使う方法は、Spark Packages（https://spark-packages.org）から利用することです。

8.4 TensorFramesのクイックスタート

前置きは終わったので、TensorFramesのクイックスタートへと進みましょう。本セクションのノートブックは、Databricks Community Editionのhttp://bit.ly/2hwGyuCからダウンロードできます。

次のコマンドは、他のSparkパッケージの場合と同様にPySparkシェル（あるいはその他のSpark環境）から実行できます。

```
# このノートブックで使うバージョン
```

```
$SPARK_HOME/bin/pyspark --packages tjhunter:tensorframes:0.2.2-s_2.10

# あるいは最新バージョンを使うこともできます
$SPARK_HOME/bin/pyspark --packages databricks:tensorframes:0.2.9-s_2.11
```

上のコマンドは（両方ではなく）どちらかだけを使ってください。詳しい情報については、databricks/tensorframesのGitHubリポジトリ https://github.com/databricks/tensorframes を参照してください。

8.4.1　設定とセットアップ

次の手順にしたがって、設定とセットアップを行ってください。

Sparkクラスタの起動

SparkクラスタをSpark 2.1とScala 2.11で立ち上げてください。本章の内容は、Databricks Community EditionのSpark 2.1とScala 2.11で動作確認されています。

TensorFramesのライブラリの作成

TensorFrames 0.2.2をクラスタにアタッチするためのライブラリtensorframes-0.2.2-s_2.10を作成してください。ライブラリの作成方法については「7章 GraphFrames」を参照してください。

クラスタへのTensorFlowのインストール

ノートブックでは、次のいずれかのコマンドを実行してTensorFlowをインストールしてください。次の内容は、TensorFlow 0.9 CPU editionで動作確認されています。

- TensorFlow 0.9, Ubuntu/Linux 64-bit, CPU only, Python 2.7:/databricks/python/bin/pip install https://storage.googleapis.com/tensorflow/linux/cpu/tensorflow-0.9.0rc0-cp27-none-linux_x86_64.whl
- TensorFlow 0.9, Ubuntu/Linux 64-bit, GPU enabled, Python 2.7:/databricks/python/bin/pip install https://storage.googleapis.com/tensorflow/linux/gpu/tensorflow-0.9.0rc0-cp27-none-linux_x86_64.whl

次のpipのインストールコマンドで、Apache Sparkのドライバに対してTensorFlowがインストールされます。

```
%sh
/databricks/python/bin/pip install https://storage.googleapis.com/tensorflow/linux/cpu/tensorflow-0.9.0rc0-cp27-none-linux_x86_64.whl
```

インストールがうまく行けば、次のような出力が返されるはずです。

```
Collecting tensorflow==0.9.0rc0 from https://storage.googleapis.
com/tensorflow/linux/cpu/tensorflow-0.9.0rc0-cp27-none-linux_
x86_64.whl Downloading https://storage.googleapis.com/tensorflow/
```

```
linux/cpu/tensorflow-0.9.0rc0-cp27-none-linux_x86_64.whl (27.6MB)
Requirement already satisfied (use --upgrade to upgrade):
numpy>=1.8.2 in /databricks/python/lib/python2.7/site-packages (from
tensorflow==0.9.0rc0) Requirement already satisfied (use --upgrade
to upgrade): six>=1.10.0 in /usr/lib/python2.7/dist-packages
(from tensorflow==0.9.0rc0) Collecting protobuf==3.0.0b2 (from
tensorflow==0.9.0rc0) Downloading protobuf-3.0.0b2-py2.py3-none-any.
whl (326kB) Requirement already satisfied (use --upgrade to upgrade):
wheel in /databricks/python/lib/python2.7/site-packages (from
tensorflow==0.9.0rc0) Requirement already satisfied (use --upgrade to
upgrade): setuptools in /databricks/python/lib/python2.7/site-packages
(from protobuf==3.0.0b2->tensorflow==0.9.0rc0) Installing collected
packages: protobuf, tensorflow Successfully installed protobuf-3.0.0b2
tensorflow-0.9.0rc0
```

TensorFlowがインストールできたら、このコマンドを実行したノートブックをいったんデタッチしてからアタッチし直してください。これでクラスタが設定できました。純粋なTensorFlowのプログラムをドライバ上で実行したり、TensorFramesのサンプルをクラスタ全体で実行したりできます。

8.4.2 TensorFlowによる既存の列への定数の追加

このセクションのTensorFramesの単純なプログラムのopは、加算を行うだけのものです。オリジナルのソースコードはGitHubリポジトリのdatabricks/tensorframesにあります。これは、TensorFramesのreadme.mdのHow to Run in Python（https://github.com/databricks/tensorframes#how-to-run-in-python）を参考にしています。

最初に行うのは、TensorFlow、TensorFrames、pyspark.sql.rowをインポートし、浮動小数点数のRDDからDataFrameを生成することです。

```
# TensorFlow、TensorFrames、Rowをインポート
import tensorflow as tf
import tensorframes as tfs
from pyspark.sql import Row

# 浮動小数点数のRDDを生成し、DataFrameの`df`に変換する
rdd = [Row(x=float(x)) for x in range(10)]
df = sqlContext.createDataFrame(rdd)
```

浮動小数点数のRDDから生成されたdf DataFrameの内容は、show()コマンドで確認できます。結果は次のようになります。

```
  ▶ (2) Spark Jobs
+---+
|  x|
+---+
|0.0|
|1.0|
|2.0|
|3.0|
|4.0|
|5.0|
|6.0|
|7.0|
|8.0|
|9.0|
+---+
```

テンソルグラフの実行

すでに述べたとおり、このテンソルグラフには浮動小数点数のRDDから生成されたDataFrameのdfを元に作られたテンソルに3を加える操作が含まれます。次のコードでこのグラフを実行できます。

```
# TensorFlowのプログラムを実行すると、次の処理が行われる：
#   'op'は加算（例：'x' + '3'）を行う
#   データはDataFrameに戻される
with tf.Graph().as_default() as g:

    # 'x'列に対応するプレースホルダ
    # プレースホルダの形は自動的に
    # DataFrameから推定される
    x = tfs.block(df, "x")

    # 3をxに加えた結果
    z = tf.add(x, 3, name='z')

    # 結果の`df2` DataFrame
    df2 = tfs.map_blocks(z, df)

# 'z'は'tf.add'という処理から得られる
# 結果であることに注意
print z

## 出力
Tensor("z:0", shape=(?,), dtype=float64)
```

このコードでは、次の部分に注目してください。

- xはtfs.blockを利用しています。ここでblockは、DataFrame中の列の内容に基づくブロックのプレースホルダを構築しています。
- zはTensorFlowのaddメソッド（tf.add）から出力されたテンソルです。
- df2は新しいDataFrameで、dfに対してブロックごとにテンソルのzを列として追加したもの

です。

zはテンソルですが（先ほどのコードにあるとおり）、TensorFlowのプログラムの結果を扱うにはDataFrameのdf2を使います。df2.show()を実行すれば、結果は次のようになります。

```
▶ (2) Spark Jobs
+----+---+
|   z|  x|
+----+---+
| 3.0|0.0|
| 4.0|1.0|
| 5.0|2.0|
| 6.0|3.0|
| 7.0|4.0|
| 8.0|5.0|
| 9.0|6.0|
|10.0|7.0|
|11.0|8.0|
|12.0|9.0|
+----+---+
```

8.4.3　ブロック単位のreduce処理の例

次のセクションでは、ブロック単位のreduce処理の動作を紹介します。具体的にはフィールドベクトルの合計値と最小値を計算し、処理効率を高めるために行のブロックを扱う方法を見ていきます。

8.4.4　ベクトルからなるDataFrameの構築

最初に、列を1つだけ持つベクトルのDataFrameを生成します。

```
# ベクトルのDataFrameを生成する
data = [Row(y=[float(y), float(-y)]) for y in range(10)]
df = sqlContext.createDataFrame(data)
df.show()
```

出力は次のようになります。

```
                    ▶ (2) Spark Jobs
                    +-----------+
                    |         y |
                    +-----------+
                    | [0.0, 0.0]|
                    |[1.0, -1.0]|
                    |[2.0, -2.0]|
                    |[3.0, -3.0]|
                    |[4.0, -4.0]|
                    |[5.0, -5.0]|
                    |[6.0, -6.0]|
                    |[7.0, -7.0]|
                    |[8.0, -8.0]|
                    |[9.0, -9.0]|
                    +-----------+
```

8.4.5　DataFrameの分析

　DataFrameの形（すなわちベクトルの次元）を知るには、そのDataFrameを分析する必要があります。たとえば次のコードではdf DataFrameに対してtfs.print_schemaを使っています。

```
# DataFrameの内容をチェックするためにTensorFlowが収集した情報の出力
tfs.print_schema(df)

## 出力
root
|-- y: array (nullable = true) double[?,?]
```

　double[?,?]はTensorFlowがベクトルの次元を把握していないことを示しているので、注意してください。

```
# このDataFrameにはベクトルが含まれているので、まず分析して
# ベクトルの次元を把握する
df2 = tfs.analyze(df)

# TFが収集した情報を出力して内容を確認
tfs.print_schema(df2)

## 出力
root
|-- y: array (nullable = true) double[?,2]
```

　df2の分析に基づいてTensorFlowはyには大きさ2のベクトルが含まれていると推定しました。小さなテンソル（スカラーやベクトル）の場合、TensorFlowは事前の分析なしにテンソルの形を推定します。もしそうできなかった場合には、先にtfs.analyze()をDataFrameに対して行っておかなけ

ればならないことを示すエラーメッセージが表示されます。

8.4.6　全ベクトルの要素別の合計値および最小値の計算

さあ、DataFrameのdfを分析してsumと用語ごとのminをすべてのベクトルに対して計算してみましょう。これにはtf.reduce_sumとtf.reduce_minを使います。

- tf.reduce_sumは、テンソルの次元にまたがって要素の合計値を計算します。たとえばx = [[3, 2, 1], [-1, 2, 1]]であればtf.reduce_ sum(x) ==> 8となります。詳しい情報はhttps://www.tensorflow.org/api_docs/python/tf/reduce_sumを参照してください。
- tf.reduce_minは、テンソルの次元にまたがって最小値を計算します。たとえばx = [[3, 2, 1], [-1, 2, 1]]であればtf.reduce_ min(x) ==> -1となります。詳しい情報はhttps://www.tensorflow.org/api_docs/python/tf/reduce_minを参照してください。

次のコードは、効率的に要素ごとのreduceをTensorFlowで行います。ソースのデータはDataFrameに格納されています。

```
# 注意：最初に'y'列のコピーを作成します
# これはSpark 2.0+ではそれほど負荷の生じる処理ではありません
df3 = df2.select(df2.y, df2.y.alias("z"))

# テンソルグラフの実行
with tf.Graph().as_default() as g:

    # プレースホルダ
    # 終わりに'_input'が付いている特別な名前になっていることに注意
    y_input = tfs.block(df3, 'y', tf_name="y_input")
    z_input = tfs.block(df3, 'z', tf_name="z_input")

    # 要素ごとの合計と最小を計算
    y = tf.reduce_sum(y_input, [0], name='y')
    z = tf.reduce_min(z_input, [0], name='z')

# 結果のデータフレーム
(data_sum, data_min) = tfs.reduce_blocks([y, z], df3)

# 最終的な結果はnumpyの配列になっている
print "Elementwise sum: %s and minimum: %s " % (data_sum, data_min)

## 出力
Elementwise sum: [ 45. -45.] and minimum: [ 0. -9.]
```

TensorFlowの数行のコードをTensorFramesとともに使うだけで、dfに格納されているデータに対してテンソルグラフを実行し、要素の合計値と最小値を計算し、データをまとめてDataFrameに戻し、（ここでは）最終的な値を出力しています。

8.5　まとめ

本章では、特徴エンジニアリングの構成要素を含む、ニューラルネットワークとディープラーニングの基礎を見ました。ディープラーニングが新たな盛り上がりを見せていることを踏まえてTensorFlowを紹介し、TensorFramesを通じてTensorFlowがApache Sparkと密接に連携できることを示しました。

TensorFramesはディープラーニングの強力なツールであり、データサイエンティストやデータエンジニアはTensorFlowを使ってSparkのDataFrameに格納されたデータを処理できるようになります。TensorFramesはApache Sparkの可能性を、ニューラルネットワークの学習プロセスに基づく強力なディープラーニングのツールセットにまで押し広げてくれます。ディープラーニングについて学び続けるには、次のリソースが大きな助けになることでしょう。

- TensorFlow（https://www.tensorflow.org/）
- TensorFlow ¦ Get Started（https://www.tensorflow.org/get_started/）
- TensorFlow ¦ Guides（https://www.tensorflow.org/tutorials/）
- Deep Learning on Databricks（https://databricks.com/blog/2016/12/21/deep-learning-on-databricks.html）
- TensorFrames (GitHub)（https://github.com/databricks/tensorframes）
- TensorFrames User Guide（https://github.com/databricks/tensorframes/wiki/TensorFrames-user-guide）

9章
Blazeによるポリグロットパーシステンス

この世界は複雑であり、1つのアプローチですべての問題が解決できるなどということはありません。同様に、データの世界でも1つの技術ですべての問題を解決できることなどありません。

今日では、あらゆる巨大なテクノロジー企業は日々収集される何テラバイト（あるいはペタバイトに及ぶこともあります）ものデータを精査するのに（その形はさまざまであれ）MapReduceというパラダイムを利用しています。一方で、プロダクトに関する情報の保存、抽出、拡張、更新は、リレーショナルデータベースよりもドキュメント型のデータベース（たとえばMongoDBなど）の方が容易です。とはいえ、取引の記録はリレーショナルデータベースに保存しておく方が、後のデータの集計やレポートかがしやすくなります。

こういった単純な例からでさえ、幅広いビジネスの課題を解決するためには、さまざまな技術を利用しなればならないということがわかります。これはすなわち、データベース管理者、データサイエンティスト、データエンジニアは、こういった問題を容易に解決できるよう設計されているツールを使わなければならないような場合、これらの技術をそれぞれ個別に学ばなければならないかもしれないということです。しかしこれでは企業のアジリティが損なわれ、間違いが生じやすくなり、システムでさまざまな調整やテクニックを使わなければならなくなります。

Blazeは、多くの技術を抽象化し、シンプルで洗練されたデータ構造とAPIを提供します。

本章で学ぶことは次のとおりです[*]。

- Blazeのインストール
- ポリグロットパーシステンスとは何か？
- ファイル、PandasのDataFrame、NumPyの配列の抽象化
- アーカイブ（GZip）の扱い方
- SQLデータベース（PostgreSQLやSQLite）やNoSQLデータベース（MongoDB）へのBlaze

---

[*] 訳注：残念ながら、翻訳の時点ではpandasのバージョンアップに伴ってBlazeの機能の一部が正常に動作しなくなっているようです。原書の出版後、Blazeやodoのバージョンアップの頻度がかなり下がっており、今後についても不透明かもしれません。

からの接続
- データのクエリ、結合、ソート、変換のやり方と単純な要約統計処理

9.1 Blazeのインストール

Anacondaを使っているなら、Blazeのインストールは簡単です。次のコマンドをCLIで実行してください（CLIが何かを知らない場合は、「付録A Sparkのインストール」を参照してください）。

```
conda install blaze
```

コマンドを実行すると、画面は次のようになります。

```
Fetching package metadata .......
Solving package specifications: ..........

Package plan for installation in environment /Users/drabast/anaconda:

The following NEW packages will be INSTALLED:

    blaze: 0.10.1-py35_0

Proceed ([y]/n)? y

Linking packages ...
[      COMPLETE       ]|##################################################| 100%
```

後ほどBlazeからPostgreSQLやMongoDBに接続するので、Blazeがバックグラウンドで使うパッケージを追加します。

ここではSQL AlchemyとPyMongoをインストールします。どちらもAnacondaにあります。

```
conda install sqlalchemy
conda install pymongo
```

あとは、ノートブックにBlazeそのものをインポートするだけです。

```
import blaze as bl
```

9.2 ポリグロットパーシステンス

2006年にNeal Fordは、ポリグロットパーシステンスに少し似ているポリグロットプログラミングという概念を提唱しました。彼は、1つで何もかもまかなえるようなソリューションは存在しないことを示し、特定の問題に適した複数のプログラミング言語を使うことを提唱したのです。

データの世界においても同様に、競争力を保ち続けようとする企業は問題を最短で解決でき、コストを最小化できるさまざまな技術を採用しなければなりません。

トランザクションデータをHDFSのファイルとして保存することもできますが、それは妥当なことではありません。一方で、ペタバイトに及ぶインターネットのログを**リレーショナルデータベース管理システム（RDBMS）**に保存することもまた、賢明なことではないでしょう。これらのツールは特定の種類のタスクに取り組むために設計されたものであり、他の問題の解決に適用できるとはいえ、そうすることのコストは莫大なものになるでしょう。これは、四角いピンを丸い穴にはめ込もうとするのと同じようなことです。

たとえば楽器やアクセサリーをオンライン（そしてショップのネットワーク内で）販売している会社について考えてみましょう。高いレベルから見れば、この会社が成功を収めるために解決しなければならない問題はたくさんあります。

1. 顧客をストアに惹きつけること（ネットでも実店舗でも）。
2. 顧客に対して適切な製品を提示すること（ピアニストにドラムキットを売ろうとはしませんよね？）。
3. 顧客が購入することを決めたなら、支払いの処理をして出荷の手配をすること。

これらの問題を解決するには、そのために設計された数多くの技術の中から選択をしなければなりません。

1. MongoDB、Cassandra、DynamoDB、DocumentDBといったドキュメントベースのデータベースにすべての製品の情報を保存します。ドキュメントデータベースには、柔軟なスキーマ、シャーディング（巨大なデータベースを小さな管理しやすいデータベースの集合に分割する）、高可用性、レプリケーションをはじめとする複数のメリットがあります。
2. レコメンデーションをグラフベースのデータベース（Neo4j、Tinkerpop/Gremlin、あるいはSparkのGraphFrames）を使ってモデル化します。これらのデータベースは、顧客と顧客の好みとの実際の関係や抽象化された関係を反映します。こういったグラフのマイニングには計り知れない価値があり、顧客に対して適切に調整された提案ができるようになります。
3. 検索については、Apache SolrやElasticsearchのような検索に適したソリューションを利用できるでしょう。こういったソリューションは、インデックス化された高速なテキスト検索を提供します。
4. 製品の購入に関するトランザクションは、きちんと構築されたスキーマ（製品名や価格などが含まれるでしょう）に従うことが一般的です。こういったデータを保存する（そして後ほど処理やレポート化を行う）には、リレーショナルデータベースが最も適しています。

ポリグロットパーシステンスでは、企業は無理に1つの技術ですべての問題を解決しようとせず、常に処理の内容に即して適切なツールを選択します。

このあと見ていくとおり、Blazeはこれらの技術を抽象化し、シンプルなAPIで作業を行えるようにしてくれるので、使用したいそれぞれの技術のAPIをすべて学ぶ必要がなくなります。基本的には、これがポリグロットパーシステンスが役立つ素晴らしい例です。

他の事例としてhttp://www.slideshare.net/Couchbase/couchbase-at-ebay-2014やhttp://www.slideshare.net/bijoor1/case-study-polyglot-persistence-in-pharmaceutical-industryも参照してください。

9.3 データの抽象化

Blazeはさまざまなデータ構造を利用しやすい単一のAPIに抽象化できます。そのため、一貫性を保った動作を実現しやすく、データを扱うために複数のインターフェイスを学ぶ必要性を減らすことができます。pandasを知っているなら、構文の違いはわずかなので学ばなければならないことはそれほど多くありません。このあとの例でそれを見ていきましょう。

9.3.1 NumPy配列の利用

NumPyの配列からデータをBlazeのDataShapeオブジェクトに渡すのはごく簡単です。まずは、単純なNumPyの配列を作成しましょう。はじめにNumPyをインポートし、2つの行と3つの列を持つ行列を作成します。

```
import numpy as np
simpleArray = np.array([
        [1,2,3],
        [4,5,6]
    ])
```

配列ができたら、Blazeのデータ構造であるDataShapeを使って抽象化します。

```
simpleData_np = bl.Data(simpleArray)
```

これだけです！十分にシンプルです。

このデータ構造の中を覗いてみるには、.peak()メソッドが使えます。

```
simpleData_np.peek()
```

出力は次のスクリーンショットのようになるはずです。

```
Out[4]:  array([[1, 2, 3],
                [4, 5, 6]])
```

.head(...)メソッドを使うこともできます（pandasの構文に慣れている人にはおなじみでしょう）。

.peek()と.head(...)の違いは、head(...)では返す行数をパラメータとして指定できますが、.peak()では必ず先頭の10レコードが返されることです。

DataShapeの先頭の列を取り出したいなら、インデックスが使えます。

simpleData_np[0]

結果は次の表のようになるはずです。

Out[6]:

	None
0	1
1	2
2	3

取り出したいのが行なのであれば、(NumPyの場合と同じように) DataShapeを転置すれば良いだけです。

simpleData_np.T[0]

返される結果は次の図のようになるでしょう。

Out[7]:

	None
0	1
1	4

列名がNoneになっていることには注意してください。DataShapeはpandasのDataFrameと同じく名前付きの列をサポートしています。そのため、列には名前を指定しておきましょう。

simpleData_np = bl.Data(simpleArray, fields=['a', 'b', 'c'])

これで、列名を指定するだけでデータを取り出せるようになります。

simpleData_np['b']

返される結果は次のようになります。

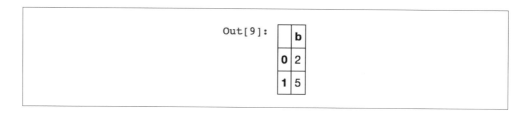

ここからわかるとおり、フィールドを定義することでNumPyの配列が置き換えられ、初めてsimpleData_npを作成したときとは違い、配列の各要素は**行**になっています。

9.3.2　pandasのDataFrameの利用

pandasのDataFrameは内部でNumPyのデータ構造を使っているので、DataFrameは労せずDataShapeに変換できます。

まず、簡単なDataFrameを作成しましょう。最初にpandasをインポートします。

```
import pandas as pd
```

次にDataFrameを作成します。

```
simpleDf = pd.DataFrame([
        [1,2,3],
        [4,5,6]
    ], columns=['a','b','c'])
```

そしてこのDataFrameをDataShapeに変換します。

```
simpleData_df = bl.Data(simpleDf)
```

データの取り出しは、NumPyの配列からDataShapeを作成したときと同じように行えます。次のコマンドを実行してみましょう。

```
simpleData_df['a']
```

出力は次のようになります。

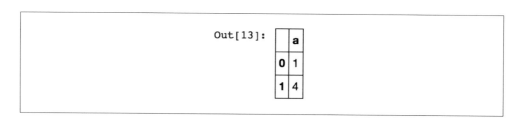

9.3.3 ファイルの利用

DataShape オブジェクトは、直接 .csv ファイルから生成することもできます。この例では、メリーランド州のモントゴメリー群で起きた 404,536 件の交通違反を含むデータセットを使います。

データは https://catalog.data.gov/dataset/traffic-violations-56dda から 2016 年 8 月 23 日にダウンロードしました。このデータセットは日々更新されているので、読者の皆さんが最新のデータセットを入手したなら交通違反の数は異なっているかもしれません。

データセットはローカルの ../Data フォルダに保存します。ただし、このデータセットは MongoDB に保存できるよう、多少手を入れてあります。元々の形のまま日付の列付きで MongoDB からデータを読もうとするとエラーになります。この問題については Blaze のバグを登録しました（https://github.com/blaze/blaze/issues/1580）。

```
import odo
traffic = bl.Data('../Data/TrafficViolations.csv')
```

データセット中の列の名前がわからない場合は、DataShape から取得できます。次のコマンドですべてのフィールドのリストが得られます。

```
print(traffic.fields)
```

```
['Stop_month', 'Stop_day', 'Stop_year', 'Stop_hr', 'Stop_min', 'Stop_sec', 'Agency', 'SubAgency', 'Description', 'Location', 'Latitude', 'Longitude', 'Accident', 'Belts', 'Personal_Injury', 'Property_Damage', 'Fatal', 'Commercial_License', 'HAZMAT', 'Commercial_Vehicle', 'Alcohol', 'Work_Zone', 'State', 'VehicleType', 'Year', 'Make', 'Model', 'Color', 'Violation_Type', 'Charge', 'Article', 'Contributed_To_Accident', 'Race', 'Gender', 'Driver_City', 'Driver_State', 'DL_State', 'Arrest_Type', 'Geolocation']
```

pandas に慣れている人であれば、.fields と .columns 属性が似ていることには簡単に気づくことでしょう。これらは基本的には同じように動作し、どちらも列のリスト（pandas の DataFrame の場合）やフィールドのリスト（Blaze の DataShape の場合）を返します。

Blaze は GZip されたアーカイブを直接読むことができるので、領域を節約できます。

```
traffic_gz = bl.Data('../Data/TrafficViolations.csv.gz')
```

完全に同じデータが得られていることを検証するために、最初の2つのレコードをそれぞれのデータ構造から読んでみましょう。

```
traffic.head(2)
```

としても、

```
traffic_gz.head(2)
```

としても同じ結果が得られます（ここでは列を省略してあります）。

Out[17]:		Stop_month	Stop_day	Stop_year	Stop_hr	Stop_min	Stop_sec	Agency
	0	9	30	2014	23	51	0	MCP
	1	3	31	2015	23	59	0	MCP

ただし、データを展開しなければならないことからアーカイブファイルからの読み取りを行った場合の方がかかる時間がはっきり長くなることはすぐに気づくことでしょう。

また、複数のファイルから一度にデータを読み取って大きな1つのデータセットにすることもできます。ここではその機能を紹介するために、オリジナルのデータセットを違反のあった年ごとに4つのGZipされたデータセットに分割しました（../Data/Yearsフォルダに保存しています）。

BlazeはDataShapeをさまざまなフォーマットで保存するためにodoを利用しています。odoを次のように使えば、trafficデータを違反の年ごとに保存できます。

```
import odo
for year in traffic.Stop_year.distinct().sort():
    odo.odo(traffic[traffic.Stop_year == year],
        '../Data/Years/TrafficViolations_{0}.csv.gz'\
        .format(year))
```

このコードはデータをGZipアーカイブに保存しますが、これまでに述べたいずれのフォーマットでも保存できます。.odo(...)メソッドの最初の引数は入力オブジェクト（ここでは2013年の通違反のDataShape）で、2つめの引数は出力オブジェクト、すなわちデータを保存するファイルへのパスです。

このあと見ていくとおり、データの保存先として利用できるのはファイルだけではありません。

複数のファイルからの読み取りには、アスタリスク *が使えます。

```
traffic_multiple = bl.Data(
    '../Data/Years/TrafficViolations_*.csv.gz')
traffic_multiple.head(2)
```

このコードの結果は、今回もおなじみの表形式になります。

Out[19]:		Stop_month	Stop_day	Stop_year	Stop_hr	Stop_min	Stop_sec	Agency
	0	3	29	2013	17	34	0	MCP
	1	8	12	2013	8	41	0	MCP

Blazeが読めるのは.csvやGzipファイルだけではありません。JSONやExcelのファイル（.xlsxおよび.xlsxのどちらも）、bcolzフォーマットのファイルを読み取ることもできます。

bcolzフォーマットに関する詳しい情報はhttps://github.com/Blosc/bcolzにあるドキュメンテーションを参照してください。

9.3.4 データベースの利用

Blazeは、PostgreSQLやSQLiteといったSQLデータベースからの読み取りも容易に行えます。SQLiteは通常ローカルのデータベースですが、PostgreSQLはローカルで動作していることも、サーバー上で動作していることもあります。

すでに述べたとおり、Blazeはodoを背後で利用してデータベースとのやりとりを行います。

odoはBlazeの依存対象の1つであり、Blazeのインストール時にあわせてインストールされます（https://github.com/blaze/odo）を参照してみてください。

このセクションのコードを実行するには、ローカルでPostgreSQLとMongoDBを動作させなければなりません。

PostgreSQLをインストールするには、パッケージをhttps://www.postgresql.org/download/からダウンロードし、インストールの指示にしたがってください。MongoDBをインストールするにはhttps://www.mongodb.com/download-center?jmp=nav#communityからパッケージをダウンロードしてください。インストール方法はhttps://docs.mongodb.com/manual/installation/にあります。

このあとは、PostgreSQLがhttp://localhost:5432で、MongoDBがhttp://localhost:27017で動作しているものとします。

交通違反のデータはどちらのデータベースにもロードしておき、PostgreSQLでは`traffic`テーブルに、MongoDBでは`traffic`コレクションに保存します。

CSVファイルのデータベースへのロードの方法については、それぞれのデータベースに関する資料を参照してください。

PostgreSQL では`copy`コマンドが標準的な方法です。たとえばhttps://www.postgresql.jp/document/9.3/html/sql-copy.htmlを参照してください。

MongoDB には`mongoinport`コマンドがあり、CSVファイルのインポートにも対応しています。https://docs.mongodb.com/manual/reference/program/mongoimport/を参照してください。

リレーショナルデータベースとのやりとり

さあ、PostgreSQLデータベースからデータを読んでみましょう。PostgreSQLにアクセスするための**URI(Uniform Resource Identifier)** は、`postgresql://<user_name>:<password>@<server>:<port>/<database>::<table>`という形式です。

このURIを`.Data(...)`でラップすればPostgreSQLからデータを読み取ることができます。これ以外のことは、Blazeが面倒を見てくれます。

```
traffic_psql = bl.Data(
    'postgresql://{0}:{1}@localhost:5432/drabast::traffic'\
    .format('<your_username>', '<your_password>')
)
```

ここではPythonの`.format(...)`メソッドを使って文字列に適切なデータを埋め込んでいます。

上の例のクレデンシャルは、読者のPostgreSQLデータベースにアクセスするためのものに置き換えてください。.format(...)メソッドについては、Pythonのドキュメンテーションhttps://docs.python.jp/3/library/stdtypes.html#str.formatを参照してください。

PostgreSQLやSQLiteへのデータの書き出しも簡単です。次の例では、2016年に製造された車に関わる交通違反のデータをPostgreSQLとSQLiteに出力しています。すでに述べたとおり、この処理にはodoを使います。

```
traffic_2016 = traffic_psql[traffic_psql['Year'] == 2016]
# dropコマンド
# odo.drop('sqlite:///traffic_local.sqlite::traffic2016')
# odo.drop('postgresql://{0}:{1}@localhost:5432/drabast::traffic'\
#    .format('<your_username>', '<your_password>'))
# SQLiteへの保存
odo.odo(traffic_2016,'sqlite:///traffic_local.sqlite::traffic2016')
# PostgreSQLへの保存
odo.odo(traffic_2016,
    'postgresql://{0}:{1}@localhost:5432/drabast::traffic'\
    .format('<your_username>', '<your_password>'))
```

データのフィルタリングはpandasと同じように行っており、Year列を選択し（先頭行の`traffic_psql['Year']`の部分）、各レコードの値が2016に等しいかを調べる論理フラグを作成しています。こういった真偽値のベクトルを`traffic_psql`オブジェクトに与え、値がTrueになっているレコードだけを取り出しています。

コメントアウトされている3つの行は、すでに`traffic2016`がデータベース中にある場合にコメントアウトしてください。そうしなかった場合には、データがテーブルに追加されることになります。

SQLiteのURIはPostgreSQLとはやや異なっており、`sqlite://</relative/path/to/db.sqlite>::<table_name>`という形式です。

SQLiteからの読み取りのやり方は、もう明らかでしょう。

```
traffic_sqlt = bl.Data(
    'sqlite:///traffic_local.sqlite::traffic2016'
)
```

MongoDBとのやりとり

この数年の間に、MongoDBの人気は大きく高まってきました。MongoDBはシンプルで高速であり、柔軟なドキュメントベースのデータベースです。MongoDBは、MEAN.jsスタック（MはMongoのMです。http://meanjs.orgを参照してください）を利用するあらゆるフルスタックの開発者にとって魅力的なストレージソリューションです。

Blazeはデータソースが何であれ慣れ親しんだやり方で扱えるようになっているので、MongoDBからの読み取りもPostgreSQLやSQLiteとよく似たやり方で行えます。

```
traffic_mongo = bl.Data(
    'mongodb://localhost:27017/packt::traffic'
)
```

9.4 データの処理

これまでに、DataShapeで最もよく使うメソッドのいくつか（たとえば.peak()や、列の値に基づいてデータをフィルタリングする方法を見てきました。Blazeには、あらゆるデータをきわめて容易に扱えるようにしてくれる多くのメソッドが実装されています。

このセクションでは、また取り上げていない多くのデータの扱い方と、それらに関連するメソッドを見ていきます。pandasやSQLを扱ってきた方のために、同じことを行う書き方も紹介していきます。

9.4.1 列へのアクセス

列へのアクセスには2つのやり方があります。列をDataShapeの属性のように1つずつアクセスする方法が1つです。

```
traffic.Year.head(2)
```

このスクリプトの実行結果は次のようになります。

Out[28]:

	Year
0	2014.0
1	2003.0

あるいはインデックスを使い、一度に複数の列を選択することもできます。

```
(traffic[['Location', 'Year', 'Accident', 'Fatal', 'Alcohol']]
    .head(2))
```

出力は次のようになります。

Out[29]:

	Location	Year	Accident	Fatal	Alcohol
0	PARK RD AT HUNGERFORD DR	2014.0	No	No	No
1	CONNECTICUT AT METROPOLITAN AVE	2003.0	No	No	No

上の構文はpandasのDataFrameでも同じです。Pythonやpandasの APIに不慣れなのであれば、3つだけ注意しておいてください。

1. 複数の列を指定したい場合には、それらをもう1つリストで囲っておいてください。上のコードでは2重のカッコ[[と]]になっています。
2. メソッドのチェーンが一行に収まらない場合（あるいは読みやすいようにチェーンを分割したい場合）には、2つの方法があります。1つはメソッドのチェーン全体をカッコ(...)で囲う方法で、...の部分にすべてのメソッドのチェーンを入れます。もう1つの方法は、改行を入れる前に各行の末尾にバックスラッシュ\を置く方法です。筆者は後者のやり方が好みで、本書のこのあとのサンプルでもこちらの方法を採ります。
3. 等価なSQLのコードは次のようなものになるでしょう。

```
SELECT *
FROM traffic
LIMIT 2
```

9.4.2 シンボリック変換

Blazeの美点は、シンボルでの処理ができることにあります。これはすなわち、データに対する変換やフィルタリング、あるいはその他の操作を指定してオブジェクトとして保存できるということです。そしてそういったオブジェクトに対して元々のスキーマにしたがっているデータを与えてやれば、Blazeは、ほぼあらゆる形態のデータを変換し、データを返してくれます。

例として、2013年に起きた交通違反をすべて選択し、列として'Arrest_Type'、'Color'、'Charge'だけを返させてみましょう。まず既存のオブジェクトからスキーマを反映させることはできないので、スキーマは指定してやらなければなりません。そのためには.symbol(...)メソッドを使います。このメソッドの最初の引数には変換のシンボル名を指定し（筆者はオブジェクトと同じ名前を使うのが好みですが、どういった名前を指定してもかまいません）、2番めの引数には <column_name>: <column_type>という形式をカンマで区切った長い文字列でスキーマを指定します。

```
schema_example = bl.symbol('schema_exampl',
                           '{id: int, name: string}')
```

これでschema_exampleオブジェクトを使い、変換を指定できるようになります。ただしすでにtrafficデータセットがあるので、traffic.dshapeを使ってスキーマを**再利用**し、変換を指定していくことができます。

```
traffic_s = bl.symbol('traffic', traffic.dshape)
traffic_2013 = traffic_s[traffic_s['Stop_year'] == 2013][
    ['Stop_year', 'Arrest_Type','Color', 'Charge']
]
```

動作の様子を見てみるために、元々のデータセットをpandasのDataFrameに読み込みましょう。

```
traffic_pd = pd.read_csv('../Data/TrafficViolations.csv')
```

読み込みが終われば、データセットを直接traffic_2013オブジェクトに渡し、Blazeの.compute(...)メソッドで演算を実行できます。このメソッドの最初の引数には変換のオブジェクト（ここではtraffic_2013）を、2番めのパラメータには変換の対象となるデータを指定します。

```
bl.compute(traffic_2013, traffic_pd).head(2)
```

このコードの出力は次のようになります。

Out[33]:		Stop_year	Arrest_Type	Color	Charge
	73	2013	A - Marked Patrol	SILVER	13-409(b)
	215	2013	B - Unmarked Patrol	BLACK	21-309(b)

リストのリストやNumPy配列のリストを渡すこともできます。次のコードでは、DataFrameの.values属性を使ってDataFrameを構成しているNumPy配列のリストにアクセスしています。

```
bl.compute(traffic_2013, traffic_pd.values)[0:2]
```

このコードの出力は、期待どおりになります。

```
[2013 'A - Marked Patrol' 'SILVER' '13-409(b)']
[2013 'B - Unmarked Patrol' 'BLACK' '21-309(b)']
```

9.4.3　列の操作

Blazeでは、数値型の列に対して簡単に数値演算を行えます。本章で扱っているデータセット中の交通違反は、すべて2013年から2016年の間に起きたものです。このことは、Stop_year列のユニークなすべての値を.distinct()メソッドで取り出してみれば確認できます。.sort()メソッドを使えば、結果を昇順にソートできます。

```
traffic['Stop_year'].distinct().sort()
```

このコードは、次のような表を出力します。

```
Out[35]:
```

	Stop_year
2	2013
0	2014
1	2015
3	2016

pandasで同じ処理を書けば、次のようになるでしょう。

```
traffic['Stop_year'].unique().sort()
```

SQLでは次のようなコードを使うことになるでしょう。

```
SELECT DISTINCT Stop_year
FROM traffic
```

列に対して数値的な変換を書けることもできます。すべての交通違反は2000年以降のものなので、Stop_year列から2000を引いても精度が失われることはありません。

```
traffic['Stop_year'].head(2) - 2000
```

結果は次のようになります。

```
Out[36]:
```

	Stop_year
0	14
1	15

同じ書き方はpandasのDataFrameでも使えます（trafficがpandasのDataFrame型なら）。SQLで書けば次のようになるでしょう。

```
SELECT Stop_year - 2000 AS Stop_year
FROM traffic
```

ただし、もっと複雑な数値演算処理（たとえばlogやpow）を試したいのであれば、まずはBlazeが提供しているものを使うべきです（Blazeはそれらのコマンドを舞台裏でNumPyやmath、pandasなどのメソッドに適切に変換します）。

たとえばStop_yearを対数で変換したいなら、次のようなコードが使えます。

```
bl.log(traffic['Stop_year']).head(2)
```

この出力は次のようになります。

```
Out[37]:      Stop_year
         0    7.607878
         1    7.608374
```

9.4.4　データの集計

集計関数として、.mean()（平均値）や.std（標準偏差）、.max()（リスト中の最大値）なども用意されています。次のコードを実行すれば、

```
traffic['Stop_year'].max()
```

結果は次のようになります。

```
Out[38]:  2016
```

pandasのDataFrameでも同じ書き方ができます。SQLなら次のようなコードになるでしょう。

```
SELECT MAX(Stop_year) AS Stop_year_max
FROM traffic
```

データセットへの列の追加も容易です。たとえば違反があったときの車の経年数を計算したいとしましょう。その場合Stop_yearの値から製造のYearを引くことになります。

次のコードでは.transform(...)メソッドの最初の引数はDataShapeであり、その後に実行する変換が続きます。そして他の変換のリストを置くこともできます。

```
traffic = bl.transform(traffic,
          Age_of_car = traffic.Stop_year - traffic.Year)
traffic.head(2)
```

.transform(...)メソッドのソースコードでは、そういったリストは*という引数で表現されており、複数の列を一度に作成できます。メソッドが*argsという引数を持つ場合、その位置以降にメソッドは引数をいくつでも取ることができ、それらはリストのように扱われます。

上記のコードの実行結果は次のような表になります。

```
Out[9]:
```

	Stop_year	Year	Age_of_car
0	2014	2014.0	0.0
1	2015	2003.0	12.0

pandasでは、同じ処理を次のコードで行えます。

```
traffic['Age_of_car'] = traffic.apply(
    lambda row: row.Stop_year - row.Year,
    axis = 1
)
```

SQLでは次のようなコードになります。

```
SELECT *
    , Stop_year - Year AS Age_of_car
FROM traffic
```

重大な交通違反に関わった車の平均経年数と、そういった違反の発生回数を計算したいのであれば、.by(...)でグループ化を行えます。

```
bl.by(traffic['Fatal'],
    Fatal_AvgAge=traffic.Age_of_car.mean(),
    Fatal_Count =traffic.Age_of_car.count()
)
```

.by(...)の最初の引数は、集計のキーとなるDataShapeの列を指定します。続いて実行したい一連の集計を指定します。この例ではAge_of_car列を選択してその平均値を求めるとともに、'Fatal'列の値ごとの行数を求めています。

上のスクリプトを実行すると、次のような集計結果が得られます。

```
Out[40]:
```

	Fatal	Fatal_AvgAge	Fatal_Count
0	No	9.580998	404418
1	Yes	8.798246	116

pandasで同じことをやるなら、次のようになるでしょう。

```
traffic\
    .groupby('Fatal')['Age_of_car']\
    .agg({
        'Fatal_AvgAge': np.mean,
        'Fatal_Count':  np.count_nonzero
    })
```

SQLなら次のようになるでしょう。

```
SELECT Fatal
    , AVG(Age_of_car)    AS Fatal_AvgAge
    , COUNT(Age_of_car)  AS Fatal_Count
FROM traffic
GROUP BY Fatal
```

9.4.5 結合

2つのDataShapeを結合することも簡単です。同じ結果が得られる方法はいくつもありますが、ここではまずすべての交通違反を違反の種類（violationオブジェクト）ごとに、そしてシートベルト（beltsオブジェクト）に関わる交通違反を選択します。

```
violation = traffic[
    ['Stop_month','Stop_day','Stop_year',
     'Stop_hr','Stop_min','Stop_sec','Violation_Type']]
belts = traffic[
    ['Stop_month','Stop_day','Stop_year',
     'Stop_hr','Stop_min','Stop_sec','Belts']]
```

これで、6つの日時に関する列を使って2つのオブジェクトを結合できます。

同じことは、単にViolation_typeとBeltsという2つの列を一度に選択するだけでもできます。しかしこの例は.join(...)の動作を説明するためのものなので、あえてこうしていることをご承知おきください。

.join(...)メソッドの最初の引数は結合する1つめのDataShapeで、2つめの引数は2つめのDataShapeです。そして3つめの引数は、結合に使用する単一の列もしくは列のリストです。

```
violation_belts = bl.join(violation, belts,
    ['Stop_month','Stop_day','Stop_year',
     'Stop_hr','Stop_min','Stop_sec'])
```

データセットができあがったなら、シートベルトに関わる交通違反の数と、ドライバに対して課された処罰を調べてみましょう。

```
bl.by(violation_belts[['Violation_Type', 'Belts']],
    Violation_count=violation_belts.Belts.count()
).sort('Violation_count', ascending=False)
```

このスクリプトの結果は次のようになります。

Out[43]:

	Violation_Type	Belts	Violation_count
0	Citation	No	989728
5	Warning	No	439490
2	ESERO	No	56447
1	Citation	Yes	35596
6	Warning	Yes	12245
3	ESERO	Yes	1327
4	SERO	No	3

同じことをpandasで行うコードは次のようになります。

```
violation.merge(belts,
    on=['Stop_month','Stop_day','Stop_year',
        'Stop_hr','Stop_min','Stop_sec']) \
    .groupby(['Violation_type','Belts']) \
    .agg({
        'Violation_count':  np.count_nonzero
    }) \
    .sort('Violation_count', ascending=False)
```

SQLなら次のようなコードを使うことになるでしょう。

```
SELECT innerQuery.*
FROM (
    SELECT a.Violation_type
        , b.Belts
        , COUNT() AS Violation_count
    FROM violation AS a
    INNER JOIN belts AS b
        ON      a.Stop_month = b.Stop_month
            AND a.Stop_day = b.Stop_day
            AND a.Stop_year = b.Stop_year
            AND a.Stop_hr = b.Stop_hr
            AND a.Stop_min = b.Stop_min
            AND a.Stop_sec = b.Stop_sec
    GROUP BY Violation_type
        , Belts
) AS innerQuery
ORDER BY Violation_count DESC
```

9.5 まとめ

本章で紹介した概念は、Blazeの利用の始まりに過ぎません。Blazeにはもっと多彩な利用方法があり、接続できるデータソースももっとたくさんあります。本章は、ポリグロットパーシステンスを理解するための出発点としてください。

とはいえ注意すべきことは、本章で説明した概念のほとんどは、Spark内でも直接実現できるということです。これはSQLAlchemyをSpark内で直接使えばさまざまなデータソースを容易に扱えることによります。SQLAlchemyのAPIを学ぶための初期投資が必要になるとはいえ、この方法であれば返されたデータはSparkのDataFrameに格納されるので、PySparkから利用できるすべての機能が利用できることになります。ただしこれは、Blazeを使うべきではないということではありません。選択をするのは常に自分自身です。

次章では、ストリーミングとは何か、そしてSparkでストリーミングを扱う方法を学びます。今日では、世界的に見れば（少なくとも2016年現在では）日々およそ2.5エクサバイトのデータの取り込み、処理、そして把握が求められており、ストリーミングというトピックの重要性は高まり続けています（http://www.northeastern.edu/levelblog/2016/05/13/how-much-data-produced-every-day/)。

10章
Structured Streaming

　本章では、まずSpark Streamingの背景にある概念と、それがどのようにStructured Streamingになっていったのかを紹介します。Structured Streamingにおいて重要なことの1つは、それがSparkのDataFrameを活用しているということです。このパラダイムの転換のおかげで、Pythonの開発者にとってSpark Streamingを扱うことが容易になったのです。

　本章で学ぶことは次のとおりです。

- Spark Streamingとは何か？
- Spark Streamingに必要なもの
- Spark Streamingのアプリケーションデータフロー
- DStreamを利用したシンプルなストリーミングアプリケーション
- Spark Streamingのグローバル集計機能の入門
- Structured Streamingの紹介

　注意していただきたいのは、本章の最初のセクションではサンプルコードがScalaで書かれていることです。これは、Spark StreamingのほとんどのコードがScalaで書かれているためです。Pythonのサンプルは、Structured Streamingを扱い始めるところから登場します。

10.1　Spark Streamingとは何か？

　Spark Streamingの中核は、RDDのバッチという概念に基づき（すなわちバッチ単位でデータを処理するということです）高速に処理を行う、スケーラブルでフォールトトレラントなストリーミングシステムです。これはやや単純化しすぎてはいますが、基本的にSpark Streamingはミニバッチあるいはバッチ間隔（500msからもっと大きなインターバルウィンドウ）での処理を行います。

　次の図にあるとおり、Spark Streamingは入力データのストリームを受け取り、内部的にそのデータストリーミングを複数の小さなバッチに分割します（このバッチのサイズは**バッチインターバル**に基づきます）。Sparkのエンジンは、これらの入力データのバッチを処理し、処理済みのデータのバッチ群か

らなる結果セットに変換します。

Apache Spark Streaming Programming Guide（http://spark.apache.org/docs/latest/streaming-programming-guide.html）

　Spark Streamingの核となる抽象概念が離散ストリーム（Discretized Stream = DStream）です。DStreamは、すでに述べたデータのストリームを構成する小さなバッチ群を指します。DStreamはRDD上に構築されており、Sparkの開発者はこれまでと同じRDDとバッチというコンテキストの中で作業を行うことができ、それをストリーミングの問題に適用しさえすれば良いのです。もう1つ重要なことは、Apache Sparkを使っていることからSpark StreamingはMLlibやSQL、DataFrame、GraphXなどと統合できるということです。

　次の図は、Spark Streamingの基本的な構成要素を示しています。

Apache Spark Streaming Programming Guide（http://spark.apache.org/docs/ latest/streaming-programming-guide.html）

　Spark Streamingは、フォールトトレラントで exactly-once のセマンティクスをステートフルな操作に対して提供する高レベルのAPIです。Spark Streamingには組み込みの**レシーバ**があり、広く利用されているApache Kafka、Flume、HDFS/ S3、Kinesis、Twitterなどを含む多くのソースを利用できます。たとえば、最も広く利用されているKafkaとSpark Streamingの結合の例をhttps://spark.apache.org/docs/latest/streaming-kafka-integration.htmlにあるSpark Streaming + Kafka Integration Guideで詳しくドキュメント化されています。

　また、**カスタムレシーバ**を自分で作成することもできます。たとえばMeetup Receiver（https://github.com/actions/meetup-stream/blob/master/src/main/scala/receiver/MeetupReceiver.scala）では、Meetup Streaming API（https://www.meetup.com/meetup_api/docs/stream/2/rsvps/）からの読み取りをSpark Streamingで行えます。

Meetup Receiverの動作の様子：Spark Streaming Meetup Receiverの動作を見てみたいなら https://github.com/dennyglee/databricks/tree/master/notebooks/Users/denny%40databricks.com/content/Streaming%20Meetup%20RSVPsにあるDatabricksのノートブックを見てください。ここでは上に述べたMeetup Receiverが使われています。次のスクリーンショットでは、上のウィンドウでこのノートブックが動作しており、次のウィンドウではSparkのUI（ストリーミングタブ）を見ています。

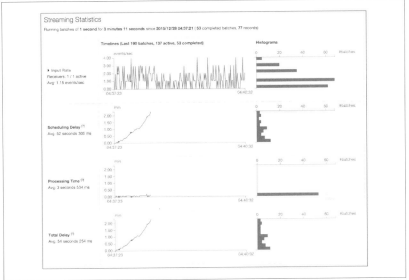

Spark Streamingを使えば、Meetup RSVPsを自分の国（もしくは世界中）から受信して、ほぼリアルタイムにMeetup RSVPsの地域ごと（あるいは国ごと）に集計できます。これらのノートブックは、現在のところはScalaで書かれているのでご注意ください。

10.2　Spark Streamingの必要性

　Tathagata Dasは、Apache Sparkプロジェクトのコミッターであり、プロジェクト管理コミッティー（PMC）のメンバーであるとともに、Spark Streamingのリード開発者でもあります。彼は、Spark Streaming: What is It and Who's Using it（https://www.datanami.com/2015/11/30/spark-streaming-what-is-it-and-whos-using-it/）というDatanamiの記事において、ストリーミングには**ビジネス上のニーズ**があると書きました。オンライントランザクションやソーシャルメディアに加え、センサーやデバイスが普及してきたことによって、企業はこれまで以上のペースでこれまで以上の量のデータを生成し、処理するようになっています。

　大規模な環境下で対応した動きを取るための知見をリアルタイムに得られるならば、企業は競争力を高めることができます。不正取引を検出するためにセンサー異常のリアルタイム検出機能を提供するのであれ、波及力のある新しいツイートに反応することであれ、データサイエンティストやデータエンジニアの道具の中で、ストリーミングの分析が持つ重要性は増してきています。

　Spark Streamingそのものの採用が急速に増えているのは、Apache Sparkが1つのフレームワークの中で異なるデータ処理のパラダイム群（MLやMLlibによる機械学習、Spark SQL、ストリーミング）を統合しているためです。そのおかげで、機械学習のモデルをトレーニングし（MLあるいはMLlib）、それらのモデルによるデータのスコアリング（ストリーミング）、好みのBIツールでの分析（SQL）を、すべて1つのフレームワーク内で行えます。Uber、Netflix、Pinterestといった企業は、しばしば自社におけるSpark Streamingのユースケースを紹介しています。

- **How Uber Uses Spark and Hadoop to Optimize Customer Experience**（https://www.datanami.com/2015/10/05/how-uber-uses-spark-and-hadoop-to-optimize-customer-experience/）
- **Spark and Spark Streaming at Netflix**（https://spark-summit.org/2015/events/spark-and-spark-streaming-at-netflix/）
- **Can Spark Streaming survive Chaos Monkey?**（http://techblog.netflix.com/2015/03/can-spark-streaming-survive-chaos-monkey.html）
- **Real-time analytics at Pinterest**（https://engineering.pinterest.com/blog/real-time-analytics-pinterest）

現時点では、Spark Streamingのユースケースは大まかに4種類です。

- **ストリーミングETL**　データは連続的にクリーニングされ、集計されてから下流に送られます。一般的に、これは最終的なデータストアに保存されるデータの量を削減するために行われます。
- **トリガー**　振る舞いや異常をリアルタイムに検出することによって、即座にもしくは下流でアクションを起こします。たとえば検出器やビーコンへのデバイスの接近によってアラートを発生させるといったことがあります。
- **データの拡張**　リアルタイムデータを他のデータセットと結合することによって、分析の内容を拡

張します。たとえばリアルタイムの気象情報をフライトの情報と結合することによって、旅程に関するアラートを改善するといったことがあります。
- **複雑なセッションおよび連続的な学習** 複数のイベントセットをリアルタイムのストリームと関連づけ、連続的に分析を行ったり、機械学習のモデルを更新したりします。たとえばユーザーのアクティビティをオンラインゲームと関連づけることによって、ユーザーのセグメント分類を改善できます。

10.3 Spark Streamingアプリケーションのデータフロー

次の図は、Sparkのドライバ、ワーカー、ストリーミングのソースおよびターゲットの間のデータフローを示したものです。

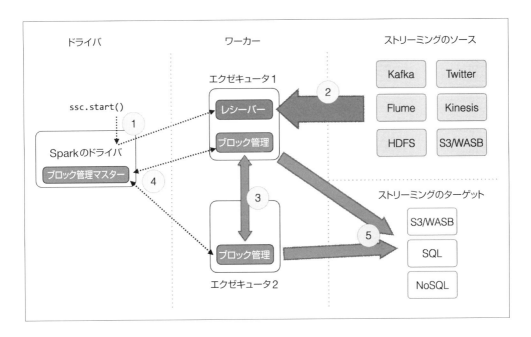

すべての始まりはSpark Streaming Contextで、これは上の図の中では`ssc.start()`となっています。

1. Spark Streaming Contextが起動されると、ドライバは長時間にわたって動作するタスクをエグゼキュータ（すなわちSparkのワーカー）群で起動します。
2. エグゼキュータ上の**レシーバ**（図中の**エグゼキュータ1**）は、ストリーミングのソースからデータストリームを受信します。データストリームがやってくると、レシーバはストリームをブロックに分割し、それらのブロックをメモリに保持します。
3. データのロスを防ぐために、それらのブロックは他のエグゼキュータにも複製されます。

4. ブロックIDの情報はドライバ上の**ブロック管理マスター**に転送されます。
5. Spark Streaming Context内で設定されたバッチインターバル（通常は1秒間隔です）ごとに、ドライバはブロックを処理するSparkのタスクを起動します。そしてこれらのブロックは、クラウドのストレージ（たとえばS3、WASBなど）、リレーショナルデータストア（たとえばMySQLやPostgreSQLなど）、NoSQLストアといった任意の数のターゲットデータストアに永続化されます。

ストリーミングのアプリケーションには常に最適化や設定をし続けなければならない可動部分がたくさんある、ということは述べておきましょう。Spark Streamingのドキュメンテーションの多くは、Scalaについて書かれた部分の方が多くなっているので、Python APIを扱う場合でもScalaバージョンのドキュメンテーションを参照しなければならないこともあるでしょう。そういった場合に提案したい修正があるなら、バグやプルリクエストを登録してください（https://issues.apache.org/jira/browse/spark/）。

このトピックに関する詳しい情報は、次を参照してください。

- **Spark 1.6 Streaming Programming Guide**（https://spark.apache.org/docs/1.6.0/streaming-programming-guide.html）
- **Tathagata Das' Deep Dive with Spark Streaming (Spark Meetup 2013-06-17)**（http://www.slideshare.net/spark-project/deep-divewithsparkstreaming-tathagatadassparkmeetup20130617）

10.4　DStreamを使ったシンプルなストリーミングアプリケーション

それでは、PythonからSpark Streamingを使い、シンプルなワードカウントのサンプルを作成してみましょう。このサンプルでは、データのストリームを小さなバッチの離散ストリームで構成する、DStreamを使います。このセクションで使われているサンプルはhttps://github.com/drabastomek/learningPySpark/blob/master/Chapter10/streaming_word_count.pyから全体が入手できます。

このワードカウントのサンプルは、Linux/Unixのncコマンドを使っています。これは、ネットワーク接続越しにデータを読み書きする単純なユーティリティです。ここでは2つのbashのターミナルを使い、1つはncコマンドで手元のコンピュータのローカルポート（9999）から単語を送信し、もう1つのターミナルはSpark Streamingを動作させ、それらの単語を受信してカウントします。次に示すのは、スクリプトの最初のコマンド群です。

```
1. # ローカルのSparkContextおよびStreaming Contextsの生成
2. from pyspark import SparkContext
3. from pyspark.streaming import StreamingContext
4.
5. # 2つのスレッドを持たせてscを生成
6. sc = SparkContext("local[2]", "NetworkWordCount")
7.
```

```
 8. # ローカルのStreamingContextをバッチインターバル1秒で生成
 9. ssc = StreamingContext(sc, 1)
10.
11. # localhost:9999に接続するDStreamを生成
12. lines = ssc.socketTextStream("localhost", 9999)
```

上のコマンドで重要な部分は次のとおりです。

1. 9行めの`StreamingContext`は、Spark Streamingのエントリーポイントです。
2. 9行めの`...(sc, 1)`の1は**バッチインターバル**です。ここでは、マイクロバッチを1秒間隔で実行することになります。
3. 12行めの`lines`は、`ssc.socketTextStream`から取り出されるデータストリームを表す`DStream`です。
4. すでに述べたとおり、`ssc.socketTextStream`はSpark Streamingのメソッドで、指定したソケットのテキストストリームを見るためのものです。ここでは、ローカルコンピュータのソケット9999が対象になります。

続く数行では（コメントにあるとおり）、DStreamのlinesを単語に分割し、RDDを使って各データバッチ内にあるそれぞれの単語の出現回数をカウントし、この情報をコンソールに出力します（9行め）。

```
1. # 行を単語に分割
2. words = lines.flatMap(lambda line: line.split(" "))
3.
4. # 各バッチ内のそれぞれの単語をカウント
5. pairs = words.map(lambda word: (word, 1))
6. wordCounts = pairs.reduceByKey(lambda x, y: x + y)
7.
8. # DStream内の各RDDの最初の10要素を出力
9. wordCounts.pprint()
```

このコードの最後の部分でSpark Streamingを起動し（`ssc.start()`）、動作を停止させる終了コマンド（たとえば<Ctrl><C>）を待ちます。このSpark Streamingのプログラムは、終了コマンドが送られるまで動作し続けます。

```
# 処理の開始
ssc.start()

# 処理の終了を待つ
ssc.awaitTermination()
```

スクリプトができたら、すでに述べたとおり2つのターミナルウィンドウを開いてください。1つはncコマンドに、もう1つはSpark Streamingのプログラムに使います。ncコマンドは次のように起動します。

```
nc -lk 9999
```

これ以降、このターミナルで入力した内容は9999ポートに送信されます。次のスクリーンショットは

その様子です。

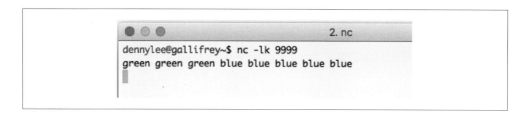

この例では、**green**を3回、**blue**を5回入力しています。他のターミナルスクリーンから、作成したPythonのストリーミングスクリプトを実行してみましょう。ここではスクリプトを`streaming_word_count.py`という名前にしました。

`./bin/spark-submit streaming_word_count.py localhost 9999`

というコマンドで`streaming_word_count.py`が実行され、ローカルのコンピュータ（すなわち`localhost`）のポート9999のソケットへ送信された単語が読み取られるようになります。最初のスクリーンでポートに対して情報を送信済みなので、このスクリプトを起動するとすぐにSpark Streamingのプログラムはポート9999に送信された単語を読み取り、次のスクリーンショットにあるようにワードカウントを実行します。

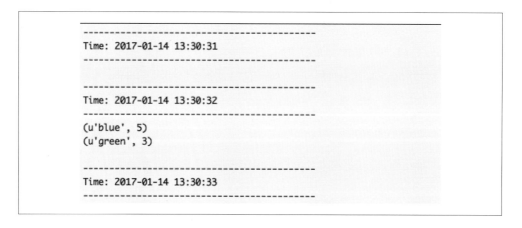

`streaming_word_count.py`は、新しい情報の読み取りと出力を継続します。次のスクリーンショットのように、最初のターミナル（ncコマンドを実行中）に戻ってまた一連の単語を入力してみましょう。

10.4 DStreamを使ったシンプルなストリーミングアプリケーション

2つめのターミナルのストリーミングスクリプトを見てみれば、このスクリプトが1秒ごと（すなわち設定された**バッチインターバル**ごと）に動作して、数秒後にgohawksのカウントが計算されていることがわかります。

```
-------------------------------------------
Time: 2017-01-14 13:30:31
-------------------------------------------

-------------------------------------------
Time: 2017-01-14 13:30:32
-------------------------------------------
(u'blue', 5)
(u'green', 3)

-------------------------------------------
Time: 2017-01-14 13:30:33
-------------------------------------------

-------------------------------------------
Time: 2017-01-14 13:30:34
-------------------------------------------

-------------------------------------------
Time: 2017-01-14 13:30:35
-------------------------------------------
(u'gohawks', 1)

-------------------------------------------
Time: 2017-01-14 13:30:36
-------------------------------------------

-------------------------------------------
Time: 2017-01-14 13:30:37
-------------------------------------------
```

このスクリプトは比較的シンプルなものですが、PythonでのSpark Streamingがわかったでしょう。

ただし、単語をncのターミナルに入力し続けると、その情報が集計されてはいないことがわかります。たとえばgreenとncのターミナルに入力し続けてみてください。

```
dennylee@gallifrey~$ nc -lk 9999
green green blue blue blue blue blue
gohawks
green green
```

Spark Streamingのターミナルが報告してくるのは、その時点でのデータのスナップショットに過ぎません。次のスクリーンショットでは2つのgreenの値だけです。

```
-------------------------------------------
Time: 2017-01-16 17:19:38
-------------------------------------------


-------------------------------------------
Time: 2017-01-16 17:19:39
-------------------------------------------
(u'blue', 5)
(u'green', 2)

-------------------------------------------
Time: 2017-01-16 17:19:40
-------------------------------------------
(u'gohawks', 1)

-------------------------------------------
Time: 2017-01-16 17:19:41
-------------------------------------------


-------------------------------------------
Time: 2017-01-16 17:19:42
-------------------------------------------


-------------------------------------------
Time: 2017-01-16 17:19:43
-------------------------------------------
(u'green', 2)
```

ここでは、この情報の**状態**を保持するグローバルな集計という概念は実現されていません。すなわち、2つの新しいgreenを報告するのではなく、Spark Streamingを使って単語の総数、たとえば7つ

のgreenと5つのblueと1つのgohawksという値を返させるということです。次のセクションでは、
`updateStateByKey` / `mapWithState`という形のグローバルな集計について述べていきます。

PySparkでのストリーミングのには、他にも次のようなものがあります。

Network Wordcount（Apache SparkのGitHubリポジトリ）（https://github.com/apache/spark/blob/master/examples/src/main/python/streaming/network_wordcount.py）
Python Streaming Examples（https://github.com/apache/spark/tree/master/examples/src/main/python/streaming）
S3 FileStream Wordcount（Databricksノートブック）（https://docs.cloud.databricks.com/docs/latest/databricks_guide/index.html#07%20Spark%20Streaming/06%20FileStream%20Word%20Count%20-%20Python.html）

10.5　グローバル集計の簡単な例

　すでに述べたとおり、前セクションのスクリプトがストリーミングで行っているのは特定時点でのワードカウントでした。次の図は、前セクションでのlines DStreamとそのマイクロバッチがスクリプトで処理される様子です。

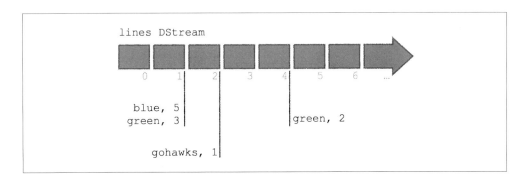

　1秒の時点では、PythonのSpark Streamingスクリプトは{(blue, 5), (green, 3)}という値を返し、2秒の時点では{(gohawks, 1)}を返し、4秒の時点では{(green, 2)}を返しています。しかし、ある程度の期間のウィンドウに対してワードカウントの集計をしたい場合にはどうすれば良いでしょうか？

　次の図は、ステートフルな集計を行った場合の様子です。

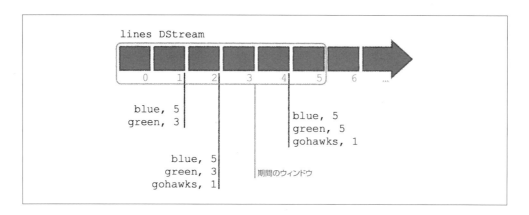

　この例では、期間のウィンドウは0秒から5秒の間です。注意しなければならないのは、スクリプトからはこの期間のウィンドウは把握できず、1秒ごとに単語の合計数を積み重ねる計算をするということです。したがって、2秒の時点での出力には1秒の時点にあったgreenとblueに加えて2秒間の時点のgohawksが加わって{(blue, 5), (green, 3), (gohawks, 1)}となります。4秒の時点では2つのgohawksが加わって、合計は{(blue, 5), (green, 5), (gohawks, 1)}になります。

　普段からリレーショナルデータベースを扱っている方には、これは単なるGROUP BY, SUM()に過ぎないように思えることでしょう。しかし、ストリーミングの分析においてはGROUP BY, SUM()を実行するのに十分なデータの保存期間は**バッチインターバル**（ここでは1秒）よりも長くなります。これはすなわち、プログラムはバックグラウンドで常に動作し続け、データストリームに追従し続けようとしなければならないということです。

　たとえば https://github.com/dennyglee/databricks/blob/master/notebooks/Users/denny%40databricks.com/content/Streaming%20Meetup%20RSVPs/1.%20Streaming%20and%20DataFrames.scala にあるDatabricksの**1. Streaming and DataFrames.scala**というノートブックを実行し、SparkのUIでストリーミングジョブを見てみれば、次の図のようになっていることでしょう。

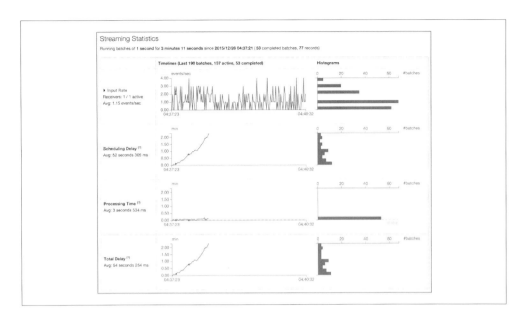

このグラフでは、Scheduling DelayとTotal Delayが急速に増えていき、バッチインターバルの1秒を超えてしまっています（たとえば平均のTotal Delayが54秒254ミリ秒で、実際のTotal Delayが2分以上）。この遅延が生じる理由は、ノートブックのストリーミングのコード内で次のコードも実行しているためです。

```
// `meetup_stream`テーブルへの書き込み
sqlContext.sql("insert into meetup_stream select * from meetup_stream_json")
```

これは、データの新しいチャンク（すなわち1秒分のRDDのマイクロバッチ）を挿入し、それらをDataFrameに変換し（meetup_stream_jsonテーブル）、永続的なテーブル（meetup_stream）に挿入しています。こういったやり方でデータを永続化すれば、ストリーミングのパフォーマンスはスケジュールの遅延を伴い続けて低下していきます。この問題を**ストリーミング分析**で解決するために、ここで作成するのがグローバルな集計です。それにはupdateStateByKey（Spark 1.5以前）もしくはmapWithState（Spark 1.6以降）を使います。

Spark Streamingの可視化については、"New Visualizations for Understanding Apache Spark Streaming Applications"（https://databricks.com/blog/2015/07/08/new-visualizations-for-understanding-apache-spark-streaming-applications.html）を調べてみてください。

これらを踏まえて、オリジナルのstreaming_word_count.pyを書き換え、**ステートフルな**バージョンのstateful_streaming_word_count.pyを作成してみましょう。このスクリプトの完全

なバージョンはhttps://github.com/drabastomek/learningPySpark/blob/master/Chapter10/stateful_streaming_word_count.pyにあります。

このスクリプトの最初のコマンドを見てみましょう。

```
1.  # ローカルのSparkContextおよびStreamingContextの生成
2.  from pyspark import SparkContext
3.  from pyspark.streaming import StreamingContext
4.
5.  # 2つのワーカースレッドでscを生成
6.  sc = SparkContext("local[2]", "StatefulNetworkWordCount")
7.
8.  # ローカルのStreamingContextをバッチインターバル1秒で生成
9.  ssc = StreamingContext(sc, 1)
10.
11. # ローカルのStreamingContext用のチェックポイントを生成
12. ssc.checkpoint("checkpoint")
13.
14. # updateFuncの定義: (key, value) ペアの合計を取る
15. def updateFunc(new_values, last_sum):
16.     return sum(new_values) + (last_sum or 0)
17.
18. # localhost:9999に接続するDStreamの生成
19. lines = ssc.socketTextStream("localhost", 9999)
```

streaming_word_count.pyと比較すれば、主に違ってきているのは11行めからです。

- 12行めのssc.checkpoint("checkpoint")は、Spark Streamingの**チェックポイント**を設定しています。Spark Streamingが連続的に動作するためにフォールトトレラントであることを保証するには、フォールトトレラントなストレージに対して十分な情報をチェックポイントで保存し、障害があった場合にリカバリーできるようにしなければなりません。ここではこの概念を深く見てはいきませんが（とはいえこのあとのTipsのセクションでもう少し情報を紹介します）、これはStructured Streamingではこれらの設定の多くが抽象化されているためです。
- 15行めのupdateFuncは、プログラムに対してアプリケーションの**状態**（後ほどコードに出てきます）をupdateStateByKeyによって更新するよう指示しています。ここではこのメソッドはそれまでの値（last_sum）に新しい値の合計（sum(new_ values) + (last_sum or 0)）を加えた値を返しています。
- 19行めのssc.socketTextStreamは以前のスクリプトと同じです。

Spark Streamingの**チェックポイント**については、次が参考になるでしょう。

Spark Streaming Programming Guide > Checkpoint（https://spark.apache.org/docs/1.6.0/streaming-programming-guide.html#checkpointing）
Exploring Stateful Streaming with Apache Spark（http://asyncified.io/2016/07/31/exploring-stateful-streaming-with-apache-spark/）

コードの最後のセクションは次のようになっています。

```
# 合計値の計算
running_counts = lines.flatMap(lambda line: line.split(" "))\
        .map(lambda word: (word, 1))\
        .updateStateByKey(updateFunc)

# ステートフルなDStreamで生成された各RDDの
# 先頭の10個の要素をコンソールに出力する
running_counts.pprint()

# 処理の開始
ssc.start()

# 処理の終了を待つ
ssc.awaitTermination()
```

10行めから14行めは以前のスクリプトと同じであり、違っているのはrunning_countsという変数を使い、各バッチ中の単語を分割してmap関数を使ってそれぞれの単語のカウントを取っているところです（以前のスクリプトではwordsとpairsという変数を使っていました）。

そして大きく異なっているのはupdateStateByKeyメソッドを使っていることです。このメソッドは、すでに述べた合計値を計算するupdateFuncを実行します。updateStateByKeyはSpark Streamingのメソッドで、データのストリームに対して計算を行い、効率よく各キーに対する状態を更新します。注意しなければならないのは、Spark 1.5以前では通常updateStateByKeyが使われていたことです。この**ステートフルなグローバル集計**は、**状態のサイズ**に比例して時間がかかります。Spark1.6以降では、**バッチのサイズ**に比例して時間がかかるmapWithStateを使うべきです。

注意すべきこととして、通常はmapWithState（updateStateByKeyではなく）を使っているコードが多いものの、このサンプルではupdateStateByKeyを使っています。mapWithStateの利用を含むステートフルなSpark Streamingについては、次を参照してください。

Stateful Network Wordcount Python example（https://github.com/apache/spark/blob/master/examples/src/main/python/streaming/stateful_network_wordcount.py）
Global Aggregation using mapWithState (Scala)（https://docs.cloud.databricks.com/docs/latest/databricks_guide/index.html#07%20Spark%20Streaming/12%20Global%20Aggregations%20-%20mapWithState.html）
Word count using mapWithState (Scala)（https://docs.cloud.databricks.com/docs/spark/1.6/examples/Streaming%20mapWithState.html）
Faster Stateful Stream Processing in Apache Spark Streaming（https://databricks.com/blog/2016/02/01/faster-stateful-stream-processing-in-apache-spark-streaming.html）

10.6 Structured Streaming

Spark 2.0では、Apache SparkのコミュニティはStructured Streamingという概念を導入することによって、ストリーミングをシンプルなものにしようとしてきました。Structured Streamingは、ストリーミングの概念とDataset/DataFrameとの橋渡しをするものです（次の図参照）。

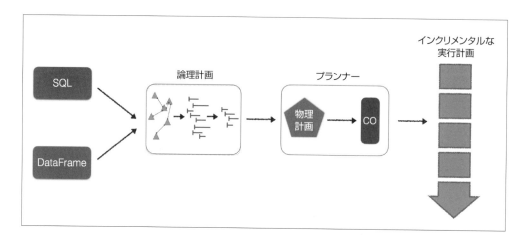

DataFrameの章で述べたとおり、SQLやDataFrameのクエリをSpark SQLのエンジン（そしてCatalyst Optimizer）で実行する際には1つの論理計画の構築、多数の物理計画の構築、エンジンによるコストオプティマイザに基づく適切な物理計画の選択、そしてコードの生成（すなわち **code gen**）が行われ、高いパフォーマンスを提供します。Structured Streamingでは、**インクリメンタル実行計画**という概念が導入されます。データのブロックを処理する際に、Structured Streamingは繰り返し実行計画を受信した新しいブロック群に適用していきます。こういった方法を採ることで、Structured StreamingのエンジンはSparkのDataFrame/Datasetが持つ最適化の利点を活用し、入力データフレームに対してそれらを適用できるのです。また、Sparkが持っているMLパイプライン、GraphFrames、TensorFramesやその他のDataFrameに最適化された他のコンポーネントとの結合も容易になります。

Structured Streamingを利用すれば、コードもシンプルになります。たとえば次の擬似コードでは、S3からデータストリームを読み込み、それをMySQLへ保存する**バッチ集計**を行います。

```
logs = spark.read.json('s3://logs')
logs.groupBy(logs.UserId).agg(sum(logs.Duration))
.write.jdbc('jdbc:mysql//...')
```

次の擬似コードは、**連続的な集計**の例です。

```
logs = spark.readStream.json('s3://logs').load()
sq = logs.groupBy(logs.UserId).agg(sum(logs.Duration))
.writeStream.format('json').start()
```

sqという変数を作成しているのは、次のようにしてStructured Streamingのジョブの状態をチェックして終了させられるようにするためです。

```
# `sq`ストリームがアクティブならTrueが返る
sq.isActive

# `sq`ストリームを終了させる
sq.stop()
```

それでは、updateStateByKeyを使ったステートフルなストリーミングのワードカウントのスクリプトを、Structured Streamingのワードカウントのスクリプトにしてみましょう。完全なstructured_streaming_word_count.pyのコードはhttps://github.com/drabastomek/learningPySpark/blob/master/Chapter10/structured_streaming_word_count.pyにあります。

以前のスクリプトとは対照的に、今度はもっと慣れ親しんだDataFrameのコードを利用できます。

```
# 必要なクラスをインポートしてローカルのSparkSessionを作成する
from pyspark.sql import SparkSession
from pyspark.sql.functions import explode
from pyspark.sql.functions import split

spark = SparkSession \
    .builder \
    .appName("StructuredNetworkWordCount") \
    .getOrCreate()
```

スクリプトの最初の数行で必要なクラスをインポートし、SparkSessionを生成します。ただし以前のストリーミングのスクリプトとは異なり、その後でStreamingContextの生成は行いません。これは、StreamingContextがすでにSparkSessionに含まれているためです。

```
 1. # localhost:9999への接続からの行の
 2. # 入力ストリームを表すDataFrameの生成
 3.  lines = spark\
 4.    .readStream\
 5.    .format('socket')\
 6.    .option('host', 'localhost')\
 7.    .option('port', 9999)\
 8.    .load()
 9.
10. # 行を単語に分割
11. words = lines.select(
12. explode(
13.         split(lines.value, ' ')
14.    ).alias('word')
15. )
16.
17. # ワードのカウントを生成
18. wordCounts = words.groupBy('word').count()
```

今回は、ストリーミングの部分のコードは4行めのreadStreamの呼び出しで起動されています。

- 3行めから8行めで、ポート9999からのデータストリームの読み取りが始まります。これはこれ

- RDDのflatMapやmap、そしてreduceByKeyといった関数を実行する代わりに、それぞれのバッチとして読み込まれた行を単語に分割し、それぞれの単語をカウントするのにはPySparkのSQL関数であるexplodeやsplitが使えます。これは10行めから15行めにあります。
- updateStateByKeyを実行したりupdateFuncを作成したりする代わりに、ステートフルなストリーミングのワードカウントスクリプトではおなじみのDataFrameのgroupByやcount()を使って単語のカウントを生成できます。これは17行めと18行めで行っています。

このデータをコンソールに出力するには、次のようにwriteStreamが使えます。

```
1. # カウントをコンソールに出力するめの
2. # クエリを実行する
3. query = wordCounts\
4.     .writeStream\
5.     .outputMode('complete')\
6.     .format('console')\
7.     .start()
8.
9. # Spark Streamingの終了を待つ
10. query.awaitTermination()
```

pprint()を使う代わりに、明示的にwriteStreamを使ってストリームに書き込み、フォーマットや出力モードを指定することもできます。こうすると多少書かなければならないことが多くなりますが、これらのメソッドやプロパティの構文はDataFrameの他の呼び出しと似ており、データベース、ファイルシステム、コンソールなどへの保存で書き換えなければならないのはoutputModeとformatプロパティだけでしょう。最後に、10行めではawaitTerminationを実行し、このストリームジョブがキャンセルされるのを待ちます。

さあ、最初のターミナルに戻ってncのジョブを実行しましょう。

```
$ nc -lk 9999
green green green blue blue blue blue blue
gohawks
green green
```

次の出力をご覧ください。見て取れるとおり、ステートフルなストリーミングの利点を活用しながらも、おなじみのDataFrame APIが使えています。

```
-------------------------------------------
Batch: 0
-------------------------------------------
+-----+-----+
| word|count|
+-----+-----+
|green|    3|
| blue|    5|
+-----+-----+


-------------------------------------------
Batch: 1
-------------------------------------------
+-------+-----+
|   word|count|
+-------+-----+
|  green|    3|
|   blue|    5|
|gohawks|    1|
+-------+-----+


-------------------------------------------
Batch: 2
-------------------------------------------
+-------+-----+
|   word|count|
+-------+-----+
|  green|    5|
|   blue|    5|
|gohawks|    1|
+-------+-----+
```

10.7 まとめ

　Structured StreamingはSparkにおけるパラダイムシフトであり、データサイエンティストやデータエンジニアが**継続的なアプリケーション**を構築しやすくしてくれることが期待されます。これまでのセクションでは明示していなかったものの、ストリーミングアプリケーションを扱う場合には、イベントの遅延、部分的な出力、障害時の状態の回復、読み取りや書き込みの分散処理などを含む、設計から考えなければならない潜在的な問題が数多く存在します。Structured Streamingではこれらの問題の多くが抽象化されているので、**継続的なアプリケーション**の構築が容易になっています。

　SparkのStructured Streamingにはぜひ挑戦してみてください。ストリーミングアプリケーションの構築が容易になるはずです。Reynold Xinは、Spark Summit 2016 Eastのプレゼンテーションの**The Future of Real-Time in Spark**（http://www.slideshare.net/rxin/the-future-of-realtime-in-spark）

において述べています。

> ストリーミング分析を行う最もシンプルな方法は、ストリーミングについて考慮せずに済ませることだ。

さらに詳しい情報については、次のStructured Streamingに関するリソースを参照してください。

- **PySpark 2.2 Documentation：pyspark.sql.module**（http://spark.apache.org/docs/2.2.0/api/python/pyspark.sql.html）
- **Introducing Apache Spark 2.2**（https://databricks.com/blog/2017/07/11/introducing-apache-spark-2-2.html）
- **Structuring Apache Spark 2.0：SQL, DataFrames, Datasets and Streaming-by Michael Armbrust**（http://www.slideshare.net/databricks/structuring-spark-dataframes-datasets-and-streaming-62871797）
- **Structured Streaming Programming Guide**（http://spark.apache.org/docs/latest/streaming-programming-guide.html）
- **Structured Streaming (aka Streaming DataFrames) [SPARK-8360]**（https://issues.apache.org/jira/browse/SPARK-8360）
- **Structured Streaming Programming Abstraction, Semantics, and APIs Apache JIRA**（https://issues.apache.org/jira/secure/attachment/12793410/StructuredStreamingProgrammingAbstractionSemanticsandAPIs-ApacheJIRA.pdf）

次章では、PySparkアプリケーションのモジュール化とパッケージ化の方法と、それをプログラムから投入する方法を紹介します。

11章
Sparkアプリケーションのパッケージ化

ここまでは、Sparkでコードを書く上でとても便利な方法を使ってきました。すなわちJupyter notebookです。このアプローチは概念検証を行い、その過程でドキュメントを残す方法としては素晴らしいものです。

しかし、ジョブを1時間ごとに実行するためにスケジューリングしなければならないような場合には、Jupyter notebookではうまくいきません。また、アプリケーションをパッケージ化したり、スクリプトを論理的な単位に分割し、十分に定義されたAPIを持たせたりするようなことは非常に難しくなります。これはすべてが1つのノートブックに収められてしまっている以上、仕方がないことです。

本章では、スクリプトを再利用できるモジュールの形式で作成し、Sparkにジョブをプログラムから投入する方法を学びます。

ただし始める前に、「付録B 無料で利用できるクラウド上のSpark」を参照しておいてください。この付録では、DatabricksのCommunity EditionやMicrosoftのHDInsightが提供しているSparkの環境について、そのサブスクライブと利用の方法を紹介しています。

本章で学ぶことは次のとおりです。

- spark-submitコマンド
- アプリケーションのパッケージ化とプログラムからのデプロイ
- Pythonのコードをモジュール化し、PySparkスクリプトと同時に投入する方法

11.1 spark-submitコマンド

Sparkにジョブを投入する（ローカルに対してであれ、クラスタに対してであれ）ためのエントリーポイントはspark-submitスクリプトです。ただしこのスクリプトは、ジョブを投入する場合のみならず（これが主な利用方法ではありますが）、ジョブを停止させたり、ジョブの状態をチェックしたりするためにも使われます。

spark-submitコマンドは、舞台裏でspark-classスクリプトに呼び出しの内容を渡します。そしてspark-classスクリプトはローンチ用のJavaアプリケーションを起動します。興味をお持ちの方は、SparkのGitHubリポジトリを調べてみてください（https://github.com/apache/spark/blob/master/bin/spark-submit）。

spark-submitコマンドは、Sparkがサポートしているさまざまなクラスタマネージャー（MesosやYARNなど）に対してアプリケーションをデプロイするための統一されたAPIを提供しているので、ユーザーはアプリケーションの設定を環境ごとに調整せずに済みます。

大まかには、spark-submitの構文は次のようになっています。

spark-submit [options] <python file> [app arguments]

オプションについては、このあとすぐにすべて見ていきます。app argumentsは、アプリケーションに渡したいパラメータ群です。

パラメータは、（import sysしてから）sys.argvでパースすることも、Pythonのargparseモジュールを利用して処理することもできます。

11.1.1　コマンドラインパラメータ

spark-submitを使う場合、Sparkのエンジンには実にさまざまなパラメータを渡せます。

このあと取り上げるのは、Pythonに固有のパラメータのみです（spark-submitはScalaやJavaで書かれ.jarファイルとしてパッケージ化されたアプリケーションの投入にも使われます）。

ここからはパラメータを1つずつ見ていき、コマンドラインからできることのイメージをうまく掴んでもらいましょう。

- --master：マスター（ヘッド）ノードのURLを設定するために使われるパラメータです。利用可能な構文は次のとおりです。
    - local：コードをローカルマシン上で実行する場合に使います。localが渡されると、Sparkは単一スレッドで動作します（並列処理を活用しません）。マルチコアのマシンを使っているなら、Sparkに利用させるコア数をlocal[n]（nを使用するコア数に置き換えます）と指定することも、local[*]としてマシン上のコア数のスレッドをSparkに使わせることもできます。
    - spark://host:port：これはSparkのスタンドアローンクラスタのURLとポート番号で

す（スタンドアローンクラスタではMesosやYARNのようなジョブスケジューラは動作しません）。
  - `mesos://host:port`：これはMesosにデプロイされたSparkクラスタのURLとポート番号を指定します。
  - `yarn`：YARNをワークロードバランサーとして動作させているヘッドノードからジョブを投入する場合に使います。
- `--deploy-mode`：Sparkのドライバプロセスをローカルで起動する（その場合は`client`を指定します）か、クラスタ内のいずれかのワーカーマシン上で起動する（この場合は`cluster`オプションを指定します）かを指定するパラメータです。このパラメータのデフォルト値は`client`です。次に、Sparkのドキュメンテーションからこの両者の違いをもっと詳しく説明している部分を抜粋します（http://bit.ly/2hTtDVE）。

  > 一般的なデプロイの戦略は、物理的にワーカーマシン群の近くにあるゲートウェイのマシン（のスクリーンセッション）からアプリケーションを投入する、というものです（たとえばスタンドアローンのEC2クラスタのマスターノード）。こういった環境では、clientモードが適切です。clientモードでは、ドライバはspark-submitのプロセス内で直接起動され、クラスタに対するクライアントとして動作します。アプリケーションの入出力はコンソールにアタッチされます。したがって、このモードが特に適しているのはREPLを含むアプリケーションです（たとえばSpark shellがそうです）。あるいは、アプリケーションをワーカーマシン群から遠く離れたマシン（たとえば手元にあるノートPC）から投入するのであれば、clusterモードを使ってドライバとエグゼキュータとのネットワークのレイテンシを最小限にするのが一般的です。現時点では、スタンドアローンモードのクラスタではPythonアプリケーションのclusterモードはサポートされていません。

- `--name`：アプリケーション名です。`SparkSession`を生成する際（これは次のセクションで取り上げます）にプログラムからアプリケーションの名前を指定すると、コマンドラインからのパラメータは上書きされてしまうので注意してください。パラメータの優先順位については、このあと`--conf`パラメータを説明する際に取り上げます。
- `--py-files`：Pythonのアプリケーションに含めたい`.py`、`.egg`、`.zip`ファイルをカンマ区切りのリストで指定します。これらのファイルは各エグゼキュータに転送されて使用されます。本章では後ほど、コードをモジュールにパッケージ化する方法を紹介します。
- `--files`：このパラメータも、各エグゼキュータに転送されて使われるファイルをカンマ区切りのリストで指定します。
- `--conf`：アプリケーションの設定をコマンドラインから動的に変更するためのパラメータです。構文は`<Sparkのプロパティ>=<プロパティの値>`です。たとえば`--conf spark.local.dir=/home/SparkTemp/`あるいは`--conf spark.app.name=learningPySpark`といったように指定をします。後者は、すでに述べた`--name`プロパティの指定と同じ意味を持ちます。

Sparkの設定パラメータは3ヵ所にあります。SparkConfのパラメータは SparkConfの生成時に指定されるもので、これはspark-submitスクリプトでコマンドラインから渡されるパラメータや、conf/spark-defaults.confファイルで指定されるパラメータよりも高い優先順位を持ちます。

- `--properties-file`：設定を格納しているファイルを指定します。このファイルは conf/spark-defaults.confの代わりに読み込まれることになるので、同じプロパティ群を持っていなければなりません。
- `--driver-memory`：ドライバ上のアプリケーションに割り当てるメモリの量を指定するパラメータです。値は1,000Mや2Gといったように指定します。デフォルト値は1,024Mです。
- `--executor-memory`：各エクゼキュータ上でアプリケーションに対して割り当てるメモリの量を指定するパラメータです。デフォルト値は1Gです。
- `--help`：ヘルプメッセージを表示して終了します。
- `--verbose`：アプリケーションの実行時に追加のデバッグ情報を出力させます。
- `--version`：Sparkのバージョンを出力します。

clusterデプロイモードだけが指定されたスタンドアローンのSpark、もしくはYARN上にデプロイされたクラスタで動作しているSparkでは、`--driver-cores`でドライバが使用するコア数を指定できます（デフォルトは1）。スタンドアローンモードのSparkや、clusterデプロイモードのみが指定されてMesos上で動作しているSparkでは、次のオプションも利用できることがあります。

- `--supervise`：このパラメータが指定された場合、ドライバがロストしたり障害を起こしたりした場合に、ドライバが再起動されます。YARNでも`--deploy-mode`をclusterに設定すればこのパラメータが指定できます。
- `--kill`：指定された submission_idのプロセスを終了させます。
- `--status`：このコマンドが指定された場合、指定されたアプリケーションの状態が問い合わせされます。スタンドアローンモードのSparkやMesos（clientデプロイモード）では、`--total-executor-cores`も指定できます。これは全エクゼキュータ（それぞれのエクゼキュータではありません）が使うコアの総数を要求するパラメータです。一方で、スタンドアローンモードのSparkやYARN上のSparkでは、`--executor-cores`だけがエクゼキュータごとのコア数を指定できるパラメータです（YARNモードでのデフォルトは1で、スタンドアローンモードではワーカー上で利用できるすべてのコア数です）。

加えて、YARNクラスタへの投入時には次のパラメータが指定できます。

- `--queue`：ジョブを投入するYARNのキューを指定します（デフォルトは default）。
- `--num-executors`：ジョブのために要求するエクゼキュータのマシン数を指定するパラメータです。動的なアロケーションが有効になっている場合、初期のエクゼキュータ数は最低でもこの

パラメータで指定された数になります。

これですべてのパラメータを説明したので、いよいよ実践に移りましょう。

11.2　プログラムによるアプリケーションのデプロイ

Jupyter notebookの場合とは異なり、spark-submitコマンドを使う場合にはアプリケーションが適切に動作するようSparkSessionを用意して設定しなければなりません。

このセクションでは、SparkSessionの生成と設定とあわせて、Sparkの外部にあるモジュールの利用方法を説明します。

DatabricksやMicrosoft Azure（あるいはその他のSparkのプロバイダ）で、まだ無料のアカウントを作成していなくても、心配はいりません。まだこの先もローカルマシンを使っていきます。これは手始めとして使いやすいからですが、アプリケーションをクラウドに持っていくことにした場合でも、変更しなければならないのは文字どおりジョブの投入時の--masterパラメータだけです。

11.2.1　SparkSessionの設定

Jupyterを使う場合と、ジョブをプログラムから投入する場合との主な違いは、Spark（もしHiveQLを使いたいならHiveも）のコンテキストを自分で作成しなければならないことです。SparkをJupyterで動作させる場合には、コンテキストは自動的に作成されています。

このセクションでは、Uberが公開している2016年の6月のニューヨーク市における乗車データを使う、シンプルなアプリケーションを開発しましょう。このデータセットはhttps://s3.amazonaws.com/nyc-tlc/trip+data/yellow_tripdata_2016-06.csvからダウンロードしました（ほぼ2GBに及ぶファイルなので注意してください）。オリジナルのデータセットには1,100万の乗車記録が含まれていますが、このサンプルでは330万レコードだけを使い、利用可能な列の一部だけを選択しています。

変換済みのデータセットはhttp://www.tomdrabas.com/data/LearningPySpark/uber_data_nyc_2016-06_3m_partitioned.csv.zipからダウンロードできます。このファイルをダウンロードしてGitHubからクローンしたChapter13フォルダへunzipしてください。このファイルは実際には4つのファイルを含む1つのディレクトリになっているのでおかしく見えるかもしれませんが、Sparkから読み取れば1つのデータセットになります。

さあ、それでは始めましょう！

11.2.2　SparkSessionの生成

Spark 2.0からは、それまでのバージョンに比べてSparkContextの生成がややシンプルになりました。実際のところ、SparkContextを明示的に生成する代わりに、現在ではSparkはSparkSessionを使って高レベルの機能を公開するようになっています。次がそのやり方です。

```
from pyspark.sql import SparkSession
spark = SparkSession \
        .builder \
        .appName('CalculatingGeoDistances') \
        .getOrCreate()
print('Session created')
```

必要なことは、上のコードだけですべて済んでいます！

RDD APIを使いたければ、そうすることもできます。ただしSparkContextを生成する必要はありません。SparkSessionが舞台裏でSparkContextを作ってくれています。RDD APIにアクセスするには、（上の例でいえば）単にsc = spark.SparkContextとするだけで済みます。

この例では、まずSparkSessionオブジェクトを生成し、その内部クラスの.builderを呼んでいます。.appName(...)でアプリケーションの名前が指定でき、.getOrCreate()メソッドはSparkSessionがまだなければ作成し、すでにあればそのSparkSessionを返します。アプリケーションには意味のある名前を付けるようにすると良いでしょう。そうすることで、(1)クラスタ上でアプリケーションを見つけやすくなり(2)誰にとっても混乱が減ることになります。

舞台裏では、SparkSessionはSparkContextオブジェクトを生成しています。SparkSessionの.stop()を呼ぶと、内部に持っているSparkContextも終了させられます。

11.2.3　コードのモジュール化

あとで再利用できるようにコードを構築することは、常に良いことです。同じことはSparkについても当てはまります。メソッドをモジュール化すれば後で再利用できます。また、そうすることでコードは読みやすくなり、メンテナンスしやすくなります。

本章のサンプルでは、データセットに対して同じ演算処理を行うモジュールを構築します。これは、乗車の地点から下車の地点までの**直線距離**を（半正矢関数を使い、マイル単位で）計算するものですが、その値のマイルからキロメートルへの換算も行います。

11.2 プログラムによるアプリケーションのデプロイ | 223

半正矢関数に関する詳しい情報は（https://ja.wikipedia.org/wiki/球面三角法）を参照してください。

さあ、まずはモジュールを構築しましょう。

モジュールの構造

外部のメソッドのコードは`additionalCode`フォルダに入れることにします。

まだチェックアウトしていなければ、本書のGitHubリポジトリhttps://github.com/drabastomek/learningPySpark/tree/master/Chapter11をチェックアウトしておいてください。

このフォルダのツリー構造は次のようになっています。

```
additionalCode/
├── setup.py
└── utilities
    ├── __init__.py
    ├── base.py
    ├── converters
    │   ├── __init__.py
    │   └── distance.py
    └── geoCalc.py

2 directories, 6 files
```

見て取れるとおり、これは通常のPythonのパッケージと同じような構造です。最上位には`setup.py`を置き、モジュールをパッケージ化して内部にコードを持てるようにします。

ここでの`setup.py`の内容は次のようになっています。

```
from setuptools import setup

setup(
    name='PySparkUtilities',
    version='0.1dev',
    packages=['utilities', 'utilities/converters'],
    license='''
        Creative Commons
        Attribution-Noncommercial-Share Alike license''',
    long_description='''
        An example of how to package code for PySpark'''
)
```

ここではこの構造に深く踏み込むことはしませんが（見てみれば十分理解できるでしょう）。他のプロジェクトにおける`setup.py`の定義についてはhttps://pythonhosted.org/an_example_pypi_project/

setuptools.htmlが参考になるでしょう。

ユーティリティフォルダにある `__init__.py`の内容は次のコードです。

```
from .geoCalc import geoCalc
__all__ = ['geoCalc','converters']
```

事実上、geoCalc.pyとconverters（これらについてはこのあと説明します）はこのコードによって公開されています。

2点間の距離の計算

1つめのメソッドは、半正矢関数を使って地図上の2点（直交座標系）間の直線距離を計算しています。この処理を行うコードは、モジュール中のgeoCalc.pyにあります。

calculateDistance(...)は、geoCalcクラスのスタティックなメソッドです。このメソッドはタプルもしくは2つの要素（緯度と経度、順序はこの順番でなければなりません）からなるリストとして地理的な2つの地点を引数に取ります。そして半正矢関数を使ってこの2点間の距離を計算します。距離の計算に必要な地球の半径はマイルが単位になっているので、計算結果の距離もまたマイル単位になっています。

距離の単位の変換

このユーティリティパッケージは、広く使えるように構築しています。その一部として、さまざまな計測単位の変換のためのメソッドを用意してあります。

執筆時点では距離だけですが、こういった機能は面積、体積、温度といった領域にまで拡張できます。

使いやすくするために、converterとして実装されたすべてのクラスは同じインターフェイスを提供するものとします。そのため、そういったクラスはBaseConverter（base.pyを参照してください）から導出するようにしてください。

```
from abc import ABCMeta, abstractmethod

class BaseConverter(metaclass=ABCMeta):
    @staticmethod
    @abstractmethod
    def convert(f, t):
        raise NotImplementedError
```

これは純粋に抽象クラスなので、インスタンス化することはできません。このクラスの唯一の目的は、導出クラスがconvert(...)することを強制することです。実装の詳細は、distance.pyを参照してください。Pythonに堪能な方ならこのコードはすぐ読めるでしょう。そのためここではステップ・バ

イ・ステップでの説明は省略します。

eggの構築

これでコードが揃ったので、パッケージ化できるようになりました。PySparkのドキュメンテーションには、.pyの複数のファイルをカンマ区切りでspark-submitに渡すことができると書かれています。とはいえ、モジュールを.zipあるいは.eggとしてパッケージ化する方がはるかに便利です。ここで役立つのがsetup.pyです。必要なのは、additionalCodeフォルダにあるこのスクリプトを呼ぶことだけです。

```
python setup.py bdist_egg
```

すべてうまくいけば、PySparkUtilities.egg-info、build、distという3つのフォルダができているはずです。ここで注目すべきはdistフォルダにあるPySparkUtilities-0.1.dev0-py3.5.eggです。

上のコマンドを実行すると、できあがった.eggファイルの名前が少し異なっているかもしれません。これは、使ってるPythonのバージョンが異なっているかもしれないためです。名前が異なっていてもSparkのジョブで問題なく使用できますが、spark-submitコマンドは.eggファイルの名前にあわせて調整しなければなりません。

Sparkでのユーザー定義関数の利用

PySparkでDataFrameの処理を行う場合、選択肢は2つあります。1つはもともと組み込まれている関数を使ってデータを処理する方法です（ほとんどの場合はこの方法で必要なことはこなせるでしょう。そしてコードのパフォーマンスが高くなるので、この方法を採ることをお勧めします）、もう1つは独自にユーザー定義関数（UDF）を作成する方法です。

UDFを定義するには、Pythonの関数を.udf(...)メソッドでラップし、その返値の型を指定します。次のスクリプトではこの方法を使っています（calculatingGeoDistance.pyを調べてみてください）。

```
import utilities.geoCalc as geo
from utilities.converters import metricImperial

getDistance = func.udf(
    lambda lat1, long1, lat2, long2:
        geo.calculateDistance(
            (lat1, long1),
            (lat2, long2)
        )
    )

convertMiles = func.udf(lambda m:
    metricImperial.convert(str(m) + ' mile', 'km'))
```

これで、この関数を使って距離を計算してキロメートルに変換できます。

```
uber = uber.withColumn(
    'miles',
        getDistance(
            func.col('pickup_latitude'),
            func.col('pickup_longitude'),
            func.col('dropoff_latitude'),
            func.col('dropoff_longitude')
        )
    )
uber = uber.withColumn(
    'kilometers',
    convertMiles(func.col('miles')))
```

.withColumn(...)メソッドを使えば、必要な値を持つ列を作成して追加できます。

ここで注意が必要です。PySparkの組み込み関数を使う場合、それらがPythonのオブジェクトであるとはいえ、背後でその呼び出しは変換されてScalaのコードとして実行されます。しかし、Pythonで書いた独自のメソッドはScalaには変換されないため、PythonのVMで実行されることになります。これはパフォーマンスに大きな影響を及ぼします。

それではパズルのピースを組み合わせて、ジョブを投入してみましょう。

11.2.4　ジョブの投入

CLIで次のように入力してみてください（フォルダの構成はGitHubの構成から変わっていないものとします）。

```
./launch_spark_submit.sh \
--master local[4] \
--py-files additionalCode/dist/PySparkUtilities-0.1.dev0-py3.5.egg \
calculatingGeoDistance.py
```

シェルスクリプトのlaunch_spark_submit.shについては多少の説明が必要でしょう。「付録A Sparkのインストール」では、Jupyterを起動させるようにSparkのインスタンスを設定しました（そのためにシステム環境変数のPYSPARK_DRIVER_PYTHONをjupyterに設定しています）。そのため、この設定がなされているマシン上で単純にspark-submitを実行してしまうと、おそらくは次のようなエラーが生じてしまいます。

```
jupyter: 'calculatingGeoDistance.py' is not a Jupyter command
```

したがって、spark-submitコマンドを実行する前に、まずこの変数の設定を解除し、それからコードを実行しなければならないのです。これはすぐにとても面倒に感じられるようになってくるので、launch_spark_submit.shで自動化したのです。

```
#!/bin/bash

unset PYSPARK_DRIVER_PYTHON
spark-submit $*
export PYSPARK_DRIVER_PYTHON=jupyter
```

見ればわかるとおり、これは`spark-submit`コマンドをラップしているに過ぎません。
すべてうまくいけば、次のstream of consciousnessがCLIに表示されるでしょう。

```
17/01/08 20:51:55 INFO SparkContext: Running Spark version 2.1.0
17/01/08 20:51:55 WARN NativeCodeLoader: Unable to load native-hadoop library for your platform... using builtin-java classes where applicable
17/01/08 20:51:56 INFO SecurityManager: Changing view acls to: drabast
17/01/08 20:51:56 INFO SecurityManager: Changing modify acls to: drabast
17/01/08 20:51:56 INFO SecurityManager: Changing view acls groups to:
17/01/08 20:51:56 INFO SecurityManager: Changing modify acls groups to:
17/01/08 20:51:56 INFO SecurityManager: SecurityManager: authentication disabled; ui acls disabled; users  with view permissions: Set(drabast); grou
ps with view permissions: Set(); users  with modify permissions: Set(drabast); groups with modify permissions: Set()
17/01/08 20:51:56 INFO Utils: Successfully started service 'sparkDriver' on port 52919.
17/01/08 20:51:56 INFO SparkEnv: Registering MapOutputTracker
17/01/08 20:51:56 INFO SparkEnv: Registering BlockManagerMaster
17/01/08 20:51:56 INFO BlockManagerMasterEndpoint: Using org.apache.spark.storage.DefaultTopologyMapper for getting topology information
17/01/08 20:51:56 INFO BlockManagerMasterEndpoint: BlockManagerMasterEndpoint up
17/01/08 20:51:56 INFO DiskBlockManager: Created local directory at /private/var/folders/_g/wy0_l8n54mz_ktg1pgj_bhj80000gq/T/blockmgr-ffe4fbf9-73d1-
4e56-8568-79a68ee52123
17/01/08 20:51:56 INFO MemoryStore: MemoryStore started with capacity 366.3 MB
17/01/08 20:51:56 INFO SparkEnv: Registering OutputCommitCoordinator
17/01/08 20:51:56 INFO Utils: Successfully started service 'SparkUI' on port 4040.
17/01/08 20:51:56 INFO SparkUI: Bound SparkUI to 0.0.0.0, and started at http://192.168.0.109:4040
17/01/08 20:51:56 INFO SparkContext: Added file file:/Users/drabast/Documents/Publishing/TST/Ch13/calculatingGeoDistance.py at file:/Users/drabast/D
ocuments/Publishing/TST/Ch13/calculatingGeoDistance.py with timestamp 1483937516630
17/01/08 20:51:56 INFO Utils: Copying /Users/drabast/Documents/Publishing/TST/Ch13/calculatingGeoDistance.py to /private/var/folders/_g/wy0_l8n54mz_
ktg1pgj_bhj80000gq/T/spark-79d9b524-250a-4c92-b292-a80cccd661de/userFiles-aa95112f-2ac5-45b9-abf8-09c7db1a6d9d/calculatingGeoDistance.py
17/01/08 20:51:56 INFO SparkContext: Added file file:/Users/drabast/Documents/Publishing/TST/Ch13/additionalCode/dist/PySparkUtilities-0.1.dev0-py3.
5.egg at file:/Users/drabast/Documents/Publishing/TST/Ch13/additionalCode/dist/PySparkUtilities-0.1.dev0-py3.5.egg with timestamp 1483937516655
17/01/08 20:51:56 INFO Utils: Copying /Users/drabast/Documents/Publishing/TST/Ch13/additionalCode/dist/PySparkUtilities-0.1.dev0-py3.5.egg to /priva
te/var/folders/_g/wy0_l8n54mz_ktg1pgj_bhj80000gq/T/spark-79d9b524-250a-4c92-b292-a80cccd661de/userFiles-aa95112f-2ac5-45b9-abf8-09c7db1a6d9d/PySpark
Utilities-0.1.dev0-py3.5.egg
17/01/08 20:51:56 INFO Executor: Starting executor ID driver on host localhost
17/01/08 20:51:56 INFO Utils: Successfully started service 'org.apache.spark.network.netty.NettyBlockTransferService' on port 52920.
17/01/08 20:51:56 INFO NettyBlockTransferService: Server created on 192.168.0.109:52920
17/01/08 20:51:56 INFO BlockManager: Using org.apache.spark.storage.RandomBlockReplicationPolicy for block replication policy
17/01/08 20:51:56 INFO BlockManagerMaster: Registering BlockManager BlockManagerId(driver, 192.168.0.109, 52920, None)
17/01/08 20:51:56 INFO BlockManagerMasterEndpoint: Registering block manager 192.168.0.109:52920 with 366.3 MB RAM, BlockManagerId(driver, 192.168.0
.109, 52920, None)
17/01/08 20:51:56 INFO BlockManagerMaster: Registered BlockManager BlockManagerId(driver, 192.168.0.109, 52920, None)
17/01/08 20:51:56 INFO BlockManager: Initialized BlockManager: BlockManagerId(driver, 192.168.0.109, 52920, None)
17/01/08 20:51:56 INFO SharedState: Warehouse path is 'file:/Users/drabast/Documents/Publishing/TST/Ch13/spark-warehouse/'.
Session created
17/01/08 20:51:57 INFO MemoryStore: Block broadcast_0 stored as values in memory (estimated size 127.1 KB, free 366.2 MB)
17/01/08 20:51:57 INFO MemoryStore: Block broadcast_0_piece0 stored as bytes in memory (estimated size 14.3 KB, free 366.2 MB)
17/01/08 20:51:57 INFO BlockManagerInfo: Added broadcast_0_piece0 in memory on 192.168.0.109:52920 (size: 14.3 KB, free: 366.3 MB)
17/01/08 20:51:57 INFO SparkContext: Created broadcast 0 from csv at NativeMethodAccessorImpl.java:0
17/01/08 20:51:57 INFO FileInputFormat: Total input paths to process : 4
```

この出力からは、有益なことがたくさんわかります。

- 使用中のSparkのバージョン
- SparkのUI（ジョブの進行状況の把握に役立ちます）が無事にhttp://localhsot:4040で起動したこと
- .eggファイルが無事に追加されて実行時に利用できること
- `uber_data_nyc_2016-06_3m_partitioned.csv`が無事に読み込まれたこと
- 起動および終了したジョブとタスクのリスト

ジョブが完了すれば、表示は次のようになるでしょう。

このスクリーンショットからは、距離が正しく報告されたことが読み取れます。SparkのUIのプロセスが停止され、すべてのクリーンアップジョブが実行されたこともわかります。

11.2.5　実行のモニタリング

`spark-submit`コマンドを使うと、SparkはローカルでWebサーバーを立ち上げます。このWebサーバーからは、ジョブの実行状況を追うことができます。ウィンドウは次のようになります。

上部のタブでJobsとStagesビューが切り替えられます。Jobsビューからは、スクリプト全体が完了するまでさまざまなジョブの実行状況を追跡できます。Stagesビューからは、実行されたすべてのステージの状況を追跡できます。

また、ステージのリンクをクリックすれば、それぞれのステージの実行プロファイルを調べたり、それぞれのタスクの実行状況を追跡したりできます。次のスクリーンショットには、4つのタスクを実行しているステージ3の実行プロファイルが表示されています。

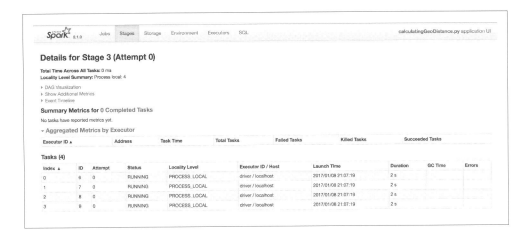

クラスタ環境では、driver/localhostの代わりに、ドライバの番号とホストのIPアドレスが表示されます。

ジョブやステージの中では、DAG Visualizationをクリックするとそのジョブやステージの実行の様子を見ることができます（次の図の左はJobビューで、右はStageビューです）。

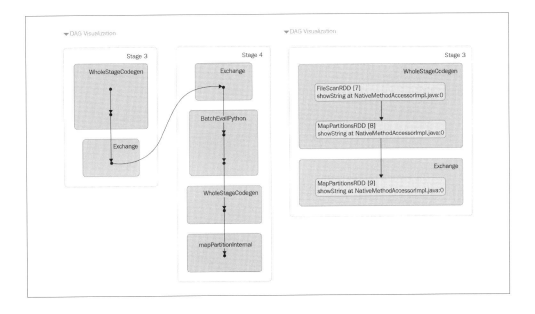

11.3 Databricksのジョブ

Databricksのプロダクトを利用しているのであれば、開発やDatabricksのノートブックからプロダクションに移行する最も簡単な方法は、Databricks Jobsの機能を使うことです。この機能を使うと、次のようなことができます。

- Databricksのノートブックを、既存のクラスタや新しいクラスタ上でスケジュール実行する
- 任意の頻度（分単位から月単位まで）でスケジュール実行する
- ジョブのタイムアウトやリトライを設定する
- ジョブの開始、終了、エラー時にアラートを投げる
- 上部の実行履歴や、個々のノートブックのジョブ実行履歴を表示する

こういった機能は、ジョブの投入に関するスケジューリングや実務のワークフローをきわめてシンプルなものにしてくれます。この機能を使うには、Databricksの（Community Editionから）サブスクリプションへのアップグレードが必要なことには注意してください。

この機能を使うには、DatabricksのJobsメニューからCreate Jobをクリックします。そしてジョブ名と実行したいノートブックを選択してジョブにします。次の図はその様子です。

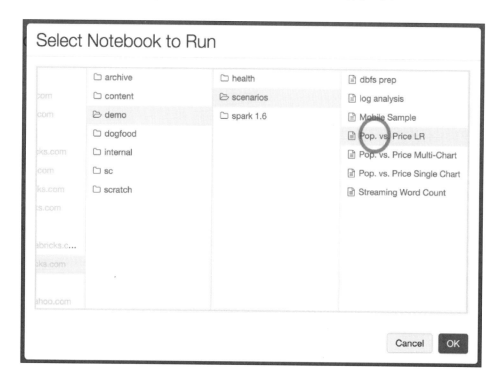

ノートブックを選択したなら、動作中の既存のクラスタを使うか、ジョブスケジューラを使ってこの

ジョブ用に新しいクラスタを起動するかを選択できます。

ノートブックとクラスタを選択したなら、スケジュール、アラート、タイムアウト、リトライを設定できます。ジョブのセットアップができたなら、画面は次の図の **Population vs. Price Linear Regression Job** のようになっているでしょう。

このジョブは、**Active runs** の下の **Run Now** のリンクをクリックすればテストできます。

次の図の **Meetup Streaming RSVPs** ジョブの場合のように、終了した処理の履歴を見ることもできま

す。このノートブックの場合、50個のジョブの実行が完了しています。

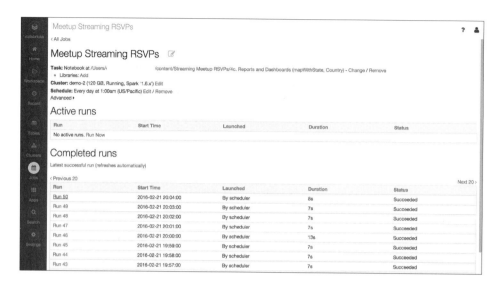

実行済みのジョブ（ここでは **Run 50**）をクリックすれば、そのジョブの実行結果を見ることができます。開始時間、実行期間、状態に加え、特定のジョブの結果を見ることもできます。

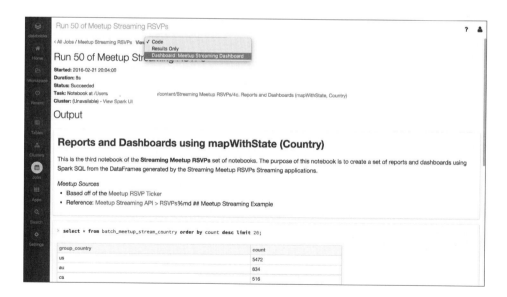

RESTジョブサーバー：ジョブを実行する方法としては、REST APIも広く使われています。Databricksのサービスを利用するなら、Databricks REST APIを使ってジョブを実行することができます。独自にジョブサーバーを管理したいなら、広く利用されているオープンソースのRESTジョブサーバーとして`spark-jobserver`があります。これはジョブの投入用のRESTfulなインターフェイスを持ち、Apache Sparkのジョブ、jarファイル、ジョブのコンテキストを管理してくれます。（本書の執筆時点では）最近このプロジェクトはアップデートされ、PySparkのジョブも扱えるようになりました。詳しい情報についてはhttps://github.com/spark-jobserver/spark-jobserverを参照してください。

11.4 まとめ

　本章では、Pythonで書かれたアプリケーションをコマンドラインからSparkへ投入するための手順を紹介しました。`spark-submit`のパラメータに関して述べるとともに、Pythonのコードをパッケージ化してPySparkスクリプトともに投入する方法を紹介しました。さらに、ジョブの実行状況の追跡方法についても紹介しました。

　加えて、Databricks Jobsの機能を使ってDatabricksのノートブックを実行する方法の概要を説明しました。この機能は、開発からプロダクションへの移行をシンプルにしてくれるもので、ノートブックをエンドツーエンドのワークフローとして実行できるようにしてくれます。

　本書はこれで終わりです。読者の皆様が本書の内容を楽しんでくださり、Pythonを使ってSparkに取り組み始めるきっかけになることを願っています。幸運を！

付録A
Apache Sparkのインストール

Apache Sparkを使い始めようとすると、少々ひるんでしまうかもしれません。しかし、ひとたびSparkを自分のローカルマシンにインストールしてから振り返ってみれば、それほど恐れることもなかったということがわかるでしょう。

付録Aでは、Spark 2の動作要件、Sparkそのもののインストールのプロセス、そしてコードを書きやすくするためのJupyter notebookのセットアップを一通り紹介します。

取り上げる内容は次のとおりです。

- 動作要件
- Sparkのインストール
- PySpark上でのJupyter
- クラウドでのインストール

A.1 動作要件

まずは、使用するコンピュータにSparkがインストールできるかを確認しましょう。必要なのは、Java（バージョン7以降）、Python（バージョン2.6以降もしくは3.4以降）です。Rのコードも実行したいなら、R（バージョン3.1以降）も必要です。Scala APIに関しては、Spark 2.2.0はScala 2.11を使っています。互換性のあるバージョン（2.11.x）のScalaを利用してください。

Sparkはインストールの過程でScalaをインストールするので、必要なのはマシンにJavaとPythonがあることだけです。

本書では全体を通じてmacOS Sierra、Linux系としてUbuntu、そしてWindows10を使用します。すべてのサンプルは、このいずれの環境でも動作するはずです。

A.2　JavaとPythonがインストールされていることの確認

Unix系のマシン（MacやLinux）は**ターミナル**（あるいは**コンソール**）を開いてください。Windowsマシンの場合は、コマンドプロンプトを開いてください。

本書全体を通じて、ターミナル、コンソール、コマンドプロンプトのことを**CLI**と呼びます。CLIは**Command Line Interface**（コマンドライン・インターフェイス）を意味します。

ウィンドウが開いたなら、次のように入力してください。

java -version

出力が

java version "1.8.0_25"
Java(TM) SE Runtime Environment (build 1.8.0_25-b17)
Java HotSpot(TM) 64-Bit Server VM (build 25.25-b02, mixed mode)

のようになれば、Javaがインストールされています。この例ではJava 8が動作しているので、1つめの条件は満たされています。しかし、MacやLinuxで先ほどのコマンドがエラーになった場合は、次のような出力になるでしょう。

-bash: java: command not found

あるいはWindowsであれば、次のようなエラーになるでしょう。

'java' は、内部コマンドまたは外部コマンド、
操作可能なプログラムまたはバッチ ファイルとして認識されていません。

これは、Javaがインストールされていないか、もしくはPATH上にないということです。
　PATHはCLIがバイナリを探す際に調べる環境変数です。たとえばcd（ディレクトリの変更）コマンドを入力してCLIを実行しようとすると、システムはPATHに列挙されているフォルダをスキャンしてcdという実行可能ファイルを探し、もし見つかればそれを実行します。バイナリが見つからなければ、システムはエラーを表示します。

PATHの働きについてもっと詳しく知りたい場合はhttps://ja.wikipedia.org/wiki/環境変数にアクセスしてみてください。

Javaがインストールできているはずなら（あるいは単純にインストールできているかわからないなら）、Javaのバイナリの場所を表示させてみることができます。Linuxなら、次のコマンドを実行して

みてください。

```
locate java
```

jvmフォルダは、/usr/lib/jvmを調べてみてください。

この方法やjvmフォルダの正確な場所については、使っているLinuxのドキュメンテーションを参照してください。

Macの場合はjdkもしくはjreフォルダを/Library/Java/JavaVirtualMachines/で探してみてください。うまく見つからなければ、Javaをインストールする必要があるでしょう（次のセクションの「Javaのインストール」を参照してください）。

Javaの場合と同じように、Pythonが自分のマシンにインストールされているかも調べてください。それには、CLIで次のコマンドを入力します

```
python --version
```

Pythonがインストールされているなら、ターミナルにPythonのバージョンが表示されます。筆者の場合は次のようになりました。

```
Python 3.5.1 :: Anaconda 2.4.1 (x86_64)
```

Pythonがインストールされていなければ、適切なバージョンのPythonをマシンにインストールしなければなりません（このあとのセクションの「Pythonのインストール」を参照してください）。

A.3　Javaのインストール

Javaの詳細なインストール手順は、本書で扱う範囲を超えています。とはいえその手順は単純明快であり、大まかには次のようになります。

1. https://www.java.com/en/download/mac_download.jspにアクセスし、自分のシステムに合ったバージョンをダウンロードする。
2. ダウンロードできたら、指示にしたがってマシンにインストールする。

実質的には、やることはこれだけです。

MacでのJavaのインストールに際して問題があればhttps://www.java.com/en/download/help/mac_install.xmlを調べてみてください。

Windowsでのインストール手順の概要はhttps://www.java.com/en/download/help/ie_online_install.xmlにあります。

最後に、Linuxのインストールの手順はhttps://www.java.com/en/download/help/linux_install.xmlを調べてみてください。

A.4　Pythonのインストール

筆者らが好んでいるPythonのディストリビューションはAnaconda Python（Continuumが提供しています）であり、これを強くお勧めします。Anaconda Pythonのパッケージには、必要なモジュールや最も一般的に使われているモジュールが含まれています（中でもpandas、NumPy、SciPy、Scikitなど）。使いたいモジュールがなければ、パッケージ管理システムのcondaを使えばすぐにインストールできます。

Anacondaのインストーラはhttps://www.continuum.io/downloadsからダウンロードできます。使っているオペレーティングシステムにあったバージョンであることを確認の上、表示されるインストール手順にしたがってください。

本書では、Linuxの場合AnacondaはユーザーのHOMEディレクトリにインストールされているものとしています。

ダウンロードできたら、使用しているオペレーティングシステムに応じてインストールの指示にしたがってください。

- Windowsの場合はhttps://docs.continuum.io/anaconda/install#anaconda-for-windows-install
- Linuxの場合はhttps://docs.continuum.io/anaconda/install#linux-install
- Macの場合はhttps://docs.continuum.io/anaconda/install#anaconda-for-os-x-graphical-install

JavaとPythonがインストールできたら、前セクションのJavaとPythonがインストールされていることの確認のステップをやり直してみてください。今度はうまく行くはずです。

A.5　PATHの確認と更新

これでもまだCLIでエラーが出るなら、PATHを更新する必要があります。これは、CLIがSparkを実行するための適切なバイナリを見つけられるようにするために必要なことです。

環境変数のPATHの設定方法は、Unix系のオペレーティングシステムとWindowsで異なります。このセクションでは、PATHを適切に設定する方法をどちらのシステムについても説明します。

A.6　LinuxおよびMacでのPATHの変更

まず、ファイルの.bash_profileを開いてください。このファイルを使えば、CLIを開くたびにbashの環境を設定できます。

bashが何かを知るにはhttps://www.gnu.org/software/bash/manual/html_node/What-is-Bash_003f.htmlにアクセスしてみてください。

ここではテキストエディタのviをCLI内で使いますが、使うエディタは好みのものでかまいません。

```
vi ~/.bash_profile
```

読者のシステムに.bash_profileというファイルがなかった場合、上記のコマンドを実行することで.bash_profileが作成されます。このファイルがすでに存在していれば、それが開かれます。

いくつかの行を追加することになりますが、できればファイルの末尾に追加しましょう。viを使っているのであれば、まずファイルの末尾に移動し、oキーを押してください（これでviは行末の挿入モードになります）。そこに次のような新しい行を挿入します。

Macの場合は次の2行です。

```
export PATH=/Library/Java/JavaVirtualMachines/jdk1.8.0_40.jdk/Contents/Home/bin:$PATH
export PATH=/Library/Frameworks/Python.framework/Versions/3.5/bin/:$PATH
```

Linuxの場合は次の2行です。

```
export PATH=/usr/lib/jvm/java-8-sun-1.8.0.40/jre/bin/java:$PATH
export PATH=$HOME/anaconda/bin:$PATH
```

ここに示しているのはJavaのバージョンが1.8 update 40の場合であることに注意してください。

入力が終わったなら、Escキーを押してから次のコマンドを入力してください。

```
:wq
```

:wqの先頭にある必須のコロンを忘れないようにしてください。

この変更は、CLIを再起動した後に有効になります。

A.7　WindowsでのPATHの変更*

まず**コントロールパネル**を開き、**システム**をクリックし、続いて**システムの詳細**をクリックしてください。画面は次のスクリーンショットのようになるでしょう。

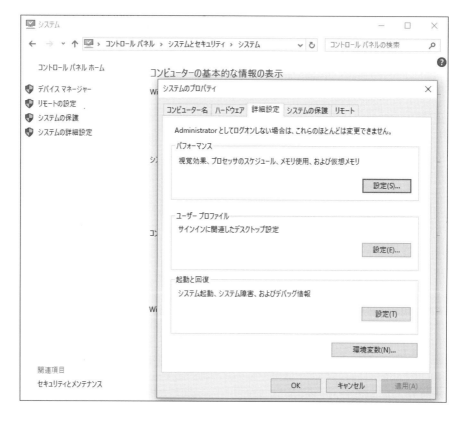

環境変数をクリックし、**システム環境変数**からPathを探してクリックし、続いて**編集**をクリックしてください。

---

* 訳注：このパスは、インストールしたJavaやPythonのバージョンによって異なります。訳者の場合、Javaをインストールした際には、Javaの実行パスは自動的にPATHに追加されていました。

A.7 WindowsでのPATHの変更 | 241

新しいウィンドウが開いたら、**新規**をクリックし、続いて**参照**をクリックしてください。Javaがインストールされたディレクトリの下にあるbinディレクトリ（たとえば`C:¥ProgramFiles (x86)¥Java¥jre1.8.0_91¥bin`）を選んで**OK**をクリックしてください。

これらが終われば、**OK**をクリックしてウィンドウを閉じてください。

次に、<アカウント名>（前述の例では**tamagawa**）の**User variables**の中にPathという変数があり、Anacondaを何らかの形で参照していないかを確認してください（先ほどの例では参照しています）。

もしも参照していなければPATHを選択して編集をクリックしてください。そして次に、先ほどJavaフォルダを追加したときと同じように、**新規**をクリックし、続いて**編集**をクリックしてください。そしてAnaconda Pythonがインストールされているディレクトリ以下のbinディレクトリ（たとえばC:¥Users¥<アカウント名>¥AppData¥Local¥Continuum¥Anaconda3¥Library¥bin、Anacondaのバージョンなどによってはc:¥ProgramData¥以下にインストールされることもあるので、注意してください）を選んでOKをクリックしてください。

ここまできたなら、**システム**のウィンドウが閉じるまで**OK**をクリックしていってください。

最後にCLIを開き、次のコマンドを入力してください。

```
echo %PATH%
```

新たに追加したフォルダが含まれているはずです。

最後のステップとして、「付録A.2 JavaとPythonがインストールされていることの確認」のセクションに戻り、JavaとPythonが使えるようになっていることを確認してください。

A.8　Sparkのインストール

これでSparkをマシンにインストールする準備が整いました。その方法には3種類あります。

1. ソースコードをダウンロードし、自分自身でコンパイルする。この方法が最も柔軟です。
2. ビルド済みのバイナリをダウンロードする。
3. pipでPySparkのライブラリをインストールする（http://bit.ly/2ivVhbH）。

次の説明では、まずMacおよびLinuxでのやり方を説明します。続いてSparkをインストールする2つめの選択肢として、Windowsマシンでの設定方法を紹介します。

A.9　MacおよびLinux

これらのシステムはともにUnix系のシステムなので、一緒に説明します。macOSのカーネル（Darwinと呼ばれます）はBSDベースのものであり、一方LinuxのカーネルはUnixの世界の機能やセキュリティを大きく影響を受けています。

興味を引かれた方はhttps://developer.apple.com/library/mac/documentation/Darwin/Conceptual/KernelProgramming/Architecture/Architecture.htmlあるいはhttp://www.ee.surrey.ac.uk/Teaching/Unix/unixintro.htmlの、"for more information"を調べてみてください。

A.9.1 ソースコードのダウンロードと展開

まずhttp://spark.apache.org/downloads.htmlにアクセスし、次の手順を行ってください。

1. **Sparkのリリースの選択** 2.2.0を選択してください。本書の出版時点ではバージョンは変わっているかもしれません。単純にSpark 2.0の最新版を選択してください。
2. **パッケージタイプの選択** Source codeを選択してください。
3. **ダウンロードタイプの選択** Direct downloadを選択してください。
4. **Download Spark**の隣のリンクをクリックしてください。ここは`spark-2.2.0.tgz`のようになっているはずです。

ダウンロードが終わったなら、ファイルがダウンロードされた場所にCLIで移動します。筆者の場合は `~/Downloads/` でした。

```
cd ~/Downloads
```

MacやLinuxでは、チルダ（~）はホームフォルダを示します。

ファイルが本物であり、完全にダウンロードされていることを確認するために、次のコマンドを実行してください（Macの場合）。

```
md5 spark-2.2.0.tgz
```

あるいはこのコマンドを使ってください。

```
md5sum spark-2.2.0.tgz
```

Linuxでは、次のようにすると文字と数字の混ざった長い文字列が返されます。筆者のマシンでは次のようになりました。

```
MD5 (spark-2.2.0.tgz) = 9AA4A6D5F3945082D54ED23772182217
```

これで、Sparkのサイトにあるmd5のチェックサムと比較できます。

```
http://www.apache.org/dist/spark/spark-2.2.0/spark-2.2.0.tgz.md5
```

続いて、アーカイブを展開しなければなりません。次のコマンドを実行してください。

```
tar -xvf spark-2.2.0.tgz
```

`tar`コマンドに`-xvf`オプションを渡すことで、指定したファイル（`f`の部分）から詳しい出力を表示させつつ（`v`の部分）アーカイブを展開（`x`の部分）できます。

A.9.2　パッケージのインストール

さあ、パッケージをインストールしましょう。Sparkのコードを展開したディレクトリに進んでください。

`cd spark-2.2.0`

SparkはMavenとsbtを使ってビルドします。これらは、後ほど自分の作ったアプリケーションをクラウドにデプロイするためにパッケージ化する際にも使います。

Mavenは、Sparkのインストールに使われるビルドの自動化システムです。詳しくはhttps://maven.apache.orgをご覧ください。sbtはscala build toolの略であり、Scala用のインクリメンタルなコンパイラです。Scalaはスケーラビリティに富むプログラミング言語です（これが、Scalable Languageという名前の由来です）。Scalaで書かれたコードはJavaのバイトコードにコンパイルされるので、**Java仮想マシン（JVM）**で実行できます。詳しい情報についてはhttp://www.scala-lang.org/what-is-scala.htmlを調べてみてください。

A.9.3　Mavenのインストール

Mavenをわざわざインストールする必要はありません。Sparkのソースコードの`build`フォルダには`mvn`が含まれています。これが出発点です。

まずは、インストーラが使うメモリの割り当てを増やしてもらうために、Mavenのデフォルトのメモリ設定を変更しなければなりません。それには、CLIから次のコマンドを実行します（全部で1行です）。

`export MAVEN_OPTS="-Xmx2g -XX:MaxPermSize=512M -XX:ReservedCodeCacheSize=512m"`

また、システム変数の`JAVA_HOME`をJDKのディストリビューションがインストールされた場所を指すように正しく設定しておく必要もあります。これは、Macなら次のコマンドで実行できます。

`export JAVA_HOME=/Library/Java/JavaVirtualMachines/jdk1.8.0_40.jdk/Contents/Home`

Linuxでは次のようにします。

`export JAVA_HOME=/usr/lib/jvm/open-jdk`

読者の環境ではディストリビューションの場所が異なっているかもしれないので、その場合は上のコマンドを手元のシステムに合わせて調整してください。

Mavenのオプションと環境変数のJAVA_HOMEが設定できたなら、Sparkのビルドに進めます。
ここではSparkをHadoop 2.7とHiveと併せてビルドします。次のコマンドをCLIで実行してくださ
い（次もやはり全部で1行です）。

./build/mvn -Pyarn -Phadoop-2.7 -Dhadoop.version=2.7.0 -Phive -Phive-thriftserver
-DskipTests clean package

上のコマンドを実行すると、Zinc、Scala、Mavenがダウンロードされます。

Zincはsbtのインクリメンタルコンパイラのスタンドアローンバージョンです。

すべてがうまく行けば、画面は次のようになっているはずです。

```
ing-kafka-0-10-assembly_2.11 ---
[INFO] Building jar: /Users/tamagawaryuuji/Downloads/spark-2.2.0/external/kafka-0-10-ass
embly/target/spark-streaming-kafka-0-10-assembly_2.11-2.2.0-test-sources.jar
[INFO] ------------------------------------------------------------------------
[INFO] Reactor Summary:
[INFO]
[INFO] Spark Project Parent POM ........................... SUCCESS [03:49 min]
[INFO] Spark Project Tags ................................. SUCCESS [01:12 min]
[INFO] Spark Project Sketch ............................... SUCCESS [  5.860 s]
[INFO] Spark Project Networking ........................... SUCCESS [ 27.903 s]
[INFO] Spark Project Shuffle Streaming Service ............ SUCCESS [  9.399 s]
[INFO] Spark Project Unsafe ............................... SUCCESS [ 17.589 s]
[INFO] Spark Project Launcher ............................. SUCCESS [ 57.291 s]
[INFO] Spark Project Core ................................. SUCCESS [05:51 min]
[INFO] Spark Project ML Local Library ..................... SUCCESS [01:02 min]
[INFO] Spark Project GraphX ............................... SUCCESS [ 16.148 s]
[INFO] Spark Project Streaming ............................ SUCCESS [ 43.889 s]
[INFO] Spark Project Catalyst ............................. SUCCESS [01:49 min]
[INFO] Spark Project SQL .................................. SUCCESS [04:16 min]
[INFO] Spark Project ML Library ........................... SUCCESS [01:35 min]
[INFO] Spark Project Tools ................................ SUCCESS [  5.003 s]
[INFO] Spark Project Hive ................................. SUCCESS [01:50 min]
[INFO] Spark Project REPL ................................. SUCCESS [  5.856 s]
[INFO] Spark Project YARN Shuffle Service ................. SUCCESS [ 10.305 s]
[INFO] Spark Project YARN ................................. SUCCESS [01:01 min]
[INFO] Spark Project Hive Thrift Server ................... SUCCESS [ 28.762 s]
[INFO] Spark Project Assembly ............................. SUCCESS [  3.946 s]
[INFO] Spark Project External Flume Sink .................. SUCCESS [ 28.936 s]
[INFO] Spark Project External Flume ....................... SUCCESS [ 12.094 s]
[INFO] Spark Project External Flume Assembly .............. SUCCESS [  2.893 s]
[INFO] Spark Integration for Kafka 0.8 .................... SUCCESS [ 28.741 s]
[INFO] Kafka 0.10 Source for Structured Streaming ......... SUCCESS [ 32.669 s]
[INFO] Spark Project Examples ............................. SUCCESS [ 23.861 s]
[INFO] Spark Project External Kafka Assembly .............. SUCCESS [  4.582 s]
[INFO] Spark Integration for Kafka 0.10 ................... SUCCESS [ 11.469 s]
[INFO] Spark Integration for Kafka 0.10 Assembly .......... SUCCESS [  4.610 s]
[INFO] ------------------------------------------------------------------------
[INFO] BUILD SUCCESS
[INFO] ------------------------------------------------------------------------
[INFO] Total time: 28:51 min
[INFO] Finished at: 2017-09-14T08:33:45+09:00
[INFO] Final Memory: 94M/901M
[INFO] ------------------------------------------------------------------------
```

A.9.4　sbtでのインストール

sbtによるSparkのインストールは、次のコマンドで行えます。

```
./build/sbt -Pyarn -Phadoop-2.7 package
```

うまく行けば、最終的には画面は次のようになるでしょう。

```
[warn]       val allAccessors = tpe.declarations.collect {
[warn]
[warn] Multiple main classes detected.  Run 'show discoveredMainClasses' to see the list
[info] Packaging /Users/tamagawaryuuji/Downloads/spark-2.2.0/examples/target/scala-2.11/
jars/spark-examples_2.11-2.2.0.jar ...
[info] Done packaging.
[success] Total time: 729 s, completed 2017/09/15 5:03:27
```

A.9.5　インストールの確認

ビルドがうまく行ったなら、インストールできていることを確認しましょう。次のコマンドをCLIで実行してみてください。

```
./build/mvn -DskipTests clean package -Phive
./python/run-tests --python-executables=python
```

このコマンドでクリーンアップが行われ、PySparkの全モジュールのテストが実行されます（これはpythonフォルダ内でrun-testsを実行しているためです）。PySparkの特定のモジュールだけをテストしたいのであれば、次のコマンドが利用できます。

```
./python/run-tests --python-executables=python --modules=pyspark-sql
```

--python-executablesなしでrun-testsコマンドを実行すると、デフォルトのPythonの環境が使われることになります（筆者の場合はPython 2.6でした）。この場合エラーが生じてしまうことがあるので、--python-executablesオプションは明示的に指定しておくことをお勧めします。

テストが終わって、すべてがうまく行ったなら、画面は次のようになっているでしょう。

```
Finished test(python): pyspark.mllib.stat._statistics (51s)
Starting test(python): pyspark.mllib.util
Finished test(python): pyspark.mllib.regression (72s)
Starting test(python): pyspark.profiler
Finished test(python): pyspark.mllib.tree (49s)
Starting test(python): pyspark.rdd
Finished test(python): pyspark.profiler (38s)
Starting test(python): pyspark.serializers
Finished test(python): pyspark.mllib.util (49s)
Starting test(python): pyspark.shuffle
Finished test(python): pyspark.shuffle (1s)
Starting test(python): pyspark.sql.catalog
Finished test(python): pyspark.rdd (52s)
Starting test(python): pyspark.sql.column
Finished test(python): pyspark.serializers (47s)
Starting test(python): pyspark.sql.conf
Finished test(python): pyspark.sql.catalog (45s)
Starting test(python): pyspark.sql.context
Finished test(python): pyspark.sql.column (47s)
Starting test(python): pyspark.sql.dataframe
Finished test(python): pyspark.sql.conf (37s)
Starting test(python): pyspark.sql.functions
Finished test(python): pyspark.sql.context (45s)
Starting test(python): pyspark.sql.group
Finished test(python): pyspark.sql.tests (1187s)
Starting test(python): pyspark.sql.readwriter
Finished test(python): pyspark.sql.dataframe (87s)
Starting test(python): pyspark.sql.session
Finished test(python): pyspark.sql.functions (89s)
Starting test(python): pyspark.sql.streaming
Finished test(python): pyspark.sql.group (91s)
Starting test(python): pyspark.sql.types
Finished test(python): pyspark.sql.readwriter (70s)
Starting test(python): pyspark.sql.window
Finished test(python): pyspark.sql.types (42s)
Starting test(python): pyspark.streaming.util
Finished test(python): pyspark.streaming.util (1s)
Starting test(python): pyspark.util
Finished test(python): pyspark.sql.streaming (59s)
Finished test(python): pyspark.util (0s)
Finished test(python): pyspark.sql.session (64s)
Finished test(python): pyspark.sql.window (40s)
Tests passed in 1298 seconds
```

A.9.6 環境の移動

すべてのテストが通ったなら、Sparkの環境を~/Downloadsフォルダ内の一時的な場所からホームフォルダに移動してSparkという名前に変更しましょう。

```
cd ~/Downloads
mv spark-2.2.0 ~/Spark
```

これで、自分のディレクトリからSparkを実行できるようになります。

A.9.7 最初の実行

さあ、pysparkを実行してみましょう。~/Spark/binへ移動して、次のコマンドでインタラクティブシェルを起動してください。

```
cd ~/Spark/bin
./pyspark
```

画面は次のようになっているはずです。

```
Python 3.5.4 |Anaconda custom (x86_64)| (default, Aug 14 2017, 12:43:10)
[GCC 4.2.1 Compatible Apple LLVM 6.0 (clang-600.0.57)] on darwin
Type "help", "copyright", "credits" or "license" for more information.
Using Spark's default log4j profile: org/apache/spark/log4j-defaults.properties
Setting default log level to "WARN".
To adjust logging level use sc.setLogLevel(newLevel). For SparkR, use setLogLevel(newLevel).
17/09/15 06:23:40 WARN NativeCodeLoader: Unable to load native-hadoop library for your platform..
. using builtin-java classes where applicable
17/09/15 06:23:47 WARN ObjectStore: Failed to get database global_temp, returning NoSuchObjectExc
eption
Welcome to
      ____              __
     / __/__  ___ _____/ /__
    _\ \/ _ \/ _ `/ __/  '_/
   /__ / .__/\_,_/_/ /_/\_\   version 2.2.0
      /_/

Using Python version 3.5.4 (default, Aug 14 2017 12:43:10)
SparkSession available as 'spark'.
>>>
```

次のコマンドで、環境を確認できます。

```
print(sc.version)
```

出力は次のようになるでしょう。

```
2.2.0
```

`sc`は、PySparkの起動時に自動的に作成される SparkContext です。PySparkセッションの初期化の際には、`sqlContext`も作成されます。これらについては、本書の本編で説明します。

pysparkのセッションを終了するには、`quit()`と入力してください。

A.10 Windows

WindowsへSparkをインストールするのも実に簡単です。とはいえ、すでに述べたとおり、ゼロから環境を丸ごと構築するのではなく、コンパイル済みのバージョンのSparkをダウンロードしましょう。

A.10.1 アーカイブのダウンロードと展開

http://spark.apache.org/downloads.html にアクセスし、次のように選択していってください。

1. **Sparkのリリースの選択** 2.2.0 (Jul 11 2017) を選択してください。本書の出版時点ではバージョンは変わっているかもしれません。単純にSpark 2.0の最新版を選択してください。
2. **パッケージタイプの選択** Pre-built for Hadoop 2.7 and laterを選択してください。
3. **ダウンロードタイプの選択** Direct downloadを選択してください。
4. **Download Spark**の隣のリンクをクリックしてください。ここは`spark-2.2.0-bin-hadoop2.7.tgz`のようになっているはずです。

ファイルのダウンロードが問題なく完了したことを確認するためにhttps://www.microsoft.com/en-us/download/details.aspx?id=11533にアクセスしてセットアップファイルをダウンロードし、インストールしてください。インストールが終わったなら、CLIでダウンロードフォルダに移動し、次のようにツールを実行してください。

```
cd C:\Users\<your login>\Downloads
fciv -md5 spark-2.2.0-bin-hadoop2.7.tgz
```

これで、次のような文字と数字が混在した文字列が出力されるでしょう。

```
50E73F255F9BDE50789AD5BD657C7A71 spark-2.2.0-bin-hadoop2.7.tgz
```

出力された文字列はhttp://www.apache.org/dist/spark/spark-2.2.0/spark-2.2.0-bin-hadoop2.7.tgz.md5にあるmd5のチェックサムと比較できます。

fcivツールのインストール方法と使い方はhttps://www.youtube.com/watch?v=G08xum0AuFgにステップ・バイ・ステップの説明があります。

それではアーカイブを展開してみましょう。.tgz形式のアーカイブを扱える7-Zipやその他の展開ツールがあるなら、準備はできていることになります。展開ツールを持っていないならhttp://www.7-zip.orgにアクセスし、使用しているシステムにあったバージョンの7-Zipをダウンロードしてインストールしてください。

インストールができたら`C:\Users\<ログイン名>\Downloads`に移動し（パスは異なっているかもしれません）、アーカイブファイルを右クリックしてください。**7-Zip**という選択肢がメニューに加わっているはずです。**7-Zip-¦ Extract here**を選択してください。注意が必要なのは、これが二段階の手順になることです。まず.tarアーカイブを.tgzファイルから取り出し、続いて取り出した.tarアーカイブから同じ手順でSparkフォルダを取り出します。

展開が終わったなら、CLIを開いてSparkのバイナリが展開されたばかりのフォルダに移動してください（ここでは`C:\Users\<ログイン名>\Downloads\spark-2.2.0-bin-hadoop2.7`になっているものとします）。フォルダの中のbinフォルダに移動し、pysparkと入力してみてください。

```
cd C:\Users\<ログイン名>\Downloads\spark-2.2.0-bin-hadoop2.7\bin
pyspark
```

Enterキーを押すと、画面が次のようになるでしょう。

```
Python 3.6.1 |Anaconda custom (64-bit)| (default, Mar 22 2017, 20:11:04) [MSC v.1900 64 bit (AMD64)] on win32
Type "help", "copyright", "credits" or "license" for more information.
Using Spark's default log4j profile: org/apache/spark/log4j-defaults.properties
Setting default log level to "WARN".
To adjust logging level use sc.setLogLevel(newLevel). For SparkR, use setLogLevel(newLevel)
17/09/15 06:44:20 WARN ObjectStore: Failed to get database global_temp, returning NoSuchObjectException
Welcome to
      ____              __
     / __/__  ___ _____/ /__
    _\ \/ _ \/ _ `/ __/  '_/
   /__ / .__/\_,_/_/ /_/\_\   version 2.2.0
      /_/

Using Python version 3.6.1 (default, Mar 22 2017 20:11:04)
SparkSession available as 'spark'.
>>>
```

注目してほしいのは、Sparkをローカルで動作させるだけならHadoopがインストールされている必要はないということです。Hadoopのバイナリがないので Sparkは起動時にエラーメッセージを出力するかもしれませんが、PySparkのコードは実行してくれます。http://spark.apache.org にあるFAQによれば、SparkがHadoop（あるいはその他の分散ファイルシステム）を必要とするのは、Sparkをクラスタにデプロイするときのみです。ローカルで動作させるだけならHadoopは不要であり、このエラーは無視してかまいません。

訳者が確認したかぎりでは、実際にはHadoopのWindows用コンパイル済みバイナリのインストールが必要です。

たとえば https://github.com/karthikj1/Hadoop-2.7.1-Windows-64-binaries で、Windowsの64bitプラットフォーム用のバイナリを公開している方がおられますので（Readme.mdの冒頭にダウンロードリンクがあります）バイナリをダウンロードし、展開して適当な場所（たとえばC:\hadoop-2.7.1）に置きます。そして環境変数HADOOP_HOMEにそのパスを設定します。

なお、この中のbin\winutils.exeが動作するかをコマンドプロンプトから起動して確認しておいてください。Windowsのバージョンによっては、Microsoftが公開しているVCのランタイムライブラリをインストールする必要があります。

pysparkをコマンドプロンプトから起動すると、デフォルトではC:\tmp\hiveが一時領域として使われますが、ここへの書き込みに管理者権限が必要になる場合があるようです。pysparkの起動時にエラーがでるようなら、コマンドプロンプトを管理者権限で開いてみてください（それでもエラーになるなら、以前に作成されたC:\tmp\hiveをいったん削除してみてください）。

A.11　PySparkでのJupyter

Jupyterは、便利で強力なPythonのシェルであり、ノートブックを作成してそこにコードを書いていくことができます。Jupyterのノートブックには通常のテキスト、コード、画像を置いたり、表を作成したり組版システムのLaTeXを使ったりすることができます。JupyterはこれらすべてをまとめてPythonの上で動作させるもので、思考、ドキュメンテーション、コードをほぼ1カ所にまとめることができ、アプリケーションを書く上できわめて便利です。

Jupyterをまだ使ったことがないのであれば、情報を十分に得るためにhttp://jupyter-notebook.readthedocs.io/en/latest/examples/Notebook/Notebook%20Basics.htmlにアクセスし、Jupyter notebookの使い方を学んでください。また、ここで一つ注意しておきたいことがあります。Sparkが出力するJVMのログメッセージは、現時点ではJupyterには渡されません。そのため、デバッグの際に詳細なデバッグメッセージを読むためには、CLIに戻る必要があります。

A.11.1　Jupyterのインストール

Anaconda Pythonを使っているなら、Jupyterは次のコマンドで簡単にインストールできます。

```
conda install jupyter
```

このコマンドは、JupyterとともにJupyterが依存する必要なモジュールをすべてインストールしてくれます。もしもAnacondaを使っていないのであればhttp://jupyter.readthedocs.io/en/latest/install.htmlにしたがって手作業でJupyterをインストールしてください。

本書では、全体を通じてPySparkのアプリケーションの開発と実行にJupyterだけを使っていくので、必ずJupyterをインストールしておいてください。

A.11.2　環境のセットアップ

自分のマシンにJupyterがインストールできたなら、PySparkをJupyterで使えるようにしましょう。ただしこれは、少々手間がかかります。

必要なのは、Sparkの環境のbinフォルダを環境変数のPATHに追加し、新しい環境変数をいくつか追加することです。

A.11.3　MacおよびLinuxの場合

まずは、再び.bash_profileを開いてください。

```
vi ~/.bash_profile
```

そして、次の行を追加してください。

```
export PATH=$HOME/Spark/bin:$PATH
export PYSPARK_PYTHON=$HOME/anaconda/bin/python3
export PYSPARK_DRIVER_PYTHON=jupyter
export PYSPARK_DRIVER_PYTHON_OPTS='notebook' pyspark
```

最初の行では、新たにコンパイルされたバイナリ（pysparkは~/Spark/binフォルダにあります）がbashの環境で見つかるようにしています。そのため、これで~/Spark/bin/pysparkとしなくても、次のようにするだけでPySparkが立ち上がるようになります。

```
pyspark
```

環境変数のPYSPARK_PYTHONは、エグゼキュータが（デフォルトのPython 2.7ではなく）確実にPython 3.5で動作するようにするためのものです。

PYSPARK_DRIVER_PYTHONは、PySparkのインタラクティブシェルをコマンドラインで実行するのではなく、Jupyterのインスタンスを起動するようjupyterにシステムに対して指示させるためのものです。

PYSPARK_DRIVER_PYTHON_OPTSは、Jupyterに対してnotebookパラメータをJupyterに渡し、それをpysparkの新しいインスタンスにリンクさせるためのものです。

A.11.4　Windows

これまでに環境変数を追加したり修正したりしたのと同じ方法（**Windows**での**PATH**の**変更**を参照）でPATHを変更し、Sparkディストリビューションのbinフォルダを含めてください。次にPYSPARK_DRIVER_PYTHONを追加し、その値をjupyterにしてください。

最後の変数に関しては、Windowsには少し違いがあります。PYSPARK_DRIVER_PYTHON_OPTSは'notebook'としなければならず、末尾にpysparkを付けてはなりません。

A.11.5　Jupyterの起動

これで、CLIでpysparkと入力するごとに新しくJupyterとPySparkのインスタンスが生成され、デフォルトのブラウザが起動してJupyterの起動画面が表示されるようになります。

A.11.6　PySparkでのHelloWorld

Jupyterは、バックグラウンドでローカルのWebサーバーを起動します。このWebサーバーのおかげで、ユーザーはノートブックを行き来することができます。さあ、最初のサンプルとして欠かすことができない'helloWorld'のサンプルの独自バージョンを作成しましょう。

 本書のコードはGitHubのhttps://github.com/drabastomek/learningPySparkにあります。Jupyter notebookのこの例はChapter02にあります。

まずNewをクリックし、Python 3を選択してください。

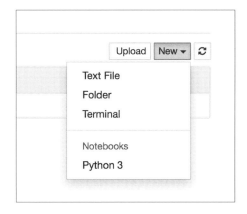

これで次の図のように、ブラウザの新しいタブにノートブックが開きます。

さあ、コーディングを始めましょう。先頭のセルにscと入力してAlt + Enterキーを押してください

（あるいはMacならOption + Enterキー）これでコマンドが実行され、続くコードのためにセルが新しく作られます。コマンドの出力は、次のようになっているでしょう。

```
Out[1]: <pyspark.context.SparkContext at 0x1050456a0>
```

pysparkを起動すると、自動的にSparkContextオブジェクト（そしてそのエイリアスのsc）がSQL Context（エイリアスはsqlContext）とともに作成されることを思い出してください。sqlContextも正しく立ち上がっていることを確認してみましょう。新しいセルにsqlContextと入力し、実行してみてください。ノートブックは、次のような答えを返すでしょう。

```
Out[2]: <pyspark.sql.context.SQLContext at 0x10b832a58>
```

これで、すべてうまく動作していることがわかりました。

PySparkのインタラクティブシェルの例と同じように、実行中のPySparkのバージョンを出力させてみてください。print(sc.version)と入力して実行させれば、結果は次のようになるはずです。

2.2.0

これで環境は整いました！

最後のステップとして、ノートの名前を変えておきましょう。ノートの名前は通常'Untitled'から始まるものになっています。File ¦ Rename...と進み、好きな名前に変更してください。筆者はHelloWorldFromPySparkという名前にしました。これで、自動的にファイル名も変更されることになります。

ノートブックを停止するには（これはノートブックでの作業が終わったら毎回やっておくべきことです）、FileにいってClose and Haltを選択してください。これでノートブックが閉じられ、さらにはPythonのカーネルが停止してメモリが解放されます。

A.12 クラウドへのインストール

もしも自分のマシンに直接Sparkをインストールしたくないのであれば、**付録B**をご覧ください。Microsoft AzureやDatabricks Community Edition上でのクラスタのセットアップ方法を説明しています。

A.13 まとめ

　この付録では、ローカルでのSpark環境の（時にはめんどうな）セットアッププロセスを紹介しました。マシンに必要な2つの環境（JavaとPython）があることの確認方法を紹介しました。また、これら2つのパッケージがシステムになかった場合のインストール方法についても紹介しました。

　Sparkそのもののインストールのプロセスは大変そうに見えることもありますが、このセクションを読むことでエンジンのインストールがうまく行き、紹介した最小限のコードの実行に成功できたことでしょう。ここまで来れば、Jupyter notebookでコードを実行できるようになったはずです。

付録B
無料で利用できるクラウド上のSpark

付録Aでは、Sparkを手元のマシンだけで動作させました。Sparkは**ローカルでビルドしてクラスタヘデプロイする**という考え方で設計されているので、ここではコードをクラウドへ移してみましょう。

付録Bでは、DatabricksとMicrosoftのAzure HDInsightから提供されている無料のトライアル製品を見ていきます。この両者には多少の違いはありますが、基になっているSparkの機能は共通しています。この両者以外にも、無料で利用できるApache Sparkの選択肢としては次のようなものがあります。

- **Amazon EMR**（http://docs.aws.amazon.com/ja_jp/emr/latest/ReleaseGuide/emr-spark.html）
- **Google Cloud Platform**（https://cloud.google.com/hadoop/）
- **IBM Analytics for Apache Spark**（https://www.ibm.com/analytics/jp/ja/technology/spark/）

この付録で学ぶ内容は次のとおりです。

- Databricks Community Editionが提供する機能
- Databricksへのサインアップ、クラスタの設定および起動
- ジョブの実行状況のモニタリング
- MicrosoftのSpark on Azure HDInsightが提供する機能
- サインアップとクラスタのセットアップの手順
- Azure HDInsightでのジョブの実行とモニタリング

B.1　Databricks Community Edition

Databricksはデータインテグレーション、リアルタイムでの調査、プロダクションパイプラインをマネージドクラウドサービスとして提供するデータプラットフォームで、Apache Sparkをエンジンとして使用しています。Apache Sparkを生み出したチームは、2013年にDatabricksを創業しました。現在、DatabricksプラットフォームはAWS上に構築されており、次のセクションで述べる機能を含め、デー

タエンジニアやデータサイエンティスト向けに設計された幅広い機能を提供しています。

B.1.1 ノートブックとダッシュボード

　Databricksはデータサイエンティストとデータエンジニアが共同で作業を行えるインタラクティブな作業環境を提供しています。この統合環境では、1つのノートブック内でPython、Scala、R、SQL、Markdownを扱えます。Databricks notebookは独自にネイティブのビジュアライゼーションの機能を持っていますが、それに加えて広く利用されている**matplotlib**、**ggplot**、**D3**といったビジュアライゼーションライブラリも利用できます（次のスクリーンショットはDatabricks notebookの円グラフです）。

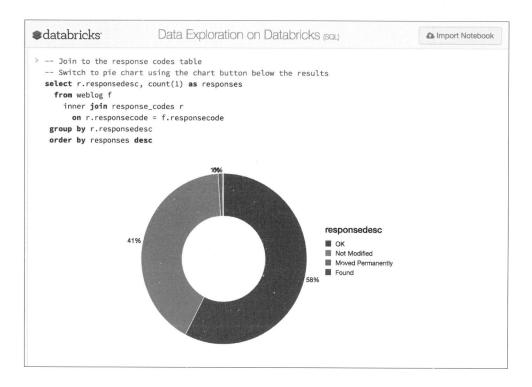

　また、同じ統合環境の中で複数人が同じノートブック、コメント上で共同作業を行ったり、リビジョンの履歴を追跡したり（GitHubとも統合できます）、オートコンプリートを利用したりすることができます。

　Databricks notebookではデバッグがしやすくなるよう、Apache SparkのWeb UIがノートブックに直接統合されて、リアルタイムのプログレスバーが含まれています。次のスクリーンショットは、Spark Web UIでtextFile.count()アクションのDAGの表示が直接ノートブックに埋め込まれている様子です。

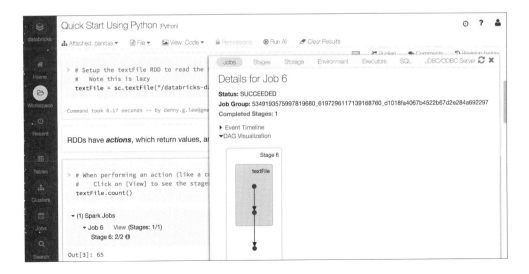

B.1.2 接続

DatabricksプラットフォームはさまざまなBIツールやREST APIと接続してデータをやりとりできます。

- **Secure SQL Server for BI Tools** DatabricksプラットフォームへはTableau、Qlik、Power BIといったさまざまなBIツールから接続ができ、DatabricksのApache Sparkマネージドクラスタ内のデータに対してクエリを実行できます。
- **REST API** クラスタの管理からサードパーティライブラリのアップロードやコマンドやコンテキストの実行まで、さまざまなコマンドをDatabricks REST APIでスクリプト化できます。

B.1.3 ジョブとワークフロー

Databricksのジョブおよびワークフローの機能を使えば、開発用のノートブックをプロダクション環境で簡単に実行できます。柔軟なスケジューラに加えて、DatabricksではノートブックSparkのJAR、ジョブを実行できます。ジョブに関する機能としては、実行ログの履歴、リトライ、通知、柔軟なクラスタサポート（たとえば既存のクラスタの再利用やオンデマンドクラスタの起動など）があります。

B.1.4 クラスタの管理

これらの機能は、容易に利用できるApache Sparkのクラスタ管理とあわせて、Databricksのマネージドサービス上に構築されています。数回のクリックだけで、数分のうちにオンデマンドのクラスタやスポットのクラスタを起動できます。インフラストラクチャーにおける重要な機能としては、高可用性、伸縮性、100％のSparkのバージョン互換性、自動アップグレード、複数のインスタンスタイプがあります。これらはすべて、Apache Sparkを生み出したエキスパートたちによってサポートされ、最適なパフォーマンスが発揮できるようチューニングされています。次のスクリーンショットはDatabricks Community Edition Cluster Managerです。クラスタの名前と使いたいApache Sparkのバージョンを指定するだけでクラスタを立ち上げることができます。

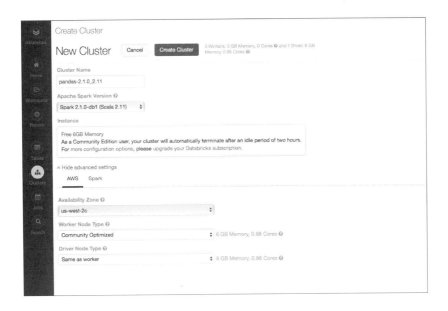

　Databricksの有料サービスでは、ワーカーとドライバのインスタンスタイプを選択でき、作成できるクラスタの数にも制限はありません。また、クラスタのオートスケールも可能です。Community Editionでは6GBのミニクラスタが提供され、Sparkの学習や小規模な概念検証が容易に行えます。

　これまでのセクションで述べたとおり、使用するApache Sparkのバージョンも選択できます。本書の執筆時点では、Spark 1.3からSpark 2.2までのメジャーおよびマイナーバージョンがすべて選択できます。

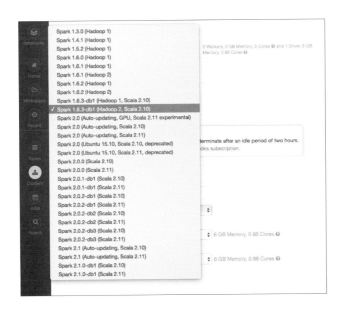

B.1.5　エンタープライズセキュリティ

セキュリティについては、Databricks Enterprise Security Frameworkには暗号化、統合アイデンティティ管理、ロールベースのアクセス制御、データ管理といった機能があります。監査証明という観点では、DatabricksはSOC 2 Type 1を完了しており、HIPAA準拠のサービスを提供しています。また、Databricksプラットフォームは隔離されたセキュアなAWS GovCloud (US)でも利用できます。

詳しい情報については、次のリンクを参照してください。

- Databricks Product Page（https://databricks.com/product/databricks）
- Databricks Primer（https://databricks.com/wp-content/uploads/2016/02/Databricks-Primer.pdf）
- Databricks Feature Primer（https://databricks.com/wp-content/uploads/2016/02/Databricks-Feature-Primer.pdf）
- Databricks Security（https://databricks.com/product/security）
- Protecting Enterprise Data on Apache Spark（http://go.databricks.com/protecting-enterprise-data-on-apache-spark-with-databricks）

B.1.6　Databricksの無料サービス

Databricks Community EditionはDatabricksの無料サービスで、6GBのミニクラスタ、インタラクティブなノートブックとダッシュボード、そして無料で作業内容を共有できる公開環境が提供されます。このサービスには誰でもサインアップでき、1つのミニクラスタ内で複数バージョンのApache Sparkを立ち上げる機能も含め、すべての機能が無料で利用できます。

学術研究機関の場合、AWSのコストに関してはAWS in Education 助成プログラムhttps://aws.amazon.com/jp/grants/が利用できるかもしれません。

完全版のプラットフォームではクラスタを無制限に起動でき、プロダクションジョブやRESTful API、BIツールとの統合、GitHubとの統合、高度なセキュリティやその他の機能が利用できます。完全版のプラットフォームには14日間の無料トライアルがありますが、AWSの料金は別途支払いが必要です。

B.1.7　サービスへのサインアップ

Databricksのサービスにサインアップするにはhttp://databricks.com/try-databricksにアクセスしてください。このページでは、完全版のプラットフォームのトライアル（14日の無料トライアル、ただしAWSの料金は別途支払いが必要）とCommunity Editionへのサインアップが選択できます。

Databricks Community Editionを利用するには、Community Edition側のSTART TODAYボタンをクリックし、Sign Up for Databricks Community Editionのページへ進んでください。次のスクリーンショットのフォームに入力してSign Upをクリックしてください。

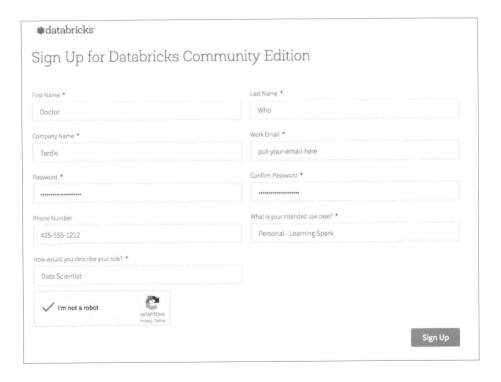

Terms of Serviceに同意し、次のスクリーンショットにあるようにメールアドレスから確認を行います。

サインアップページで指定したメールアドレスにWelcome to Databricks! Please verify your e-mail addressというメールが来ていることを確認してください。メールから確認を行うと、Databricksのログインページ（次のスクリーンショット参照）へリダイレクトされてログインできます。

念のために記載しておくと、Databricks Community Editionのログインページはhttps://community.cloud.databricks.comです。ログインすると、Databricksのホームページが表示されます。

B.1.8 Databricksの統合ワークスペースでの作業

ログインすると、Databricks統合ワークスペースが表示されます。ここは、Databricksで行うすべての作業の出発点になります。次のスクリーンショットがDatabricks統合ワークスペースです。

左側から見ていきましょう。左にはナビゲーションバーがあり、次のような操作が行えます。

- **databricks** このメインページに戻ります。
- **Home** ユーザー自身のアイテムが保存されているフォルダである、メインのワークスペースに戻ります。
- **Workspace** 作業していたワークスペースに移動します。たとえば共有フォルダ内のノートブックで作業をしていたなら、**Workspace**をクリックすればそのフォルダ内のノートブックに移動できます。これに対し、**Home**では自分自身のパーソナルワークスペースに移動することになります。
- **Recent** 直近でオープンしていたノートブックを見直します。
- **Tables** 作成したテーブルにアクセスします。
- **Clusters** Databricks Cluster Managerにアクセスし、クラスタの起動、拡張、終了などを素早く行えます。
- **Jobs** スケジューリングされたジョブを容易に管理できます(これは有料エディションでのみ使用できます)。
- **Search** 便利な検索機能を使ってノートを素早く見つけることができます。

通常、Databricksの **Featured Notebooks** セクションからは、(本書の執筆時点では) **Introduction to Structured Streaming:** といった、最新のSparkの機能を紹介するノートブックを見ることができます。

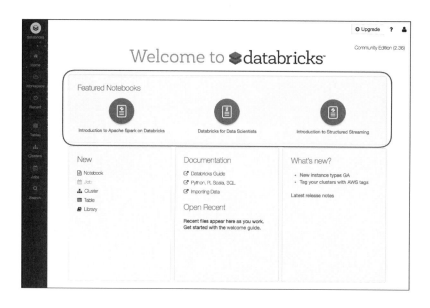

　これらのノートブックのアイコンをクリックすれば、すぐにノートブックを開いて実行できます。これらのノートブックの使い方は、次のセクションで説明します。
　Databricksページの中央下部からは、新しいアイテム（たとえばノートブック、クラスタ、テーブル、ライブラリなど）の作成、最新のドキュメンテーションへのアクセス、新しいメッセージの表示を簡単に行えます。

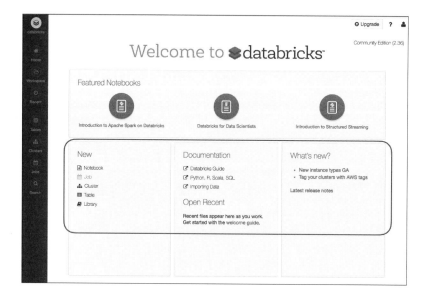

B.1.9　DatabricksガイドのGetting Started with Apache Spark

これまでのスクリーンショットからわかるとおり、Databricks Guideをはじめとして多くのノートブックやドキュメンテーションが用意されており、活用することができます。ゼロから始める場合はhttps://databricks.com/product/getting-started-guide/quick-startにあるGetting Started with Apache Spark on Databricksガイドが便利です（次にスクリーンショットを示します）。

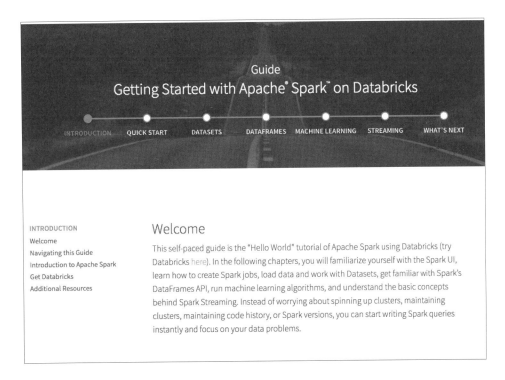

このページに書かれているとおり、このガイドはDatabricks上でApache Sparkを使う上でのHello Worldチュートリアルとなるものです。このガイドには複数のステージが含まれており、その中にはApache SparkやDataset、DataFrame、機械学習、ストリーミングなどのための個別のモジュールを素早く使い始める方法を説明するQuick Startがあります。これらのモジュールは自己完結しているので、このガイドは注力したいところから好きな順序で試していくことができます。

たとえばWriting your first Apache Spark Jobを始めたいなら、次のスクリーンショットのようにQuick Startにマウスを持っていって目的のセクションにジャンプしてください。

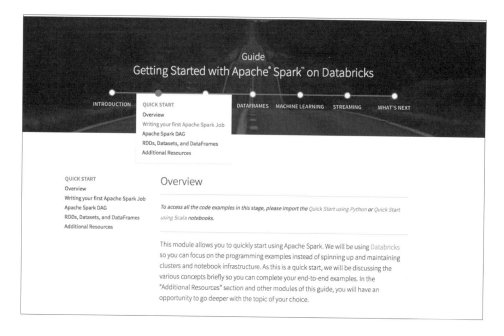

　Quick Start using Pythonノートブックをインポートすれば、直接コードサンプルにアクセスできます。このノートブックを表示させるには、Quick Start using Pythonのリンク（http://go.databricks.com/hubfs/notebooks/Quick_Start/Quick_Start_Using_Python.html）をクリックします。

　これはHTMLノートブックなので、スクロールしていけばコードとその実行結果を見ることができますが、この時点ではこのノートブックはアクティブにはなっていません。

このノートブックをアクティブにするには、右上にあるImport Notebookボタンをクリックし、Import Notebookダイアログを（次のスクリーンショット参照）表示させます。

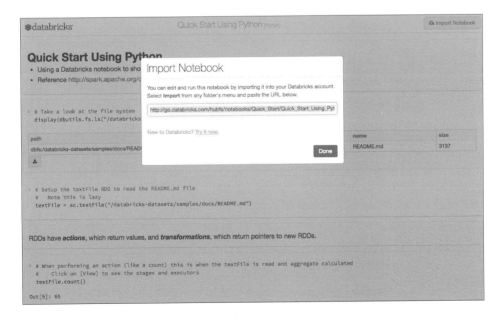

ダイアログボックス内のURLをコピーし、Databricks Community Editionのワークスペースに戻っ

てください。何らかのフォルダへ移動し（次のスクリーンショットではSharedフォルダを使用していますが、どこを使ってもかまいません）、フォルダを右クリックしてメニューを表示させ、**Import**をクリックしてください。

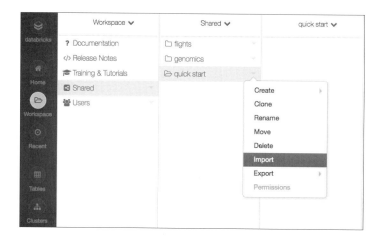

これで**Import Notebooks**ダイアログが表示されます。**URL**ボタンをクリックし、先ほどオリジナルのノートブックからコピーしたURLを貼り付けてください。

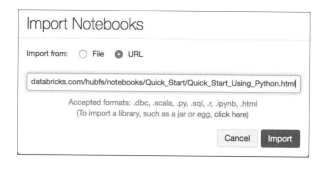

Importをクリックすると、このノートブックがワークスペース内で指定した自分のフォルダにコピーされ、実行できるようになります。

HTMLページと同様に、このページもスクロールして結果を見ることができます。ただしこのノートブックは自分のワークスペースにあるので、Apache Sparkクラスタに対してノートブックを実行できます。それではまず**Quick Start with Python**というタイトルの最上位のセルをダブルクリックして、このノートブックを調べてみましょう。

セルが変化してエディットモードになったので、元々のMarkdownのコードがセルの先頭の%mdとともに示されます。markdownのセルは、基本的なMarkdownの構文のほとんどにしたがっているので、テキスト、説明、あるいは画像のような補完的なメディアを含むセルを作ることができます。

markdownセルの外部(たとえば他のセル)をクリックすれば、markdownセルはすぐにレンダリングされます。

次に、次のコードが含まれているセルをクリックしてください。

```
# ファイルシステムを見てみる
display(dbutils.fs.ls("/databricks-datasets/samples/docs/"))
```

このPySparkのコードでは、Databricksの`display`および`dbtils.fs.ls`コマンドが使われています。`display`コマンドは、SparkのDataFrameをネイティブのビジュアライゼーション(たとえば整形された表、棒グラフ、地図など)に変換したり、さまざまなSpark MLのアルゴリズムを可視化したりしてくれる強力なコマンドです。基本的に`dbutils.fs.ls`コマンドは、クラスタへの任意のネイティブのDBFS(Databricks File System)あるいはAWSのS3のマウントに対する`ls`コマンドです。このコードを実行すれば、/databricks-datasets/samples/docs/にあるファイルが、整形された表として表示されることになります。

Databricksには自分のデータをインポートすることもできますが、すぐに利用してみることができるように/databricks-datasetには利用可能なさまざまなデータセットが用意されています。自分自身のデータをインポートする場合はhttps://databricks.com/wp-content/uploads/2015/08/Databricks-how-to-data-import.pdfにあるDatabricksの**Data Import How-To Guide**にしたがってください。

このコマンドを実行するには、セルの右上にあるPlayボタンをクリックするか、キーボードから`<shift><enter>`としてください。

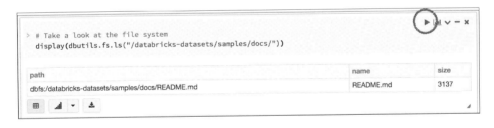

ただしちょっと待ってください。ノートブックを実行するためのSparkクラスタの起動を忘れていました!しかしそれでも問題ありません。Databricksのワークスペースには、自動的にクラスタを起動してノートブックにアタッチしてくれるという、便利な機能が含まれています。

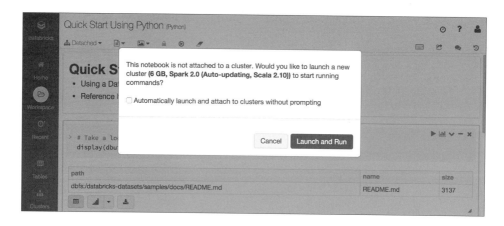

この例では、Databricksは自動的にSpark 2.0（Scala 2.10）のミニクラスタを起動してくれます。別のバージョンのApache Sparkのクラスタを起動したいなら、**Cancel**をクリックし、左上のCluster Managerへいき、設定をカスタマイズしてください。クラスタが設定できれば、**Launch and Run**をクリックすれば次のスクリーンショットのようにバックグラウンドでクラスタが構築されます（左上にPendingと表示されていることに注目してください）。

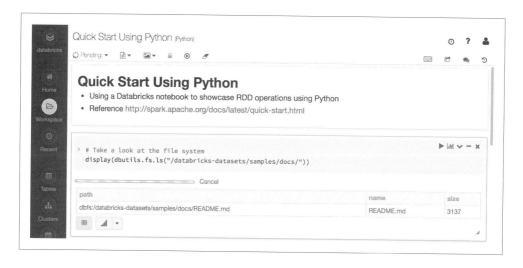

クラスタが構築できると、次のスクリーンショットにあるとおり、pendingだった状態はクラスタ名に切り替わり（ここでは**My Cluster**）、最初のセル（`display`および`dbutils.fs.ls`コマンド）が自動的に実行されます。

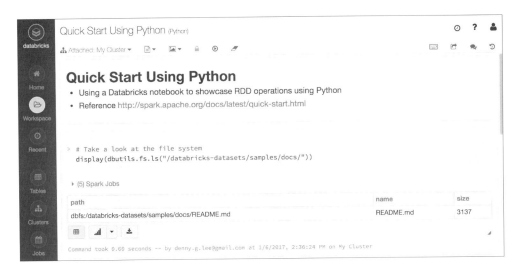

これで、続くいくつかのセルを実行すれば、次のコマンドを走らせることになります。

```
# textFile RDDをセットアップしてREADME.mdを読み込む
#    これは遅延処理であることに注意
textFile = sc.textFile("/databricks-datasets/samples/docs/README.md")

# アクション（countなど）を行う際にテキストファイルが読み込まれ、集計が行われる
#    [View]をクリックすればステージとエクゼキュータが表示される
textFile.count()
```

ノートブック内（そしてコードのコメントに）書かれているとおり、これはシンプルな行カウントの例です。最初のコマンドはtextFile RDDを生成する変換で、/databricks-datasets/samples/docsフォルダにあるREADME.mdファイルを読み込んでいます。2つめのアクションは、行のカウントを実行するRDDのアクションです。

次のスクリーンショットにあるとおり、アクションを実行するとSpark Jobsというダイアログが表示され、textFile.count()が完了するまでリアルタイムにジョブと関連するステージの実行の様子がわかります。ViewをクリックすればSparkのUIでジョブやステージのDAGがノートブック内に直接表示されるので、Sparkのジョブのデバッグが容易になります。

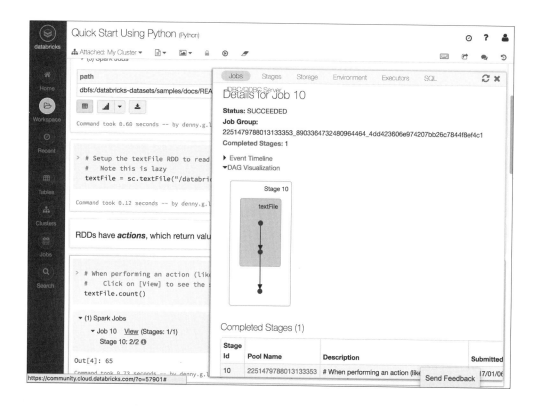

B.1.10 次のステップ

ここまでで初めてのSparkのジョブをDatabricks内で実行できました。このノートブックをもっと使って、/databricks-datasets内の他のデータセットも使ってみてください。ノートブックにはリビジョン履歴があることを覚えておきましょう。ミスをして以前のバージョンのノートブックに戻りたい場合には、**Revision History**をクリックして適切なバージョンをリストアできます。

他の情報として、次のリンクも参照してください。

- Getting Started with Apache Spark on Databricks Guide（https://databricks.com/product/getting-started-guide/quick-start）
- Databricks guide Getting Started（https://docs.databricks.com/user-guide/getting-started.html）
- Introduction to Databricks [Video]（https://vimeo.com/130273206）
- Databricks Cluster Manager and Jobs [Video]（https://vimeo.com/156886719）
- Data Visualizations in Databricks [Video]（https://vimeo.com/156886721）
- Collaboration in Databricks [Video]（https://vimeo.com/156886720）
- Data Exploration in Databricks [Video]（https://vimeo.com/137874931）

B.2 Microsoft Azure HDInsightの利用

DatabricksのSparkノートブックを利用すれば、ベータのフェーズを終えた最新バージョンのSparkがすぐに利用できるようになります。一方で、Microsoft Azure HDInsightもまた、最新のSparkリリースが利用できるようになるまで多少の時間がかかるとはいえ、多くのイノベーションを提供しています。

Apache Spark for Azure HDInsightにはJupyter notebookが最初からインストールされており、Anaconda Pythonが提供するものもすべて利用できます。また、近年のMicrosoftによるRevolution Analyticsの買収に伴ってAzure HDInsightにはMicrosoft Machine Learning Server（旧称：Microsoft R Server）が統合され、Rとの互換性がある最大級の並列分析および機械学習ライブラリが利用できるようになりました。加えてAzure HDInsight APIを使えば、アプリケーションはサイズにして数ペタバイト、数にして数十億に及ぶファイルを保管できるAzure Data Lake Storeに接続できます。

AzureのData Lake Storeに関する詳しい情報についてはhttps://azure.microsoft.com/services/data-lake-store/を参照してください。

B.2.1 Azure HDInsightの無料サービス

Apache Spark on Azure HDInsightにサインアップでは、一般のユーザー、スタートアップ企業、学生や研究者といった区分けごとに提供されるものが異なります。

一般のユーザーの場合、サインアップすると20,500円分のクレジットが得られ、30日のトライアル期間はAzureのすべてのサービスが利用できます。クレジットカードの情報は必要になりますが、30日間のトライアル期間の終了時に有料への切り替えをしないかぎりは、トライアル期間が終了するまでは課金は発生しません。

スタートアップ企業に対しては、Microsoftは毎月15,500円分の無料枠をAzureのクラウドサービスと無料のソフトウェア（Visual StudioやOfficeのパッケージ）を提供しています。これが適用されるのは設立から5年以内で年商1億2,000万円以下のIT企業です。

学生や教育関係者の場合、https://imagine.microsoft.com/から無料のサービスにアクセスする（学生、教育者、学術機関の場合）か、https://www.microsoft.com/en-us/research/academic-program/microsoft-azure-for-research/から無料のクレジットの適用（研究者の場合）を受けてください。

B.2.2 サービスへのサインアップ

それではサービスにサインアップしましょう。https://azure.microsoft.com/services/hdinsight/にアクセスし、**無料で始める**のリンクをクリックします。次のような画面が表示されるでしょう。

さらにこの画面から**無料で始める**のボタンをクリックすると、サインインのページが表示されます。ここでは、Microsoftに登録したMicrosoftアカウントでサインインしなければなりません。Microsoftアカウントを持っていないのであれば、新たに作成するためのリンクが用意されています（次のスクリーンショットの罫で囲んだリンクをご覧ください）。

サインイン後に表示されるページからは、Azureのサービスにサインアップできます。

次のスクリーンショットからわかるとおり、クレジットカードの詳細を提供しなければならないとはいえ、有料オプションへの変更を明示的にしないかぎり、そのカードへ課金されることはありません。

まずは、多少の個人情報を入力しなければなりません。

入力が終われば、2要素認証の検証をすることになります。最初に、Microsoftが電話をするか検証コードをSMSで送信できる電話番号を入力しなければなりません。

検証コードを入力すると、次の画面ではクレジットカードの詳細を求められます。この情報を入力すれば、次のサブスクリプションアグリーメントの確認が最後のステップです。サインアップが終わると、次のようなメッセージが表示されます。**Azureサブスクリプションを開始する**をクリックすれば、Azureポータルが表示されます。

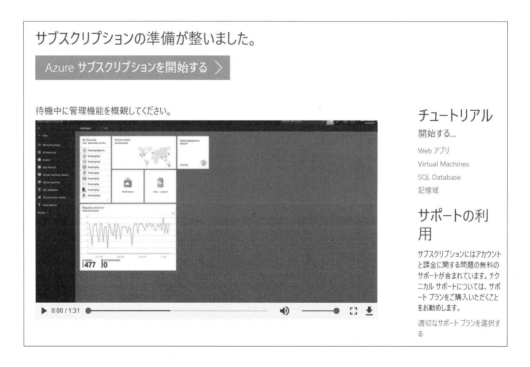

B.2.3 Microsoft Azureポータル

Azureポータルは、Azureに関する情報が一目でわかるようにまとめられています。新しいクラスタのセットアップやストレージアカウントの追加、あるいはクラスタのスケールアップやスケールダウン

は、ここから行います。

画面の左のパレットには、セットアップできるすべてのサービスがあります。中央にはサブスクリプションで利用できるリソースがすべて表示されます。この時点では何も表示されていませんが、これはすぐに変わります。

B.2.4　Azure HDInsight Sparkクラスタのセットアップ

　この時点では、サブスクリプション内で動作しているクラスタはないので、ポータルには何もリソースは表示されていません。それではいよいよSparkクラスタを構築してみましょう。**新規**ボタンをクリックすると次の図のようなオプションが表示されます。検索ボックスにHDInsightと入力してもかまいませんし、**Data + Analytics**のところまでスクロールダウンしていってもかまいません。

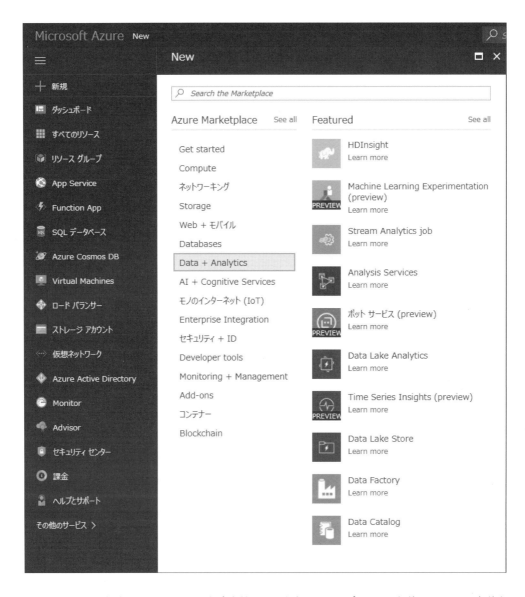

　HDInsightを選択すれば、クラスタの設定を始められます。**ステップ1**では、まず、クラスタに名前を付けましょう。**クラスタの種類**では、Sparkとそのバージョンを選択します。クラスタログインパスワード、リソースグループ（Azureサブスクリプション内のリソースをグループ化する単位）を指定し、場所（Azureリージョン）を選択します。

次の例で使われているのと同じ名前は使えないので注意してください。

　ステップ2では、ストレージの設定を行います。**プライマリストレージの種類**は、**Azure Storage**のままにし、**ストレージアカウントを選択してください**で、**新規作成**をクリックし、ストレージアカウント名を指定します。他のオプションはデフォルトのままにします。

付録B　無料で利用できるクラウド上のSpark

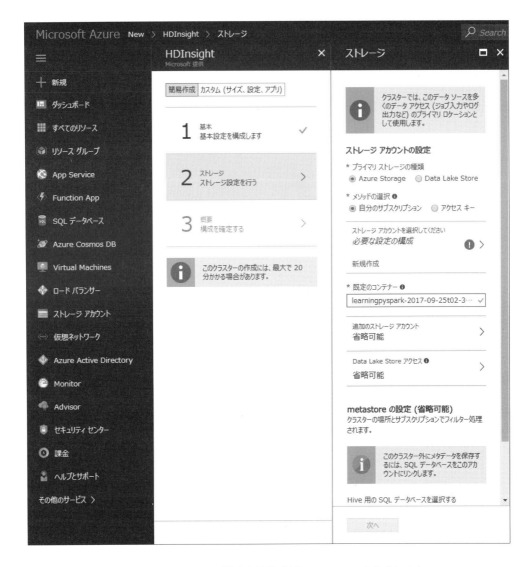

ステップ3では、作成されるクラスタの構成を最終確認し、クラスタを作成します。

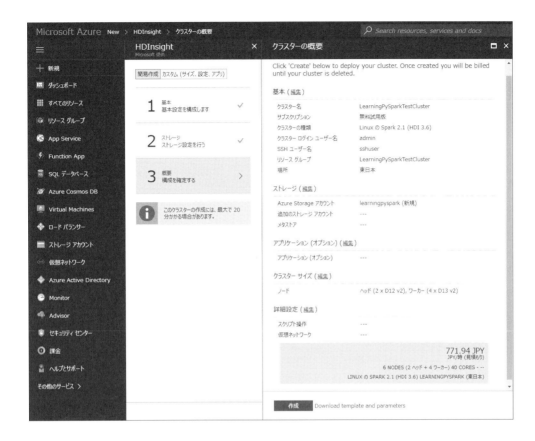

　クラスタが作成できたなら（これには10分から30分かかるかもしれません）、画面は次のようになるでしょう。

　Azure HDInsightクラスタが動作していることに気づきましたか？　これで準備は完了です！

B.2.5　Sparkのコードの実行

クラスタのタイルをクリックすると、クラスタの**Overview**ページが表示されます。

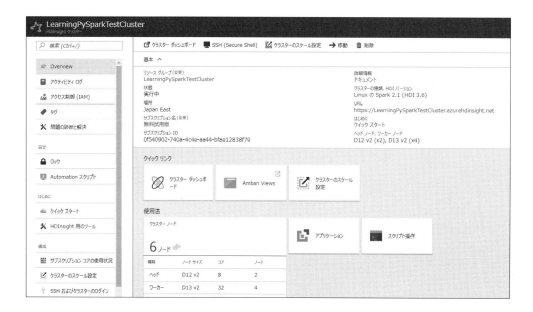

クラスタの状態、場所（Azureリージョン）、サブスクリプション名、種類、Azure HDInsightのバージョンといったことは、すべてここから把握できます。また、**使用法**のセクションからは、クラスタで使われているマシン数も表示されます。この画面からは、クラスタをスケールさせたり、Sparkのあらゆる機能を利用したりすることができます。**クイックリンク―クラスタダッシュボード**をクリックすれば、次の選択肢が表示されます。

- **Azure HDInsightクラスタダッシュボード**　クラスタのAmbariビューが表示されます。ここからは、クラスタの設定を非常に細かなレベルで変更できます。たとえば、Spark/Azure HDInsightのすべての設定オプションにアクセスできます。

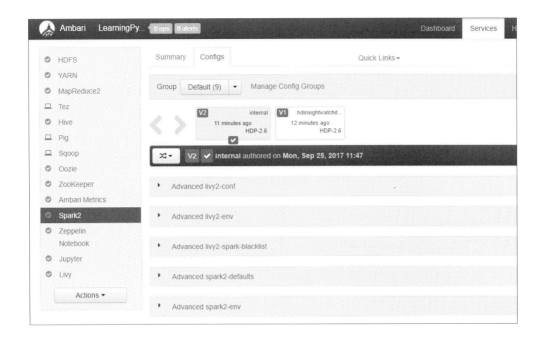

Sparkの全オプションの概要については、Sparkのドキュメンテーションhttp://spark.apache.org/docs/latest/configuration.htmlを参照してください。

- **Jupyter Notebook** ほとんどの時間をここに使うことになるでしょう。このクラスタのJupyterのメインページへのリンクです。
- **Zeppelin Notebook** このクラスタのZeppelinのメインページへのリンクです。
- **Spark History Server** ここからは、アプリケーションのログを参照できます。
- **Yarn** ジョブのスケジューラです。ジョブのモニタリングに使用します。

しかし、データがなければSparkジョブを実行する意味はありません。そのため、「6章 MLパッケージ」で利用したデータをAzure Storageに移しましょう。

B.2.6　データの管理

Sparkクラスタを作成したときに、ストレージアカウントも作成しました。Microsoft Azureポータルのメインビュー（ページの左上の**Microsoft Azure**をクリックすれば表示されます）の**すべてのリソース**のタイルの下部に、この時点で**HDInsightクラスタ**と**ストレージアカウント**という2つのリソースがあるはずです。**ストレージアカウント**をクリックすれば、次のスクリーンショットのような画面が表示されます。

BLOBのタイルをクリックすれば、Blob Storageの内容を見ることができます。Blob Storageはデータの内容にまったく依存しないので、テキスト、CSV、parquet、JSONなど（これらは一部の例に過ぎません）、文字通りいかなるフォーマットのデータも保存できます。データは構造化されていてもいなくてもかまいません。

コンテナ名をクリックすれば、続くウィンドウでそのコンテナ内の既存ファイルの長いリストが表示されます。最上部にある**アップロード**をクリックし、ファイルを選択し、タブの下部にある**アップロードボタン**をクリックしてください。

さあ、それではコードを実行してみましょう。

B.2.7　セッションの設定

ただしその前に、セッションの設定が必要になります。この時点では、8コアのCPUと56GBのRAMを持つ4つのワーカーがあるので、データに合わせてジョブを細かくチューニングしましょう。まずAzureポータルにいき、使用するAzure HDInsightクラスタをクリックし、**クラスタダッシュボード**をクリックし、最後に**Jupyter Notebook**をクリックします。これでJupyter notebookのメインスクリーンが開きます。PySparkとScalaという2つのフォルダがあるはずです。

Newをクリックし、**Folder**を選択して新しいフォルダを作成してください。続いて、作成されたフォルダ内に新しいPySparkのノートブックを作成してください。

Azure HDInsightは**sparkmagic**（https://github.com/jupyter-incubator/sparkmagic）を利用して

います。これは、Sparkクラスタに対してLivyを通じて通信を行います。LivyはSparkのRESTサーバーで、世界中のどこからでもクラスタと通信できるようになります。**sparkmagic**は、Sparkとのやりとりをシンプルにしてくれるコマンド群を大量に公開しています。これらはmagicとよばれます。概要のレベルでは、このコミュニケーションは次の図のようなものです（http://bit.ly/2hDNCY0）。

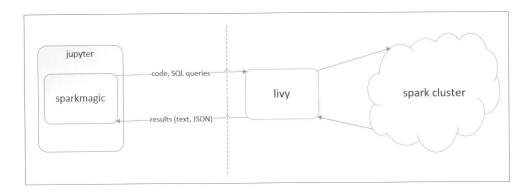

最初にSparkのセッションを設定しましょう。そのためには、ノートブック中で次のように入力します。

```
%%configure -f
{
    "name": "learningPySpark_Example",
    "numExecutors": 2,
    "executorCores": 4,
    "executorMemory": "2GB"
}
```

- `%%`はmagicであることを示します。ここでは`configure`コマンドが使われています。`-f`フラグは、すでにセッションが生成されていればそのセッションを破棄し、新しいセッションを作成させます。この設定の文字列はJSON形式です。頻繁に使われるコマンドには、次のようなものがあります（筆者の考える利用頻度順に並べてあります）。

`name`：アプリケーション名。

`numExecutors`：エクゼキュータ数。

`executorCores`：エクゼキュータのコア数。

`executorMemory`：アプリケーション用に要求するメモリ量。

`pyFiles`：セッション中で使われるPythonのファイルのリスト。単一の`.py`ファイル、カンマで区切った`.py`ファイル、あるいは`.egg`/`.zip`形式のモジュール。

`kind`：使用するカーネルの種類。pyspark、pyspark3、spark、sparkrのいずれかを指

定します。このパラメータは`%%configure`の実行時に自動的にJupyter notebookによって渡されるので、明示的に指定する必要はありません。

`driverMemory`：ドライバ上で確保するメモリ量。

`driverCores`：ドライバが使用するコア数。

`heartbeatTimeoutInSecond`：Sparkサーバーとのハートビートのやりとりで許容される最大の間隔（単位は秒）。

これら以外のパラメータを使うことはあまりないでしょう。それらに関する情報が必要な場合には、オンラインで見てください。

これでセッションの設定ができたので、コードの実行後には次のように出力されるはずです。

```
Current session configs: {u'executorCores': 4, u'numExecutors': 2, u'executorMemory': u'2GB', u'name': u'learningPySpark_Example', u'kind': 'pyspark'}
No active sessions.
```

他のmagicコマンドとして`%%`があります。これは、実行できるすべてのコマンドを表示してくれます。

Magic	例	説明
info	`%%info`	現在のLivyのエンドポイントのセッション情報を出力する。
cleanup	`%%cleanup -f`	使用中のノートブックのセッションを含む現在のLivyのエンドポイントの全セッションを削除する。-fフラグは必須。
delete	`%%delete -f -s 0`	現在のLivyのエンドポイントの指定した番号のセッションを指定する。このカーネルのセッションは削除できない。
logs	`%%logs`	現在のセッションのLivyのログを出力する。
configure	`%%configure -f {'executorMemory': "1000M", "executorCores": 4}`	セッション生成のパラメータを設定する。セッションがすでに生成済みであり、いったんドロップしてから再生成する場合には-fフラグが必須。利用できるパラメータのリストについてはLivyのReadme.rst (https://github.com/cloudera/livy) を参照してください。パラメータはJSON文字列として渡さなければなりません。
sql	`%%sql -c tables -q SHOW TABLES`	sqlContext（Spark 1.xの場合）あるいはspark（Spark 2.xの場合）といった変数に対してSQLクエリを実行します。パラメータは次のとおりです。 * -o VAR_NAME: クエリの結果を、`%%local`というPythonのコンテキストの下でpandasのデータフレームとして返します。 * -q: データフレームの代わりにNoneを返します（可視化を行いません）。 * -m METHOD: サンプルのメソッド。takeもしくはsample。 * -n MAXROWS: LivyからJupyterに取得するSQLクエリの結果の最大行数を指定します。負の値を指定すると、行数を制限しなくなります。 * -f FRACTION: サンプリングの比率。
local	`%%local a=1`	これ以降の行はローカルで実行されます。コードはPythonのコードとして正しくなければなりません。

B.2.8 コードの実行

セッションが設定できたら、セッションを開始してデータをストレージアカウントからインポートしましょう。次のコードをノートブックで実行してください（storageとcontainerの部分は読者の情報で置き換えてください）。

```
storage = 'learningpyspark'
container = 'storage'
f = 'births_transformed.csv.gz'

conn = 'wasb://{0}@{1}.blob.core.windows.net/{2}'.format(
    container,
    server,
    f
)

births = spark.read.csv(
    conn,
    header=True, inferSchema=True)
```

Azure Blob Storageへの接続文字列のフォーマットは次のとおりです。wasb[s]://<container_name>@<storage_account_name>.blob.core.windows.net/<path>

上のコードを実行すれば、セッションが生成されてノートブックにデータがロードされます。表示は次のようになるでしょう。

```
Starting Spark application
```

ID	YARN Application ID	Kind	State	Spark UI	Driver log	Current session?
5	application_1483055828481_0010	pyspark	idle	Link	Link	✔

```
SparkSession available as 'spark'.
```

これでデータがロードできたので、簡単なコードを実行してみましょう。おなじみのやり方で、BIRTH_PLACEごとにデータを集計してみます。

このコードの出力は次のようになります。

```
Row(BIRTH_PLACE=1, count=44558)
Row(BIRTH_PLACE=2, count=136)
Row(BIRTH_PLACE=3, count=224)
Row(BIRTH_PLACE=4, count=327)
Row(BIRTH_PLACE=5, count=74)
Row(BIRTH_PLACE=6, count=11)
Row(BIRTH_PLACE=7, count=91)
Row(BIRTH_PLACE=9, count=8)
```

%%sql magicを使っても、同じ（そしてそれ以上の）結果が得られます。

```
%%sql -o birthPlace
SELECT BIRTH_PLACE,
       COUNT(*) AS Count
FROM births_sql
GROUP BY BIRTH_PLACE
ORDER BY BIRTH_PLACE
```

%%sqlの後に書かれているのは純粋なANSI SQLで、BIRTH_PLACEでデータを集計し、次のように綺麗にフォーマットされた表が生成されます。

BIRTH_PLACE	Count
1	44558
2	136
3	224
4	327
5	74
6	11
7	91
9	8

ただしこの表は、ボタンをクリックするだけで次のいずれの形式にも変更できます。

Type: Table | Pie | Scatter | Line | Area | Bar

円グラフなら次のようになります。

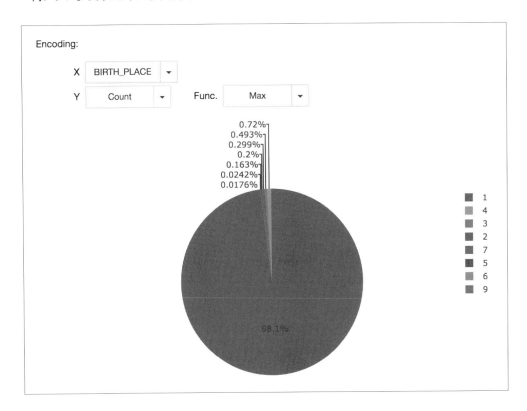

`%%sql`文で使われている`-o`フラグは、SQL文の結果を**ローカル**のpandasのDataFrameにするよう指示しています。

 `-o`フラグを使うときには注意が必要です。すでに述べたとおり、結果がローカルになるということは、データがヘッドノードに戻されるということです。もしも結果が非常に大きくなるのであれば、これはデータを見る上で最も効率的な方法とはなりません。

これで、データをさらに**Python風**のやり方で扱えるようになります。

```
%%local
birthPlace.head()
```

`%%local` magicに注目してください。こうすることで、たとえばmatplotlibをロードして、データを可視化できるようになります。

上のコードの実行結果も、よく似たものになります。

| Type: | Table | Pie | Scatter | Line | Area | Bar |

BIRTH_PLACE	Count
1	44558
6	11
3	224
5	74
9	8

　これまではSparkをローカルマシンで実行していたため、ノードは1つだけでした。クラスタの場合はどうなるのかを見てみましょう。

B.2.9　Yarnでのジョブの実行モニタリング

　まずYarnのUIを見てみましょう。Azure HDInsightの**クラスタダッシュボード**を開き、**Yarn**をクリックしてください。次のようなウィンドウが開きます。

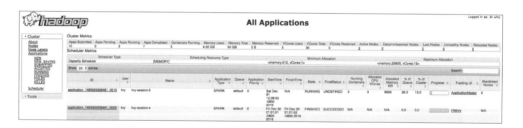

　ここには、実行中のアプリケーションや実行を終了したアプリケーションのリストがあります。**Tracking UI**列の下の**ApplicationMaster**をクリックすると、アプリケーションの実行ログが開きます。

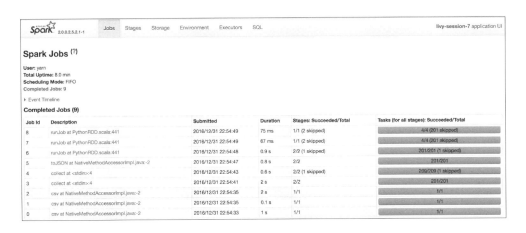

この画面では、アプリケーションの実行中に完了したすべてのジョブのリストが表示されます。中にはスキップされているステージがあることもわかります。これは、それらのステージが以前に実行済みであることをSparkが認識し、同じジョブを複数回実行しなかったことによります。

また、それぞれのジョブの内容を見て、どのエクゼキュータでどのステージが実行されたのか、あるいはそれぞれのジョブのステージに関する有益な統計情報を知ることもできます。

ここでは、それぞれのタスクの実行に1ミリ秒から27ミリ秒がかかり、中間値が3ミリ秒になっていることがわかります。GC Timeと表示されているのは、ガベージコレクションにかかった時間です。このビューには、(要求された)エクゼキュータ、それぞれのタスクの実行にかかった時間、失敗および成功し

たタスク数（およびその他の情報）のリストがあります。リンクをたどれば、それぞれのタスクのステータス、エグゼキュータのID、起動時刻、実行に要した時間などの情報を調べることができます。

ローカリティレベルについて詳しく知りたい場合にはhttps://spark.apache.org/docs/latest/tuning.html#data-localityを参照してください。

B.3　まとめ

　この付録では、（常に無料の）Databricks Community Editionと、Microsoft Azure HDInsightの30日間トライアルという2つの素晴らしい（そして無料で使える）クラウド上のSparkのサービスを紹介しました。この2つのサービスのサインアップ、設定、使用開始の過程を見ました。この付録はこれらのサービスの包括的な紹介にはほど遠いもので、むしろ出発点に過ぎません。また、紙面の都合上GoogleやAmazonといったSparkを利用できるサービスを提供している他のプレイヤーは取り上げませんでした。とはいえこれらについても、この付録の冒頭で提供したリンクを調べてもらえばよいでしょう。

参考文献

"Advanced Analytics With Spark: Patterns for Learning from Data at Scale" Sandy Ryza, Uri Laserson, Sean Owen, Josh Wills, Oreilly & Associates Inc, 2017. 『Sparkによる実践データ解析―大規模データのための機械学習事例集』（Sandy Ryza、Uri Laserson 他著、石川有 監訳、玉川竜司 訳、オライリー・ジャパン 2016）

"High Performance Spark" Holden Karau, Rachel Warren, O'Reilly Media, 2017.

"Learning Spark: Lightning-Fast Data Analysis" Holden Karau, Andy Konwinski, Patrick Wendell, Matei Zaharia, O'Reilly Media, 2015. 『初めてのSpark』（Holden Karau、Andy Konwinski 他著、玉川竜司 訳、オライリー・ジャパン 2015）

"Mastering Regular Expressions: Understand Your Data and Be More Productive 3" Jeffrey E. F. Friedl, O'Reilly Media, 2006. 『詳説 正規表現 第3版』（Jeffrey E.F. Friedl 著、株式会社ロングテール 他訳、オライリー・ジャパン 2008）

"Maven: A Developer's Notebook (Developer's Notebooks)" Vincent Massol, Timothy O'Brien, Jason Van Zyl, Oreilly & Associates Inc, 2004. 『Maven（開発者ノートシリーズ）』（Vincent Massol、Timothy M. O'Brien、佐藤直生 訳、オライリー・ジャパン 2006）

"Pattern Recognition and Machine Learning (2nd)" Christopher M. Bishop, Springer, 2010. 『パターン認識と機械学習（上・下）』（C.M. ビショップ 著、元田浩 他訳、丸善出版、2012）

"Practical Data Analysys Cookbook" Tomasz Drabas, Packt Publishing, 2016.

索引

A・B・C

Airport D3 147
Amazon S3 .... 2, 19, 38
Anaconda 178
Apache Cassandra 2
Apache Spark 1-294
    Java 236-238
    Linux 239-248
    Mac 239-248
    Maven 244
    Mesos 2
    PATH 238-240
    Python 236-238
    sbt 246
    Windows 248
    インストール 235-255
    クラウド 254
Azure HDInsight 275-292
    Spark 284
    Yarn 292
    クラスタ 279
    ポータル 278
    無料 275
BFS（Breadth-First Search）.................. 145

Blaze 177-196
    DataFrame 182
    NumPy配列 180
    pandas 182
    インストール 177-196
    結合 194
    シンボリック変換 189
    データ抽象化 180
    ポリグロットパーシステンス 178
    列 188-192
Bokeh 55-76
Catalistオプティマイザ 35
CLI（Command Line Interface）
    .... 178, 226, 236

D・E・F

DAG（Direct Acyclic Graph）................ 3, 39
DAGScheduler 5
Databricks 1-294
Databricks Community Edition 257-294
    Getting Started with Apache Spark
    267
    インストール 257-274
    クラスタ管理 260

ダッシュボード 258
ノートブック 258
DataFrame 2, 33–54
 API 9, 42, 53, 128
 JSON 38
 PySpark 36
 RDD 44–45
 SQL 42–47, 50
 可視化 49–51
 クエリ 42–48
 高速化 36
 スキーマ 44–46
 生成 38–39
 リフレクション 44
DataShape 187–196
DStream(Discretized Stream) 2, 78, 198
egg ファイル 228
estimator 82–90, 100

G・H・I

Getting Started with Apache Spark 267
GraphFrames 125–149
 インストール 128
 空港 135–149
 クエリの実行 135–137
 グラフの構築 134
 経由の多い空港 140
 頂点の次数 138
 ノンストップフライト 144
 幅優先検索 145
 フライトパフォーマンス 132–147
GraphX 2, 128
Hadoop .... ix, 4, 38

HDFS(Hadoop Distributed File System)
 .... 2, 38
Hive context 10
IATA(International Air Transport
 Association) 50, 132

J・K・L

Java7 x
JDBC 14
JSON 19, 38, 185
Jupyter 1–294, 251
JVM 4, 17, 35
k 平均法 99
L1-Norm 値 83
L2-Norm 値 83
Learning PySpark（原書） .... i–xiii

M・N・O

MapReduce .... ix, 1, 177
matplotlib 55
Maven 129, 244
Microsoft Azure HDInsight 275–293
MLlib 77–92
 データセット 77–92
 幼児の生存率 88–90, 100–121
 ランダムフォレスト 90
 ロジスティック回帰 88
ML パッケージ 93–123
 Estimator 97, 102
 PySpark ML 93–123
 Transformer 94, 101
 回帰 121
 クラシフィケーション 116
 クラスタリング 118

グリッドサーチ	106
チューニング	106-109
特徴抽出	111
パイプライン	97, 102
モデル化	103-105
MongoDB	187
n-gram	95, 111
NLP	111
ODBC	14

P・Q・R

PageRank	143
pandas	2, 33, 182-192
Parquet	49
pip	162-170
PostgreSQL	185-187
PyMongo	178
PySpark	1-294
HelloWorld	253
Jupyter	vii, 251-253
MLパッケージ	93-123
遅い	vii
PySpark ML	93-123
Python	1-294
QR値	64
R	36, 178
RDBMS	35, 179
RDD(Resilient Distributed Datasets)	1-294
.collect( )	29
.count( )	30
.distinct( )	25
.filter( )	25
.flatMap( )	25
.foreach( )	31
.leftOuterJoin( )	27
.map( )	24
.reduce( )	29
.repartition( )	28
.sample( )	26
.saveAsTextFile( )	30
.take( )	28
API	33
LabeledPoints	87
RDD	1, 17-31
アクション	28-31
スキーマ	19
スコープ	22
生成	18-20
変換	23-28
ラムダ式	20
REST API	233
ROC曲線	89

S・T・U

Scala	36, 128-130
Spark	1-294
1.x-2.x	vii-x
Apache	1-294
Catalyst Optimaizer	6, 33
context	10
Databricks Community Edition	257-274
DataFrame	vii, 5, 9, 33-54
DataFrame API	33-54, 128
Dataset	6-9, 17-31, 87
Dataset API	9, 53
Jupyter	vii, 51, 129
Project Tungsten	7-35

PySpark 1-294
Python .... vii, 1-3, 34, 238
RDD 4, 17-31, 34
SQL 6, 42, 47-48
SparkSession 10
Structured Streaming 13
Tungsten 7, 11
～を理解する 1
アーキテクチャ 8
アプリケーション 217
クラウド 257-294
ファイルシステム 19
無料 257-294
Spark API 2
    Apache Zeppelin, Databricks, Java,
    Jupyter, Python, R, Scala, SQL 2
Spark アプリケーション 217-233
Databricks 230
spark-submit コマンド 217
SparkSession 221
コマンドライン 218
デプロイ 221
パッケージ化 217-233
モジュール化 222
モニタリング 228
SQL 36, 43-48
Alchemy 178
context 10
SQLLite 185-187
Structured Streaming 2, 197-215
アプリケーション 201-202
グローバル集計 207
データフロー 201
TensorFlow 160-168, 170-175

Google 160
pip 162
インストール 163
行列 163
行列乗算 163
スカラー 170-175
ディープラーニング 160-168
ニューラルネットワーク 169
ハイパーパラメータ 169
プレースホルダ 165
ベクトル 170-175
TensorFrames 151-176
DataFrame 173-175
pip 162
reduce 処理 173
TensorFlow 160, 170
インストール 163
ディープラーニング 151-158
特徴エンジニアリング 157
ニューラルネットワーク 155
Tungsten 7-35
Project ～ 7
フェーズ 2 11
UDF (ユーザー定義関数) 225
URI (Uniform Resource Identifier) 186

V—Z

WASB 38
YARN 2, 217-221

あ行

インクリメンタル実行計画 212
インストール 235-255
    Anaconda Python 238

索引

Apache Spark	235, 242
CLI	236
HelloWorld	253
Java	237
Jupyter	251-253
Linux	239-244, 251
Mac	239-244, 251
Maven	244
PATH	238
Python	238
sbt	246
Windows	240, 248, 252
クラウド	257-294
エクゼキュータ	3, 23, 201
オプティマイザ	35

か行

回帰	97-99, 121-123, 155
カイ二乗検定	85
ガウス分布	99
学習表現	151-156
隠れ層	152
可視化	49-51, 70-75, 132-147
D3	147
ヒストグラム	71
フライトパフォーマンス	51, 132
型安全性	53
型付け	53
機械学習	77, 118, 151
記述統計	67, 82
期待値	99
喫煙と母子	80
逆文書頻度	95
共線性	70-85

行列乗算	163
クラシフィケーション	77-89, 97, 116
クラスタマネージャ	218
グラフ	126-134, 179
ソーシャルネットワーク	126
属性	126-128
頂点	126-128, 132-134
テンソル	172
辺	126-128, 132-134
レコメンデーション	126, 179
グラフ構造	125
グローバル集計	207
継続的なアプリケーション	215
決定木	98, 117
高速化	36
勾配ブースティング木	97

さ行

サブスクリプション	217, 279
シグモイド活性化関数	98
自然言語処理	97, 100, 113-119
正規表現	96
実行環境	x, 235-255
Linux	235-255
Mac	235-255
Windows	235-255
スキーマ	44
スキーマレス	19-24
ストリーミングETL	200
ストリーミング分析	13
ストリームレシーバ	198
センサーからのデータ処理	200
層化サンプリング	75
相関	69, 84

ソフトマック活性化関数 98

た行

耐障害性分散データセット 1, 17
遅延処理 5
中央値 62
頂点 126-134, 140-142
　〜の次数 138
ディープラーニング 151
データセット 55-69, 77-92, 101-106
　MLib 77-92
　切り出し 88
　生成 87-88
データ分散コレクション 33
データ変換 94-97
データモデリング 55-76
　記述統計 67
　欠落 56-64
　相関 69
　重複 56
　外れ値 56-64
データリネージ 5
統計モデル化 82-90, 100
特徴 156-162
　〜エンジニアリング 156
　〜学習 156
　確率的線形回帰モデル 156
　画像処理 157
　主成分分析 157
　〜選択 157
　〜抽出 157
　手書き文字 157
　パターン認識 156
トピックマイニング 119-121

な行

二項分類 98
ニューラルネットワーク 98, 152, 155
ニューロン 151-155
ノートブック 51, 147, 217, 230

は行

パイプライン 102-104, 120
バッチインターバル 208
バッチ集計 212
幅優先検索（BFS） 145
半正矢関数 222
ヒストグラム 71
フォールトトレラント 210
フライトデータ 132-138
フライト分析 51, 132-147
ノンストップフライト 144
フライトパフォーマンス 132-147
平均値 62
米国交通統計局 132
ベイズ理論 98
ベクトル 170-175
変動係数 69
ポリグロットパーシステンス 177-196
ポリグロットプログラミング 178

ま行

マスターノード 3
無料のクラウド上のSpark 257-294
モチーフ 140-142

や行

尤度（ゆうど）関数 99
幼児の生存率 88-90, 100-105

ら行

ランダムフォレスト 110-119
離散コサイン変換 94
離散ストリーム 198
リレーショナルデータベース管理システム
　... 35, 179
レコメンデーション 126, 158, 179

連続的な集計 212
連続変数 115
ロジスティック回帰 104-117

わ行

ワーカーノード 3
歪度（わいど） 69

●著者

Tomasz Drabas（トマズ・ドラバス）

シアトル在住のMicrosoftに勤めるデータサイエンティスト。ヨーロッパ、オーストラリア、北米という3つの大陸で先端的なテクノロジー、航空、テレコミュニケーション、金融、コンサルティングといった数多くの分野に関わり、データ分析とデータサイエンスの経験を13年以上にわたって積んできた。オーストラリアにいたときに、航空業界における選択モデリングと収益管理に焦点を置きながら、オペレーションズリサーチの博士号に取り組んでいた。Microsoftでは、日々ビッグデータに取り組み、Sparkを使った異常検知、チャーン予測、パターン認識といった機械学習の問題を解決している。Packt Publishingから2016年に出版された"Practical Data Analysys Cookbook"の著者でもある。

Denny Lee（デニー・リー）

Microsoftの超高速な地球規模のマネージドNoSQLデータベースサービスであるAzure Cosmos DBチームのプリンシパルプログラムマネージャー。インターネットスケールのインフラストラクチャ、データプラットフォーム、オンプレミスとクラウド両方の環境の予測分析システムの開発経験を18年以上も持っている、分散システムおよびデータサイエンスの現場のエンジニアである。新規開拓チームの構築とともに、方向転換や変化を起こす触媒としての幅広い経験を持っている。Azure Cosmos DBチームに加わる以前には、Databricksのテクノロジーエバンジェリストとして働いていた。Apache Sparkがバージョン0.5の頃から関わっている。また、Concurのデータサイエンスエンジニアリングチームのシニアディレクターでもあり、MicrosoftのHadoop on WindowsやAzureのサービス（現在ではHDInsightと呼ばれている）を構築したインキュベーションチームに所属していた。また、バイオメディカルインフォマティクスの修士号をオレゴン健康科学大学から取得しており、この15年の間に、エンタープライズヘルスケアの顧客のための強力なデータソリューションのアーキテクチャ設計と実装を行っている。

●原書レビュアー

Holden Karau（ホールデン・カラウ）

トランスジェンダーのカナダ人であり、オープンソースの活発なコントリビューター。サンフランシスコのIBMのSpark Technology Centerでソフトウェア開発エンジニアとして働いているとき以外は、世界のあちこちでSparkについて語り、地元や海外のコーヒーショップで仕事をしている。"High Performance Spark"(O'Reilly Media)や『初めてのSpark』(オライリー・ジャパン)といった数多くのSparkに関する書籍の共著者である（彼女はこれが経費で落とせる人への季節の贈り物だと信じている）。PySparkと機械学習に特化したSparkのコミッターでもある。IBMに加わる前は、Alpine、Databricks、Google、Foursquare、Amazonといった企業で、分散処理、検索、クラシフィケーションに関するさまざまな問題に取り組んでいた。ウォータールー大学でコンピュータサイエンスにおける数学の学士を取得して卒業。ソフトウェア以外では、彼女は炎と溶接、スクーター、プーティン、ダンスを楽しんでいる。

●訳者

玉川 竜司（たまがわ りゅうじ）

本業はソフト開発。新しい技術を日本の技術者に紹介することに情熱を傾けており、その手段として翻訳に取り組んでいる。

●日本語版レビュアー

石川 有（いしかわ ゆう）

2017年現在、サンフランシスコで機械学習エンジニアとして従事。分散並列処理での機械学習にも興味があり、Apache SparkではBisectingKMeansの実装など、機械学習コンポーネントMLlibを中心にSparkコミュニティに貢献している。

佐藤 直生（さとう なおき）

日本オラクル株式会社における、Java EEアプリケーションサーバーやミドルウェアのテクノロジーエバンジェリストとしての経験を経て、現在は日本マイクロソフト株式会社で、パブリッククラウドプラットフォーム「Microsoft Azure」のテクノロジスト／エバンジェリストとして活動。監訳／翻訳書に『キャパシティプランニング―リソースを最大限に活かすサイト分析・予測・配置』、『Head First SQL』、『Head Firstデザインパターン』、『Java魂―プログラミングを極める匠の技』、『J2EEデザインパターン』、『XML Hacks―エキスパートのためのデータ処理テクニック』、『Oracle XMLアプリケーション構築』、『開発者ノートシリーズSpring』、『開発者ノートシリーズHibernate』、『開発者ノートシリーズMaven』、『Enterprise JavaBeans3.1 第6版』、『シングルページWebアプリケーション』、『マイクロサービスアーキテクチャ』、『プロダクションレディマイクロサービス』（以上オライリー・ジャパン）などがある。https://twitter.com/satonaoki

カバーの説明

表紙の動物は、クログチヤモリザメ（Blackmouth Dogfish Shark）。クログチヤモリザメはヤモリザメ属に属するサメの一種。アイスランドからセネガルまでの北東大西洋および地中海に生息している。深さ150-1,400mの泥状の海底に暮らしており、若いサメは年を取ったサメよりも海中の浅い部分にいる傾向がある。体は細く、口の中が黒いことが特徴。背面には薄く縁取られた褐色の斑紋が並び、尾鰭の上縁には鋸歯状になった皮歯の列がある。

入門 PySpark
―PythonとJupyterで活用するSpark 2エコシステム

2017年11月21日　初版第1刷発行

著　　　者	Tomasz Drabas（トマズ・ドラバス）、Denny Lee（デニー・リー）
訳　　　者	Sky株式会社 玉川 竜司（たまがわ りゅうじ）
発　行　人	ティム・オライリー
編集協力	株式会社ドキュメントシステム
Ｄ Ｔ Ｐ	手塚 英紀（Tezuka Design Office）
印刷・製本	株式会社平河工業社
発　行　所	株式会社オライリー・ジャパン
	〒160-0002 東京都新宿区四谷坂町12番22号
	TEL （03）3356-5227
	FAX （03）3356-5263
	電子メール japan@oreilly.co.jp
発　売　元	株式会社オーム社
	〒101-8460 東京都千代田区神田錦町3-1
	TEL （03）3233-0641（代表）
	FAX （03）3233-3440

Printed in Japan（ISBN978-4-87311-818-5）

乱丁、落丁の際はお取り替えいたします。

本書は著作権上の保護を受けています。本書の一部あるいは全部について、株式会社オライリー・ジャパンから文書による許諾を得ずに、いかなる方法においても無断で複写、複製することは禁じられています。